TRAITÉ ELÉMENTAIRE

DE

MÉCANIQUE

RATIONNELLE ET APPLIQUÉE

AVIS. — La diversité des programmes de l'enseignement de la Mécanique ne saurait être en opposition avec l'unité de la science.

Aussi ce *Traité élémentaire*, qui avait été rédigé spécialement en vue de l'*Enseignement moderne*, répond-il, en outre, aux programmes de l'*Enseignement classique*.

Nous croyons devoir indiquer ici les diverses catégories d'élèves auxquels l'ouvrage peut servir directement.

Ajoutons que la lecture en sera très utile à tous ceux qui voudront étudier sérieusement la physique. A ce titre nous le considérons comme un complément de notre 21ᵉ édition du Traité de Ganot-Maneuvrier où nous avions, a dessein, réduit les Notions de mécanique aux définitions et aux énoncés fondamentaux.

I. Enseignement secondaire moderne (*Première Sciences*).

Le *gros texte* comprend les articles essentiels du programme
Le *petit texte* comprend les matières qui peuvent être passées dans une première lecture.

II. Enseignement secondaire classique (*Mathématiques élémentaires*).

Progr. *Eléments de statique* — Voyez notre statique. chap I, chap II, chap. III, chap IV; chap V, moins le § 49, chap VI, moins les § 59, 60, 63, 64, 65; chap VII, moins les § 78, 79, 80
Progr. *Des machines simples* Voyez notre statique : chap VIII, moins les § 83, 90, 97; chap IX, moins les § 108, 109, 110.
Pas de *Cinématique*
Pas de *Dynamique*

III. Enseignement secondaire classique (*Préparation à l'École Polytechnique*).

Progr. *Cinématique du point* Voyez notre *Cinématique* chap I; chap. II et chap III
Progr. *Dynamique du point matériel* — Voyez notre *Dynamique* chap I et chap. II
Progr. *Statique du solide invariable libre* — Voyez notre *Statique*. chap. I, chap II; chap III; chap IV. chap V; chap VI, moins les § 59, 60, 61, 62, 63, 64, 65, 66, 68, 69, 73, 74, chap. VII, moins les § 78, 79, 80

Nota Bene. — Consultez les Errata (page 315). — Ils contiennent les corrections de plusieurs erreurs typographiques qui pourraient nuire à l'intelligence du texte.

25 847. — Imprimerie Lahure, rue de Fleurus, 9, a Paris

TRAITÉ ÉLÉMENTAIRE

DE

MÉCANIQUE

RATIONNELLE ET APPLIQUÉE

PAR

M. GEORGES MANEUVRIER

Ancien élève de l'École normale supérieure,
Agrégé des sciences physiques et naturelles
Docteur ès-sciences physiques,
Directeur-adjoint du laboratoire des recherches (physique)
de la Faculté des Sciences (Sorbonne)

———————— ∞ ————————

PARIS

LIBRAIRIE HACHETTE ET Cie

79, BOULEVARD SAINT GERMAIN, 79

——— · ———

1896

TRAITÉ ÉLEMENTAIRE
DE MÉCANIQUE
RATIONNELLE ET APPLIQUÉE

CHAPITRE I

1. Corps. — États de la matière — Point matériel. — Les *Corps* sont formés de *matière*. Ils affectent une infinité d'*états physiques*, qui se groupent autour de trois types : l'état *solide*, l'état *liquide* et l'état *gazeux*. On peut supposer qu'un corps quelconque résulte de l'agglomération d'un grand nombre de particules, dont les dimensions sont négligeables par rapport aux siennes, et qu'on nomme *points matériels*. On doit considérer un corps comme un simple point matériel, dans tout problème où ses dimensions propres sont négligeables par rapport à celles qui interviennent dans la question. Un système de points matériels dont les distances respectives sont *invariables*, constitue un *solide parfait*. Si un système de points matériels peut être déformé par le plus petit effort, *sans variation de volume*, il constitue un *liquide parfait*. Il est plus difficile de définir l'état de *gaz*. Bornons-nous à dire qu'il est constitué, par un système de points matériels tel, qu'ils occupent toujours tout le volume qui leur est offert.

2. Notion de Mouvement. — Objet de la Mécanique. — On acquiert la notion de Mouvement lorsque, observant un système de corps qui se déplacent, on voit varier les distances qui séparent leurs divers points.

La *Mécanique* a pour objet l'étude du mouvement en lui-même et dans ses origines, ainsi que dans ses conséquences et ses applications.

C'est donc dans la nature, et non dans l'imagination, qu'il faut chercher les principes et les lois fondamentales de la mécanique; c'est par l'observation, aidée de l'induction, et non par le raisonnement seul, qu'on a pu les découvrir. Mais, ces principes et ces lois une fois posés, toute la science s'en déduit par l'application rigoureuse de la méthode géométrique. C'est donc a juste titre qu'on considère la mécanique comme une branche des sciences mathématiques : on lui donne le nom de *Mécanique rationnelle*, pour la distinguer de la *Mécanique céleste* et de la *Mécanique appliquée* ou *industrielle*, qui sont des applications de la science pure soit au mouvement des astres, soit au fonctionnement des machines. C'est de cette dernière application qu'on a tiré le nom de la science tout entière [1].

3. Division de la Mécanique. La Mécanique a été divisée par Ampère [2] en trois parties : la *Cinématique*, la *Statique* et la *Dynamique*.

Dans la *Cinématique*, on étudie tout d'abord le mouvement *en soi*, à un point de vue purement abstrait et géométrique, sans se préoccuper des causes qui le produisent. La cinématique est une sorte de géométrie du mouvement, qui joint à l'*idée d'espace*, seule base de la géométrie proprement dite, l'*idée de temps*, corrélative de la notion de mouvement. Les autres parties de la mécanique rationnelle comprennent l'étude des forces ou causes du mouvement, qu'on considère soit à l'état d'équilibre (*Statique*, de στατική, équilibre), soit à l'état de mouvement (*Dynamique*, de δύναμις, puissance).

L'ordre logique de l'enseignement de la Mécanique consisterait à étudier tout d'abord la Cinématique, parce que l'idée de mouvement est celle qui est donnée par l'observation immédiate, mais nous commencerons par la Statique, afin de nous conformer aux programmes classiques.

4. Notion de Force. — On admet que la matière ne peut pas se mouvoir d'elle-même. Un corps ne peut sortir du repos qu'autant qu'une cause extérieure quelconque vient à agir sur lui. On donne indistinctement le nom de *Forces* a de telles causes de mouvement. Il est clair qu'une force est capable non seulement de tirer un corps du repos, mais encore de l'y ramener s'il était d'abord en mouvement. Les actions musculaires des animaux, les

1 De μηχανή, machine
2 Voir Ampère, *Philosophie des Sciences*, L, 3

poids des corps, les pressions exercées par les liquides ou les gaz, les attractions magnétiques et électriques, etc., sont des forces.

5. Éléments de la Force : intensité, direction et point d'application. — Sans connaître la force en elle-même, nous concevons très clairement qu'elle agit suivant une certaine *direction* et avec une certaine *intensité*. Nous acquérons, presque en naissant, l'idée de la direction de la force et de son intensité. Le sentiment de la Pesanteur qui nous sollicite toujours d'un même côté, la vue d'un corps qui tombe ou qui reste suspendu au bout d'un fil, la différence des poids que la main éprouve, et une foule d'autres phénomènes aussi simples, nous donnent une idée de la direction et de l'intensité de la force aussi incontestable que celle de notre propre existence. Ainsi nous regarderons comme évident que *toute force agit au point où elle est appliquée, suivant une certaine direction, et avec une certaine intensité* [1].

Par exemple, si l'on traîne un fardeau sur le sol à l'aide d'une corde, le point où la corde est attachée est le point d'application de la force, la direction de la corde tendue est la direction de la force, enfin son intensité est représentée par l'effort de traction.

6. Représentation graphique de la Force. — Vecteurs. — Les trois éléments qui caractérisent une force peuvent être représentés par un *symbole unique*. Il suffit pour cela de porter, à partir du point d'application A, sur la direction X'X de la force

Fig 1.

(fig. 1) et dans le sens AX où elle agit, un segment de droite dont la longueur AP figure l'intensité de la force.

Si plusieurs forces F, F'..., représentées par les segments AP, AP'... (fig. 2), au lieu d'agir successivement sur un point matériel A, ou sur un corps, agissent simultanément, on les représente encore par les *mêmes* segments AP, AP'..., etc. : cela implique qu'*on admet* que ces forces sont sans influence mutuelle.

On donne souvent à ces *segments dirigés* le nom de *Vecteurs* ou de *Grandeurs géométriques*. Leur emploi permet d'introduire en Mécanique les modes de raisonnement et les procédés de la géométrie.

Fig 2

7. Équilibre des forces. — L'expérience montre qu'il peut

[1] Voir Poinsot, *Éléments de statique.*

arriver qu'un corps au repos, venant à être sollicité par plusieurs forces, reste au repos, ou bien qu'il conserve le mouvement dont il est animé, s'il est en mouvement. On dit alors que les forces appliquées au corps se font *équilibre*.

8. Egalité de deux forces. — Supposons qu'un point matériel A soit *également* sollicité à se mouvoir en deux sens opposés, sur une même direction : on dit alors que le point est soumis à l'action de deux forces égales et opposées AP et AP′ (fig. 5). Il est clair que le point restera immobile, car il n'y a

Fig 5.

aucune raison pour qu'il se déplace dans un sens plutôt que dans le sens opposé, puisqu'il est soumis à deux causes de mouvement égales et contraires. Ainsi deux forces égales et contraires appliquées au même point se font *équilibre*.

Si deux forces F′ et F″ équilibrent séparément une même force F, c'est-à-dire sont égales chacune à F, ces deux forces sont égales entr'elles et peuvent être, par suite, substituées l'une à l'autre dans toutes les circonstances.

9. Mesure des forces. — Étant donnée une série de forces égales F, F, F..., etc., on dira qu'une force X est égale à n fois la force F, si la force X peut équilibrer n forces, égales chacune à F, agissant simultanément en sens opposé sur un même point matériel A (fig. 4). Cela revient évidemment à admettre que

Fig. 4

des forces agissant suivant une même direction et appliquées à un même point s'ajoutent, c'est-à-dire que chacune des forces agit comme si elle existait seule. On a, dans le cas général,

$$\overline{X} = - n\,\overline{F},$$

le signe — indiquant que les sens des deux segments $\overline{F}$ et $\overline{X}$ sont opposés ; et si l'on convient de prendre la force F pour *unité de force*, la mesure x de la force X est égale à n, on a $x = n$. Par exemple la force AP (fig. 4) vaut trois fois la force AP′.

L'état d'équilibre fournit donc le moyen de *comparer* l'intensité d'une force à l'intensité d'une autre force, prise comme unité, c'est-à-dire de *mesurer* les forces. L'unité ordinairement adoptée, d'après le système métrique, est le *kilogramme-force*. *Théoriquement*, c'est la force avec laquelle 1 litre d'eau pure, à la température de 4°, est sollicité par la pesanteur à Paris. *Pratiquement*, c'est la force avec laquelle la pesanteur sollicite à Paris un bloc en platine, construit de manière à réaliser aussi bien que possible le kilogramme théorique, et conservé aux Archives sous le nom de *kilogramme étalon*.

On verra plus loin comment on a été amené à choisir une unité de force dite *unité absolue* C. G. S., qu'on appelle *dyne* : elle est 981×10^5 fois plus petite que le kilogramme-force.

10. Dynamomètres. La comparaison des forces avec l'unité se fait au moyen d'instruments spéciaux appelés *dynamomètres*. Ils se composent tous essentiellement d'un ressort, dont l'élasticité peut faire équilibre à des forces variables. En appliquant successivement au ressort des poids connus, et en notant les flexions correspondantes, on graduera l'instrument en kilogrammes. Une force inconnue quelconque, appliquée ensuite au ressort et produisant *la même flexion* qu'un poids de *n* kilogrammes, vaudra elle-même *n* kilogrammes.

1° Peson. — L'un des plus simples parmi les dynamomètres usuels est le *peson*.

Il consiste en une lame d'acier trempé AB (fig. 5, I), recourbée en forme de V. A l'extrémité de la branche B est fixé un arc de

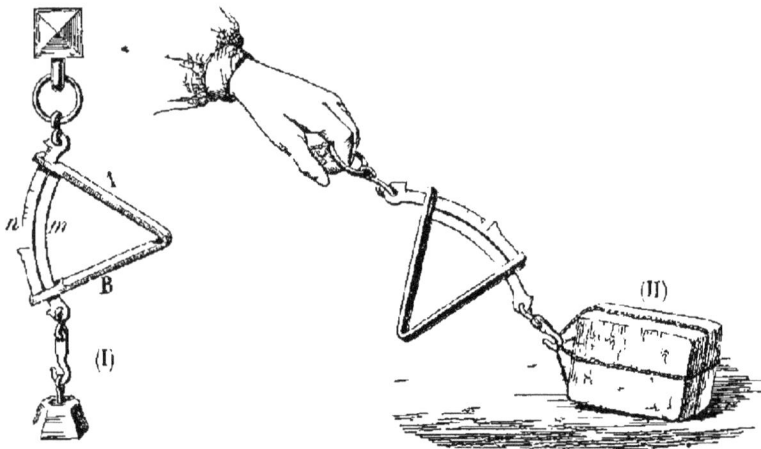

Fig 5

fer *n*, qui se prolonge et passe librement dans une ouverture pratiquée à l'extrémité de la branche A de laquelle part un arc semblable *m*, s'engageant de même dans la branche B. Ces arcs se terminent, le premier par un ~~crochet~~ *anneau*, le second par un ~~anneau~~ *crochet* ; et l'arc *n* porte en outre une échelle graduée en kilogrammes.

Graduation. — Ayant fixé l'appareil à un support résistant, on suspend successivement au crochet des poids de 1, 2, 3, 4, 5.... kilogrammes. La branche B reste fixe, tandis que la branche A, entraînée par la charge, s'abaisse de plus en plus. On prolonge l'opération jusqu'à la limite de la flexion que peut subir la lame AB sans se fausser, en ayant soin, à chaque charge nouvelle, de marquer un trait sur l'arc *n*, au point où s'arrête la branche A. On inscrit enfin, de 5 en 5, les nombres 0, 5, 10, 15, 20 ...

Usage. — Pour appliquer le peson à la mesure des forces, pour apprécier, par exemple, l'effort nécessaire pour traîner un fardeau (fig. 5, II), on fixe le crochet de l'arc *m* à ce fardeau ; puis, prenant à la main l'anneau de l'arc *n*, on tire jusqu'à ce que le mouvement se produise. La flexion de la branche A marque alors sur l'arc *n*, en kilogrammes, la valeur de l'effort de traction.

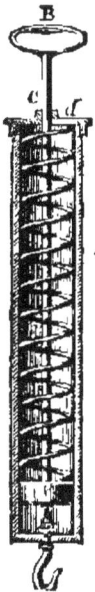

L'arc *n* porte un talon d'arrêt qui permet d'éviter une trop grande flexion du ressort.

2° *Pesons à hélice*. — Il existe d'autres formes de

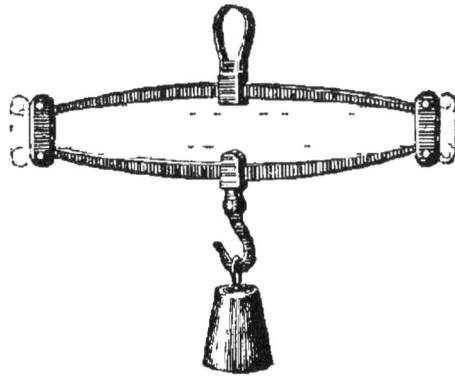

Fig. 6.   Fig 7.

pesons. Dans l'une, par exemple, le ressort est un fil d'acier contourné en hélice (fig. 6), et enfermé dans une boîte cylindrique de laiton à la paroi supérieure de laquelle il est fixé en *d*. Son extrémité inférieure repose sur un plateau A de métal, formant piston, et relié à une tige verticale AB, qui peut sortir de la boîte. Cette tige sortira d'autant plus que l'effort appliqué au crochet qui termine la boîte sera plus grand, c'est-à-dire que le ressort sera plus comprimé. On *étalonne* l'appareil en suspendant au crochet d'abord 1 kilogramme, puis 2 kilogrammes, etc., en marquant chaque fois par un trait le point d'émergence de la tige AB.

3° *Dynamomètre de Poncelet.* — Un autre dynamomètre fréquemment employé est celui de Poncelet (fig. 7). Il est formé de deux ressorts métalliques articulés à leurs extrémités par deux lames courtes et rigides. Au repos, les deux branches de l'instrument sont rectilignes et parallèles. On fixe le milieu de l'une d'elles et l'on applique la force à mesurer au milieu de l'autre branche perpendiculairement à sa direction. Pour des forces qui ne sont pas trop grandes, l'écart des deux lames varie proportionnellement aux forces agissantes. On peut lire les écarts sur une règle divisée fixée à l'une des lames.

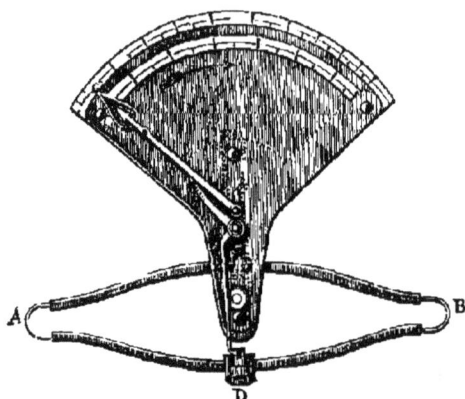

Fig. 8

4° *Dynamomètre de Morin.* — Il ne diffère du précédent qu'en ce que les lames de ressort ont une forme parabolique : la flexion est alors plus grande pour une même force agissante.

5° *Dynamomètre Regnier.* — Ce dynamomètre (fig 8) porte une double graduation : l'une convient au cas où l'effort est appliqué en D, l'autre au cas où l'effort est appliqué en B, le point A étant préalablement fixé.

CHAPITRE II

COMPOSITION ET DÉCOMPOSITION DES FORCES CONCOURANTES

CAS DE DEUX FORCES.

11. Résultante et Composantes : définitions générales.
Représentons-nous un corps soumis à des forces quelconques P, Q, R, S,... etc. (fig. 9) et *maintenu en équilibre* (ce qui n'a pas lieu, en général). Dans ce cas, l'une quelconque d'entre elles, la force P par exemple, s'oppose seule à l'action de toutes les autres Q, R,

S,... etc. : d'où il résulte que l'effet de ces dernières forces est de solliciter le corps absolument comme ferait une force unique P', égale et contraire à la force P. Cette force P', qui pourrait à elle seule tenir lieu des forces combinées Q, R, S,... etc., se nomme leur *résultante*. On dit inversement que les forces Q, R, S..., etc., sont les *composantes* de P'.

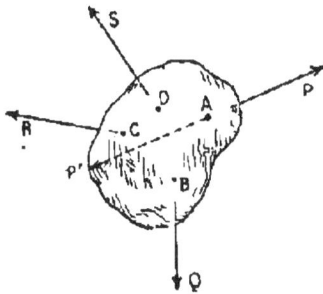

Fig 9.

12. Composition et décomposition des forces. — Les premiers problèmes qui se présentent en statique sont celui de la *composition* et celui de la *décomposition* des forces.

Le problème de la *composition des forces* consiste à trouver la résultante d'un système de forces, dans le cas où cette résultante existe, ou, plus généralement, à réduire le système des forces données au système équivalent le plus simple. Le problème inverse de la *décomposition des forces* consiste à trouver un système de forces qui produise le même effet qu'une force unique donnée.

REMARQUE. — On supposera toujours ces forces appliquées soit à un point matériel unique, soit à un système de points matériels, constituant des *solides parfaits*, absolument *rigides*, c'est-à-dire *incompressibles*, *inextensibles* et *indéformables*.

13. Lemmes et théorèmes préliminaires. — On ne peut arriver à résoudre ces problèmes qu'en s'appuyant sur quelques lemmes et quelques théorèmes préliminaires.

LEMME I. — *Deux forces égales et contraires, appliquées en deux points, liés entre eux par une droite rigide et de longueur invariable* (ou si l'on veut en deux points d'un solide), *et agissant dans la direction de cette droite, se font équilibre.*

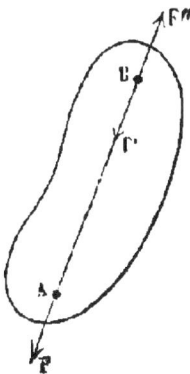

Fig. 10.

Ce lemme est considéré comme un *postulat* qu'on admet *a priori*. On conçoit d'ailleurs qu'il n'y ait aucune raison pour que la droite se déplace dans un sens plutôt que dans le sens opposé.

LEMME II. — *On peut appliquer une force en un point quelconque de sa direction, pourvu que ce point soit lié au premier d'une façon invariable.*

Soit une force F appliquée en A (fig. 10); prenons sur la direction de cette force un second point B invariablement lié au premier; en ce point, appliquons deux forces F' et F'' égales toutes deux à la force F et directement opposées : ces forces se font équilibre et, par conséquent, l'état du système n'est pas changé [1]. Mais les forces F et F″, étant appliquées en sens opposé aux deux extrémités d'une même droite, se font équilibre : il ne reste donc plus que la force F′ qui représente précisément la force F transportée en un point B de sa direction, invariablement lié au point A.

REMARQUE. — On peut vérifier ce lemme expérimentalement. Il suffit d'accrocher a un peson (fig. 11) un même poids P, soit directement (fig. 11, I), soit par l'intermédiaire d'une corde CA (fig. 11, II) : dans les deux cas, on constate *une même flexion*.

LEMME III. — *Quand un corps solide, susceptible de tourner autour d'un axe fixe* (c'est-a dire *ayant deux points fixes), est sollicité par une force, la condition nécessaire et suffisante pour que le corps reste au repos est que la direction de la force rencontre la direction de l'axe fixe.*

En effet, si la direction de la force rencontre l'axe, comme on peut la transporter sur cet axe, son effet sur le corps sera équilibré par la fixité de l'axe.

LEMME IV. — *Quand un corps solide, susceptible de tourner autour d'un point fixe, est sollicité par une force, la condition nécessaire et suffisante pour que le corps soit en équilibre est que la direction de la force passe par le point fixe.*

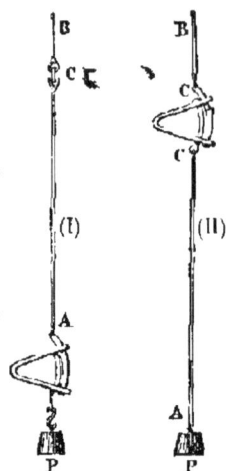

Fig. 11.

La condition est nécessaire : en effet, par la force AF et le point fixe O (fig. 12), nous pouvons faire passer un plan P. Supposons un instant qu'il y ait équilibre sans que la droite AF aille passer par le point O. Nous ne changerons pas cet équilibre en *gênant* le corps à l'aide d'une liaison nouvelle[2], par exemple en fixant l'axe Oz perpendiculaire au plan P. Mais alors le corps

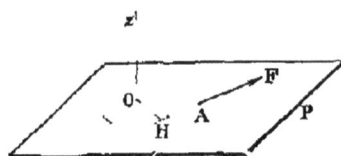

Fig. 12

se mettra immédiatement à tourner autour de l'axe Oz, parce que

---

1 Comme les forces sont sans influence mutuelle, on conçoit que l'adjonction (ou la suppression) d'un système de forces en équilibre a un système de forces agissantes ne modifiera en rien l'effet de ce système, ni par suite l'etat de repos ou l'état de mouvement du corps.

2 Le corps etant immobile lorsqu'il est entièrement libre, restera evidemment immobile si on limite ou si l'on définit d'une manière quelconque les mouvements qu'il peut prendre (Appell, *Traité de mécanique rationnelle*, p. 122)

la force ne rencontre pas cet axe : l'équilibre est donc impossible tant que la droite AF ne rencontre pas le point O.

La condition est suffisante : en effet, si la droite AF prolongée va rencontrer le point fixe O, nous pourrons, en vertu d'un théorème précédent, la supposer transportée au point O lui-même; mais alors il est évident qu'elle sera équilibrée par la résistance (supposée indéfinie) de ce point et que l'équilibre existera.

THÉORÈME I. — *Deux forces appliquées à un même corps solide ne peuvent se faire équilibre que si elles sont égales et directement opposées.*

En effet, si les forces P et Q, appliquées en A et B (fig. 13), se font équilibre, il en sera encore de même si on fixe une ligne de

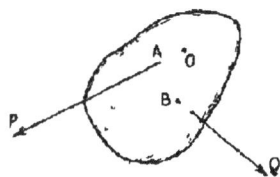

Fig 15

points du corps, par exemple une perpendiculaire à BQ menée par un point O arbitrairement choisi sur AP, mais ne rencontrant pas BQ. Si BQ ne passe pas par le point O, l'équilibre sera détruit, car la force P est elle-même équilibrée par la résistance de l'axe et le corps, mobile autour de l'axe O, est sollicité par une force ne rencontrant pas l'axe. Ainsi BQ doit passer par tous les points de AP, par conséquent les deux forces agissent suivant une même droite, et comme elles se font équilibre, elles sont égales et directement opposées.

COROLLAIRE. — *Quand un système de forces appliquées sur un corps solide admet une résultante, il ne peut en avoir qu'une.*

En effet, s'il en admettait deux, une force égale et directement opposée à l'une d'elles devrait équilibrer l'autre, c'est-à-dire être égale et opposée à la seconde force.

THÉORÈME II. — *Un système de forces appliquées à un même point matériel admet toujours une résultante.* (mais cette résultante peut être nulle)

En effet, sous l'action des forces, le point se déplacera nécessairement dans une certaine direction : or l'on conçoit qu'en appliquant en sens opposé au déplacement une force convenable, on pourra maintenir le point au repos. Cette force auxiliaire est évidemment égale et directement opposée à la résultante du système des forces.

14. Composition des forces agissant suivant une même direction. — 1° Si deux forces, F et F', appliquées en un même point A, agissent suivant la même droite et dans le même sens, la résultante est *évidemment* égale à la somme des deux composantes; on a donc

$$R = F + F'.$$

2° Si les forces agissent en sens contraire, la résultante agira dans le sens de la plus grande, avec une intensité égale à leur différence :

$$R = F - F'.$$

3° Ce résultat est facilement étendu au cas de n forces, dont p agissent dans un sens et $(n-p)$ agissent en sens contraire.

4° Si l'on convient de donner le signe $+$ aux forces agissant dans un sens, et le signe à celles qui sont dirigées en sens contraire, on peut énoncer ce théorème général :

La résultante de plusieurs forces appliquées à un point matériel et agissant suivant la même droite est égale à la somme algébrique des composantes.

15. Composition de deux forces concourantes. — 1° *Définitions générales.* Des forces appliquées à un corps solide sont dites *concourantes* quand il existe un point situé dans l'intérieur du corps, ou lié au corps d'une façon invariable, par lequel viennent passer les directions de toutes les forces.

Lorsque plusieurs hommes, pour sonner une cloche, tirent des

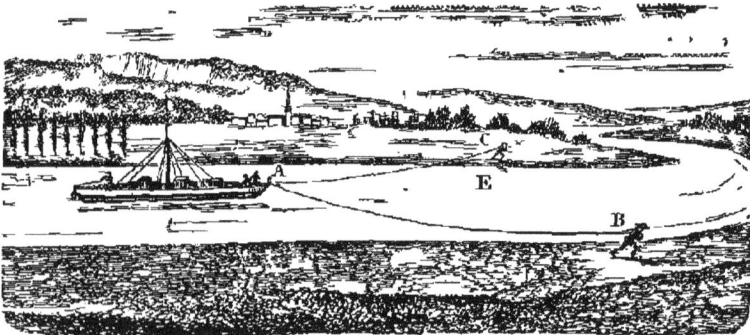

Fig. 14

cordeaux fixés à un même nœud sur la corde de cette cloche, les efforts de ces hommes sont des forces concourantes en ce nœud.... De même, les efforts des deux hommes qui tirent à la cordelle sur l'avant d'un bateau (fig. 14), sont deux forces concourantes au point A.

2° *Cas de deux forces.* — Deux forces étant concourantes, on peut toujours les supposer appliquées au point de concours, considéré comme invariablement lié au corps. On est ainsi conduit au cas de deux forces appliquées à un même point matériel.

Nous avons vu précédemment que ces deux forces ont néces-

sairement une résultante ; elle est définie par le théorème suivant,
dit *théorème du parallélogramme des forces*.

5° THÉORÈME (*du parallélogramme des forces*). — *La résultante
de deux forces appliquées en un même point est représentée, en grandeur et en direction, par la diagonale du parallélogramme construit
sur les deux forces*.

**16. Démonstration du théorème du parallélogramme des for-
ces.** — Pour démontrer ce théorème, nous devons établir au
préalable le *lemme* suivant :

1° LEMME PRÉLIMINAIRE.   *Étant donné un parallélogramme solide
ABCD* (fig. 15) *dont les côtés sont com-
mensurables entre eux, si l'on applique
en A deux forces AB et AD, et en C deux
autres forces CB et CD, le parallélogramme
restera en équilibre sous l'influence de ces
quatre forces*.

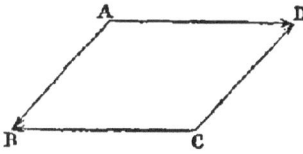

Fig. 15.   Considérons d'abord un losange ABCD
parfaitement rigide (fig. 16). Par *raison
de symétrie*, la résultante des deux premières forces, AB, AD, doit
être située dans leur plan et dirigée (quelle que
soit sa grandeur, que nous ne connaissons pas
encore) suivant la bissectrice de l'angle A : soit
AE cette résultante. Pour la même raison, la
résultante CG des deux forces CB, CD, sera dirigée suivant la bissectrice de l'angle C, et elle
sera forcément égale à AE, car le système des
forces en C est le même que celui des forces en A.
Les deux résultantes AE et CG étant égales, opposées et appliquées en deux points A et C reliés
invariablement l'un à l'autre, le système sera en équilibre.

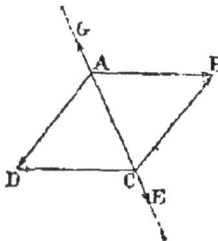

A côté de ce losange ABCD plaçons-en un second BB'C'C (fig. 17),
identique au premier, de façon que le côté BC soit commun. Appliquons encore en B deux forces BB' et BC,
en C' deux forces C'B' et C'C. Ces deux
losanges étant en équilibre séparément,
le parallélogramme AB'C'D le sera aussi ;
mais, comme les deux forces BC et CB sont
égales et directement opposées, elles se
font équilibre et l'on peut les supprimer.

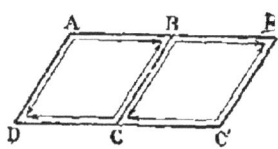

Fig. 17

On a ainsi un *parallélogramme* AB'C'D, dont un côté est double de
l'autre, qui est en équilibre sous l'action de quatre forces représentées par ses côtés.

A ce parallélogramme nous en pouvons juxtaposer d'autres qui soient isolément en équilibre. Nous pouvons ainsi constituer un parallélogramme total, qui sera forcément en équilibre puisqu'il sera formé de losanges qui le sont isolément, et dont les côtés seront entre eux dans un rapport commensurable $\frac{m}{n}$, si nous avons m losanges sur un côté et n sur l'autre.

2° *Direction et sens de la résultante (cas où les deux forces sont commensurables).* — Soit deux forces commensurables entre elles, AB et AD (fig. 18). Achevons le parallélogramme ABCD; appliquons en C deux forces CB et CD; nous réalisons ainsi un parallélogramme rigide, soumis à l'action de quatre forces, AD et AB d'une part, CB et CD d'autre part : nous savons qu'un tel système est en équilibre.

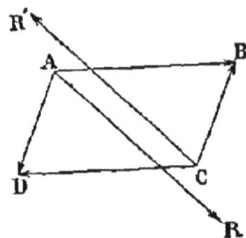

Fig. 18.

Soient AR et CR' les deux résultantes partielles des deux systèmes de deux forces : elles peuvent remplacer le système des quatre forces. Puisque le système est en équilibre, nous ne changerons rien à son état en fixant l'un de ses points, le point C par exemple. Mais alors la résultante CR' est équilibrée par la résistance du point fixe; il ne peut donc y avoir équilibre que si la résultante AR passe aussi par le point fixe; cela exige que cette résultante soit précisément dirigée suivant la diagonale AC du parallélogramme.

REMARQUE. — On peut dire plus brièvement que, le système invariable étant en équilibre sous l'action de deux forces appliquées aux points A et C, ces deux forces sont égales et directement opposées, c'est-à-dire sont nécessairement dirigées suivant AC.

3° *Direction et sens de la résultante (cas où les forces sont incommensurables)*
Soient deux forces AB   P, AD   Q (fig 19), incommensurables entre elles, par hypothèse Substituons à Q n forces q, égales entre elles; nous avons alors

$$Q = nq$$

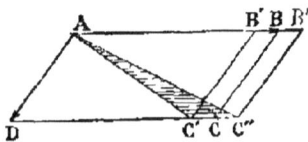

Fig. 19.

Portons la longueur q sur AB, nous pourrons en porter p et non $p + 1$, la force P est donc comprise entre les deux valeurs pq et $(p + 1)$ q, de sorte que l'on a

$$pq < P < (p + 1) q$$

prenons AB pq et AB' — $(p + 1) q$
Considérons les deux forces AD et AB'   elles sont commensurables entre elles, et ont par suite leur résultante dirigée suivant leur diagonale AC' De même, les forces AB' et AD, qui sont commensurables entre elles, auront leur résultante dirigée suivant AC'

La resultante viaie sera donc compiise entre AC' et AC″, dans l'angle C'AC″, car la force AB que l'on veut composer avec AD est compiise entre AB' et AB″, et ces forces ont la même direction, mais on a

$$C'C' - BB'' \quad AB' - AB' - (p+1)\,q - pq = q.$$

En prenant n de plus en plus giand, q sera de plus en plus petit, et la iésultante, toujours comprise entie deux dioites qui tendent a se confondie, sera, a la limite, confondue elle meme avec la position limite de ces dioites, c'est-a-dire avec la diagonale AC du parallélogramme construit sur les deux forces

4° *Intensité de la résultante.* — Il reste à montrer que l'intensité de la résultante est représentée par la longueur de cette même diagonale.

Soient MA, MB (fig. 20) les deux forces. La résultante est *dirigée* suivant MA. Supposons que la longueur MC en soit précisément l'intensité. Prenons sur le prolongement de MC une lon-

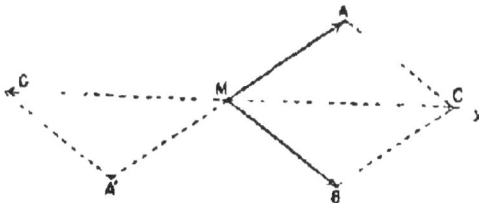

Fig 20

gueur MC' égale à MC. Cette force MC' est, par construction, égale et directement opposée à la résultante de MA et de MB : elle doit donc faire équilibre au système de ces deux forces.

Les trois forces MA, MB, MC' se faisant équilibre, l'une quelconque

Fig. 21

d'entre elles, MA par exemple, fera donc équilibre aux deux autres et sera, par suite, égale et directement opposée à leur résultante : soit MA' cette résultante. Comme elle doit être dirigée suivant la diagonale du parallélogramme construit sur MB et MC', on obtiendra la position du point inconnu C' en menant par A' une parallèle à BM. On obtient ainsi le point C'. Le segment MC' étant égal et opposé à la diagonale MX du parallélogramme construit sur MA et MB (égalité de triangles MAX et MA'C'), MX représente bien en grandeur et direction la résultante des deux forces MA et MB.

5° *Cas particulier . forces agissant dans la même direction.* — On peut considérer ce cas comme un cas particulier de forces concourantes ; mais alors le point de concours est indéterminé sur la droite. Ce cas est souvent réalisé dans la pratique, soit quand plusieurs hommes halent à bras un bateau à l'aide d'un même câble, soit quand plusieurs chevaux (fig. 21) sont attelés en flèche (tombereaux ou haquets).

17. Expression algébrique de la résultante. — 1° *Intensité.* — Soient (fig. 22) deux forces F et F' et leur résultante MC. Nous avons, dans le triangle MAC,

$$\overline{MC}^2 = \overline{MA}^2 + \overline{AC}^2 - 2\overline{MA} \times \overline{AC} \cos (MAC).$$

Désignons par le symbole (F, F') l'angle AMB formé par les directions des deux forces F et F' ; on a :

$$\cos \widehat{MAC} = - \cos \widehat{AMB} \quad = \cos (F, F') ;$$

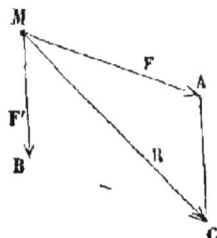

et la relation précédente devient, en appelant R l'intensité de la résultante F et F' des deux forces,

$$[1] \qquad R^2 \quad F^2 + F'^2 + 2FF' \cos (F, F').$$

2° *Direction.* — La direction de la résultante est déterminée par l'un des angles qu'elle fait avec chacune des forces composantes.

Appelons x et y ces angles (fig. 23), et θ l'angle des deux forces ; nous avons, dans le triangle MAR,

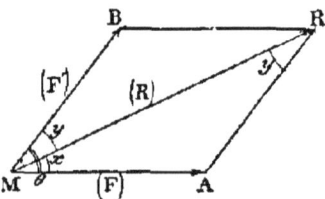

$$\frac{F}{\sin (R, F')} = \frac{F'}{\sin (R, F)} = \frac{R}{\sin (F, F')}$$

ou bien

$$\frac{F}{\sin y} = \frac{F'}{\sin x} = \frac{R}{\sin \theta} ;$$

Fig. 22

Fig 23.

d'où

$$\sin x = \frac{F'}{R} \sin \theta \quad \text{et} \quad \sin y = \frac{F}{R} \sin \theta.$$

3° *Détermination des angles* x *et* y *par leur tangente* — De l'égalité

$$\frac{F}{\sin y} = \frac{F'}{\sin x}$$

nous tirons

$$\frac{\sin x}{\sin y} = \frac{F'}{F},$$

ou

$$\frac{\sin x - \sin y}{\sin x + \sin y} = \frac{F' - F}{F' + F};$$

en remplaçant la différence et la somme des sinus par des produits, on a

$$\frac{2 \sin \frac{x-y}{2} \cos \frac{x+y}{2}}{2 \sin \frac{x+y}{2} \cos \frac{x-y}{2}} = \frac{F'-F}{F'+F},$$

ce qui peut s'écrire

$$\frac{\tan \frac{x-y}{2}}{\tan \frac{x+y}{2}} = \frac{F'-F}{F'+F},$$

et, comme on a $x + y = \theta$, il vient

$$\tan \frac{x-y}{2} = \frac{F'-F}{F'+F} \tan \frac{\theta}{2}.$$

On déduira de cette formule pour $x - y$ une certaine valeur v ; on aura ensuite x et y par les équations :

$$\begin{cases} x - y = v, \\ x + y = \theta, \end{cases} \quad \text{qui donnent} \quad \begin{cases} x = \frac{1}{2}(\theta + v), \\ y = \frac{1}{2}(\theta - v) \end{cases}$$

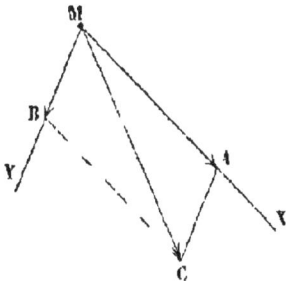

Fig. 24.

18. Décomposition d'une force donnée en deux autres. — Pour qu'il soit possible de décomposer une force donnée en deux autres, il faut que les deux directions données concourent ensemble sur celle de la force ou bien qu'elles lui soient parallèles.

Géométriquement, le problème de la décomposition d'une force se ramène toujours à la construction d'un triangle. Il y a plusieurs cas à considérer.

1er Cas. — *On donne les directions des deux composantes.*

Soient MC (fig. 24) la force donnée, MX et MY les deux directions des composantes. On mène par le point C une droite CA parallèle à MY jusqu'à ce qu'elle rencontre MX, et une parallèle CB à MX jusqu'à sa rencontre avec MY. MA et MB sont les deux composantes cherchées, puisqu'elles ont MC comme résultante.

On voit que le problème revient à celui-ci : *Construire un triangle MAC, connaissant le côté MC et les deux angles en C et en M.*

2ᵉ Cas. — *On donne l'une des composantes MA en grandeur et . en direction.*

Joignons A et C (fig. 24) et menons par C une droite CB parallèle et égale à MA : MB est la seconde force composante sur la direction MX, menée parallèlement à AC.

Ce problème revient au suivant : *Construire un triangle connaissant deux côtés MA, MC, et l'angle compris.*

3ᵉ Cas. *On donne les grandeurs des deux composantes sans en donner les directions.*

Soient MC la force, MA et AC les grandeurs des deux composantes (fig. 25) ; nous sommes ramenés au problème suivant : *Construire un triangle connaissant ses trois côtés.*

Traçons la force MC dans la direction que lui assignent les données. De M comme centre avec MA comme rayon, décrivons un arc de cercle ; de C comme centre avec AC comme rayon, décrivons-en un second ; ces deux arcs se coupent en A. MA est l'une des composantes, et si par MC

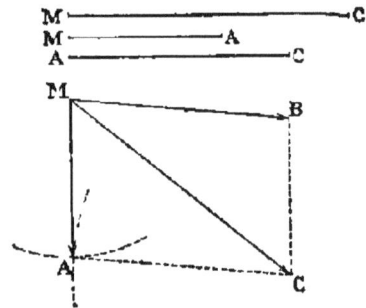

Fig. 25.

et C nous menons deux parallèles à MA et AC pour achever le parallélogramme, les deux composantes cherchées sont MA et MB.

4ᵉ Cas. *On donne la direction de l'une des composantes et l'intensité de l'autre.*

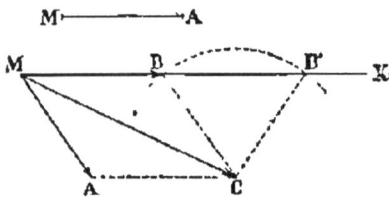

Fig. 26 (I).

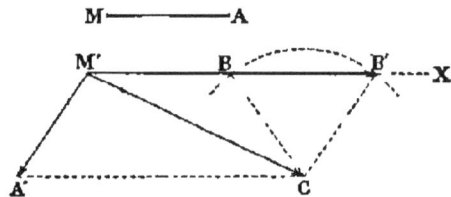

Fig. 26 (II).

Soient MC la force donnée fig. 26), MX la direction de l'une des composantes et MA l'intensité de la seconde ; nous sommes ramenés à *Construire un triangle connaissant deux côtés et l'angle opposé à l'un d'eux.*

Menons par le point M la direction MX, et du point C comme centre, avec une ouverture de compas égale à MA, décrivons une circonférence ; cette circonférence coupe MX et deux points : de là deux solutions. L'une est le système des deux composantes MB et MA (fig. 26, I), l'autre celui des deux composantes MA' et MB' (fig. 26, II).

19. Expression analytique des composantes d'une force donnée. — *Cas particulier.* — Soit une force F à décomposer en deux autres, dirigées *parallèlement à deux axes rectangulaires,* Oy, Ox (fig. 27). Désignons par X et Y les composantes cherchées, nous aurons dans le triangle rectangle FAB :

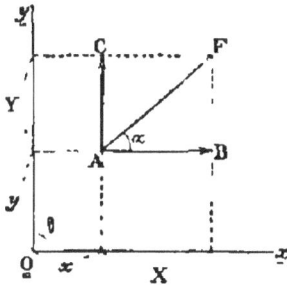

Fig. 27.

$$AB = AF \cos \alpha \quad \text{ou} \quad X = F \cos \alpha ;$$

et de même, dans le triangle FAC,

$$Y = F \sin \alpha.$$

2° *Cas général.* — On trouverait, par un calcul facile, les valeurs X et Y dans le cas où les axes font entre eux un angle θ. [1]

20. Applications. — Le problème de la composition de *deux* forces concourantes et le problème inverse se présentent très souvent.

Dans le vol d'un oiseau (fig. 28) lorsque ses ailes frappent l'air, la résistance du gaz équivaut, sur chacune d'elles, à une force d'impulsion d'arrière en avant, suivant les directions AH et AK ; si donc CB et CD représentent les intensités et les

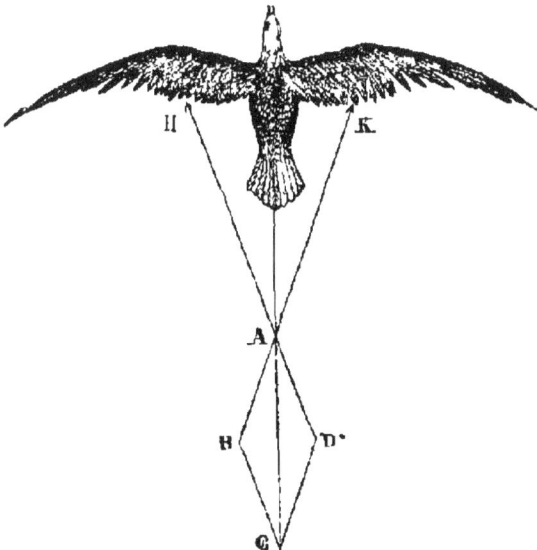

Fig 28

[1] On trouve $X = \dfrac{R \sin \vartheta - \gamma}{\sin \theta}$ $Y = \dfrac{R \sin \gamma}{\sin \theta}$.

directions de ces deux forces, on aura, en construisant le parallélogramme ABCD, la résultante CA qui fait avancer l'oiseau.

Le même raisonnement s'appliquerait à la natation de l'homme
et des animaux, ainsi qu'à la propulsion des canots à l'aide des
avirons ou des bicyclettes à l'aide des pédales.

La *scie à découper à ressort* est également une application intéressante du parallélogramme des forces. En effet, la scie est
toujours tirée vers le haut par deux cordons accrochés aux extrémités d'un fort ressort; le moteur, au contraire, tire la scie vers
le bas, et c'est le relèvement de l'outil qu'opère le ressort, avec
une force égale à la diagonale du parallélogramme dont les deux
côtés sont dirigés suivant les deux cordons; la scie est dirigée
précisément suivant la diagonale.

On trouve un exemple du problème inverse dans la théorie
du *plan incliné* (fig. 29).

Considérons un corps pesant M :
il est sollicité à tomber verticale
ment par une force qu'on appelle
son *poids* et que nous pouvons représenter par GH.

Décomposons cette force en deux
autres, l'une GE, normale au plan,
l'autre GD dirigée parallèlement à sa

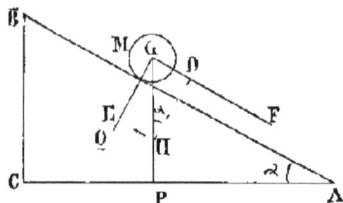

Fig. 29

ligne de plus grande pente : la première composante, la *composante normale* GH, tend à presser la surface du plan, que nous
supposerons indéformable; elle est donc équilibrée par la résistance du plan, et la composante parallèle GD agit seule. Si donc
on veut empêcher le corps de tomber, il suffira de lui opposer
une force égale GD. (On a GD $p \sin A$, p étant le *poids* du corps,
et A l'angle du plan incliné avec l'horizon.)

CHAPITRE III

COMPOSITION D'UN NOMBRE QUELCONQUE DE FORCES CONCOURANTES. —
CONDITIONS D'ÉQUILIBRE. — MOMENTS.

**21. Composition d'un nombre quelconque de forces concou-
rantes.** — Nous avons vu précédemment qu'un système de forces
concourantes en un point matériel admet toujours une résultante.

On peut aisément déterminer cette résultante en appliquant plusieurs fois de suite, et successivement de proche en proche, la règle de construction qui résulte du théorème du parallélogramme des forces.

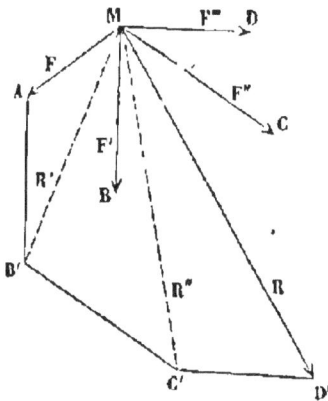

Fig. 30

1° *Cas général : Règle du polygone des forces.* — Soient F, F', F'', F''' (fig. 50), quatre forces concourantes en M; composons F et F' : il suffit de mener par le point A, extrémité de F, une droite AB' égale et parallèle à F'; nous remplaçons ainsi le système des deux forces F et F' par la force unique R', égale à la diagonale MB' du parallélogramme construit sur les droites MA et MB.

Composons, de la même manière, R' avec F'' : nous aurons une force R'' qui pourra remplacer le système de R et de F'', c'est-à-dire des trois forces F, F', F''. Il ne restera plus qu'à composer R'' avec F''' pour avoir la résultante finale R du système de toutes les forces considérées.

On voit que ces constructions successives reviennent à la suivante, dite *règle du polygone des forces* :

Pour avoir la résultante d'un système quelconque de forces concourantes, on construit, à partir du point où ces forces sont appliquées, une ligne brisée dont chaque côté est égal et parallèle à une des forces du système. La droite qui ferme la ligne brisée est la résultante du système.

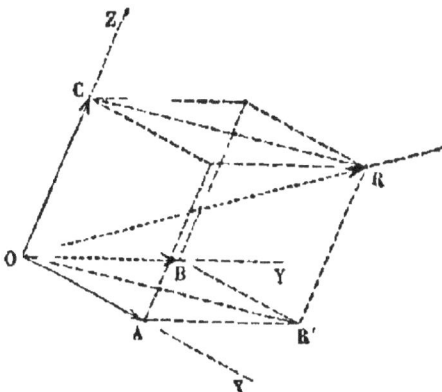

Fig. 31.

Le polygone ainsi construit se nomme le *polygone des forces.*

REMARQUE. — Si toutes les forces sont dans un même plan, le polygone des forces est une figure *plane*; sinon, c'est une figure *gauche.*

2° *Cas particulier : Règle du parallélépipède des forces.* — Si le système comprend trois forces concourantes OA, OB, OC, non situées dans un même plan (fig. 51), on voit, en appliquant la règle du polygone des forces, que la résultante OR n'est autre que la diagonale du parallélépipède construit sur les trois forces appliquées au point considéré.

22. Décomposition d'une force suivant plusieurs directions quelconques. — On peut avoir à résoudre le problème inverse du précédent.

1° *Cas d'un trièdre quelconque.* Le cas le plus simple est celui de trois directions OX, OY, OZ (fig. 31) formant un trièdre quelconque : soit OR la force a décomposer. On mène par le point R trois plans parallèles respectivement aux trois plans XOY, YOZ, ZOX ; ces trois plans coupent les trois directions données en trois points A, B, C, dont les distances au point O sont les trois composantes cherchées. Cette construction est légitimée par ce fait que, si l'on cherche ensuite la résultante de OA. OB, OC en construisant sur ces trois forces un parallélépidède, on retrouve précisément la force primitive.

2° *Cas d'un nombre quelconque de directions quelconques.* — Si l'on veut décomposer une force unique suivant plusieurs directions quelconques, on devra appliquer d'abord à trois d'entre elles, puis successivement et de proche en proche aux autres directions, la construction précédente ; seulement, dans ce cas, *le problème n'est plus déterminé.*

23. Calcul de l'intensité et de la direction de la résultante de trois forces rectangulaires. — Soient X, Y, Z (fig. 32) les trois forces, R la diagonale du parallélépipède rectangle construit sur les trois forces.

Nous avons (d'après un théorème connu de géométrie dans l'espace) pour l'intensité R

$$[1] \qquad R^2 = X^2 + Y^2 + Z^2.$$

Désignons par α, β, γ les angles que fait la résultante avec les directions des trois forces ; le triangle RMA est rectangle en A et donne

$$[2] \qquad X = R \cos \alpha.$$

On a de même, dans le triangle RMB,

$$[3] \qquad Y = R \cos \beta,$$

et dans le triangle RMC

$$[4] \qquad Z = R \cos \gamma.$$

La formule [1] donne la valeur de R ; en portant cette valeur

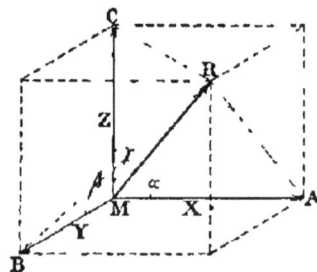

dans les équations [2], [3], [4], on en tirera les valeurs des cosinus des angles α, β, γ, — ce qui détermine la direction.

Ces trois cosinus s'appellent les *cosinus directeurs* de R par rapport aux axes Ox, Oy, Oz.

REMARQUE. — Les mêmes formules serviraient inversement à trouver les *composantes* X, Y, Z d'une force donnée R, suivant trois directions avec lesquelles elle fait des angles respectivement égaux à α, β, γ.

24. Cas général de n forces concourantes. On peut calculer de même l'intensité et la direction de la résultante dans le cas général d'un nombre quelconque n de forces appliquées à un même point

Imaginons des forces F_1, F_2, F_3, F_n, appliquées à un point O (fig 53)

Prenons trois axes rectangulaires Ox, Oy, Oz, passant par le point O, nous allons projeter successivement toutes les forces sur ces trois axes

Désignons par α_1, β_1, γ_1; α_2, β_2, γ_2; α_3, β_3, γ_3; . . , les angles que font les forces F_1, F_2, F_3, avec les axes

Appelons, en général, x_p, y_p, z_p les projections d'une force quelconque F_p sur les trois axes : nous avons vu que ces projections sont précisément les *composantes* de F_p suivant les trois directions Ox, Oy, Oz Nous aurons donc

$$
\begin{array}{lll}
x_1 = F_1 \cos \alpha_1 & y_1 = F_1 \cos \beta_1 & z_1 = F_1 \cos \gamma_1 \\
x_2 = F_2 \cos \alpha_2 & y_2 = F_2 \cos \beta_2 & z_2 = F_2 \cos \gamma_2 \\
x_3 = F_3 \cos \alpha_3 & y_3 = F_3 \cos \beta_3 & z_3 = F_3 \cos \gamma_3 \\
\cdots & \cdots & \cdots \\
x_n = F_n \cos \alpha_n & y_n = F_n \cos \beta_n & z_n = F_n \cos \gamma_n
\end{array}
$$

Nous avons ainsi une série de composantes suivant Ox, suivant Oy, suivant Oz

Désignons par X, Y, Z les trois composantes de la résultante R, et par a, b, c les trois angles de cette résultante avec les trois axes La composante X sera la somme des composantes partielles x_1, x_2, x_n; on aura donc

$$
\left\{
\begin{array}{l}
X = \Sigma \, x_p = \Sigma \, F_p \cos \alpha_p. \\
Y = \Sigma \, y_p = \Sigma \, F_p \cos \beta_p, \\
Z = \Sigma \, z_p = \Sigma \, F_p \cos \gamma_p,
\end{array}
\right.
$$

en désignant par le symbole Σ la somme des éléments de même nature que celui qui le suit immédiatement

L'intensité de la résultante sera donnée par la relation

$$ R^2 = X^2 + Y^2 + Z^2, $$

et ses trois cosinus directeurs seront fournis par les relations

$$
\left\{
\begin{array}{l}
\cos a = \dfrac{X}{R}, \\[2mm]
\cos b = \dfrac{Y}{R}, \\[2mm]
\cos c = \dfrac{Z}{R}.
\end{array}
\right.
$$

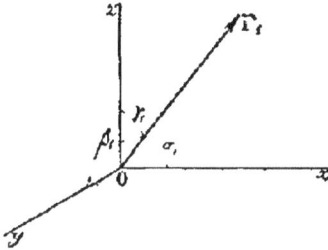

Fig 53

REMARQUE. — Le calcul permet également d'exprimer X, Y, Z dans le cas où les trois directions Ox, Oy, Oz font des angles donnés *quelconques*

25. Conditions d'équilibre des forces concourantes. — Exprimer les conditions d'équilibre d'un système de forces concourantes revient évidemment à exprimer que *la résultante du système est nulle.*

1° *Cas de deux forces.* — On a vu que la résultante est nulle quand les deux forces sont égales et directement opposées, et dans ce cas seulement; donc

Pour que deux forces, appliquées à un même point, se fassent équilibre, il faut et il suffit que ces deux forces soient égales et directement opposées.

2° *Cas de trois forces.*   Pour que trois forces concourantes se fassent équilibre, il faut et il suffit :

Que les forces soient situées dans un même plan;

Que chacune de ces forces soit proportionnelle au sinus de l'angle des deux autres.

Si les trois forces n'étaient pas situées dans un même plan, elles formeraient un trièdre. On pourrait alors achever le parallélépipède, et elles auraient par suite une résultante.

Supposons ces trois forces OA, OB, OC dans un même plan (fig. 34), et désignons par p, q, r leurs intensités.

Pour qu'il y ait équilibre, il faut et il suffit que l'une des forces, OC par exemple, soit égale et directement opposée à la résultante des deux autres. Si donc nous construisons la diagonale OD, résultante de OA et de OB, cette ligne doit être égale et opposée à OC. Or, désignons en général par (p, q) l'angle des deux directions p et q; on a, dans le parallélogramme des forces, les relations

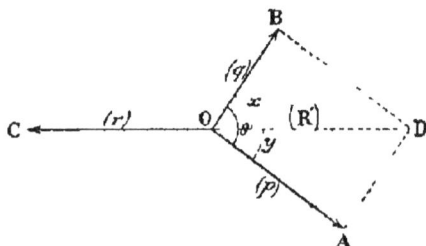

Fig. 34.

$$\frac{p}{\sin (q, \text{OD})} \quad \frac{q}{\sin (p, \text{OD})} = \frac{\text{OD}}{\sin (p, q)}.$$

Mais les angles BOC et BOD sont supplémentaires si l'équilibre a lieu. Donc on a

$$\sin (q, \text{OD}) \quad \sin (q, r),$$

et de même

$$\sin (p, \text{OD}) = \sin (p, r);$$

comme d'ailleurs OD doit être égal à r, les conditions d'équilibre peuvent s'écrire

[1]
$$\frac{p}{\sin(q, r)} = \frac{q}{\sin(p, r)} = \frac{r}{\sin(p, q)}.$$

Cette relation exprime que les trois forces p, q. r sont les trois côtés d'un triangle. La deuxième condition *est donc nécessaire*.

Elle est suffisante. En effet, soient OA, OB, OC (fig 34) les trois forces p, q, r, entre lesquelles on a la relation [1]. Cherchons la résultante R′ de p et de q. Nous aurons

$$\frac{p}{\sin(q, R')} = \frac{q}{\sin(p, R')}.$$

Désignons par x l'angle des droites q et R′, par y celui de p et de R′. La relation précédente peut donc s'écrire

$$\frac{\sin x}{\sin y} = \frac{q}{p}, \frac{r}{q}$$

avec

$$x + y = \theta - (p, q):$$

la force R′ est donc bien le prolongement de la force R, et, par suite, la deuxième condition est suffisante.

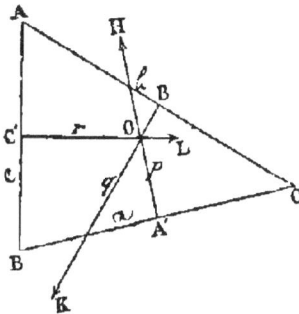

Fig. 35

5° Application · *Équilibre d'un triangle rigide.* — *Soit un triangle* ABC (fig 35); *sur les milieux* A′, B′, C′ *des trois côtés on élève des perpendiculaires suivant lesquelles agissent dans le plan du triangle trois forces* A′H, B′K, C′L, *proportionnelles aux côtés correspondants. Démontrer que ces trois forces se font équilibre*

Ces trois forces, étant dans un même plan et étant perpendiculaires aux milieux des trois côtés, se rencontrent en un point O, qui est le centre du cercle circonscrit. Nous pouvons donc les supposer appliquées toutes trois au point O. Nous avons

[1]
$$\begin{cases} \sin B'OL = \sin A, \\ \sin C'OA' = \sin B, \\ \sin A'OB' = \sin C \end{cases}$$

Il faut, pour que l'équilibre ait lieu, que l'on ait

$$\frac{p}{\sin B'OL} = \frac{q}{\sin C'OA'} = \frac{r}{\sin A'OB'},$$

ou, d'après les égalités [1],

[2]
$$\frac{p}{\sin A} = \frac{q}{\sin B} = \frac{r}{\sin C},$$

or le triangle ABC nous donne la relation

$$\frac{a}{\sin A} = \frac{b}{\sin B} = \frac{c}{\sin C},$$

et, par hypothèse, les forces p, q, r, étant proportionnelles aux côtés correspondants, l'on a

$$\frac{a}{p} = \frac{b}{q} = \frac{c}{r} :$$

la condition [2] est donc satisfaite, et l'équilibre a lieu

Remarque Cette proposition s'étend au cas d'un polygone quelconque.

4° *Cas d'un nombre quelconque de forces.*   Pour que l'équilibre ait lieu, il faut et il suffit que la résultante soit nulle. Si l'on construit, dans ce cas, le polygone des forces, il est évident que l'extrémité D' de la ligne polygonale (fig. 30) ira rejoindre le point de départ M. C'est ce que l'on exprime par la condition d'équilibre suivante :

La condition nécessaire et suffisante pour qu'un système de forces concourantes soit en équilibre, est que le polygone des forces se ferme de lui-même.

26. **Expression algébrique des conditions d'équilibre (cas d'un point matériel libre).** — Nous avons vu que, pour que l'équilibre ait lieu, il faut et il suffit que la résultante soit nulle Cela exige que les trois composantes suivant Ox, Oy, Oz soient nulles, puisque l'on a

$$R^2 = X^2 + Y^2 + Z^2.$$

Les conditions d'équilibre d un point matériel *libre* soumis à l'action de forces concourantes sont donc

$$\begin{cases} X = \Sigma x = 0, \\ Y = \Sigma y = 0, \\ Z = \Sigma z = 0, \end{cases}$$

ou, plus explicitement, en désignant par α, β, γ les angles de l'une quelconque des forces, F, avec Ox, Oy, Oz, et en se rappelant que $x = F \cos \alpha$, $y = F \cos \beta$, $z = F \cos \gamma$,

$$\begin{cases} \Sigma F \cos \alpha = 0, \\ \Sigma F \cos \beta = 0, \\ \Sigma F \cos \gamma = 0. \end{cases}$$

27 **Conditions d'équilibre (cas d'un point matériel gêné)** — Les conditions précédentes cessent de s'appliquer si le point de concours des forces est *gêné*, c'est-à-dire *assujetti à certaines liaisons*; par exemple, s'il est astreint à rester toujours sur une même surface ou sur une même courbe.

Dans ce cas, le nombre des conditions d'équilibre est, en général, moins grand que si le point considéré est libre, et il peut arriver que le point reste au repos, quoique étant sollicité par des forces qui ne se feraient pas équilibre sur un point libre.

1er Cas. — *Le point est mobile sans frottement sur une surface fixe*

Il y a évidemment équilibre lorsque la résultante R des forces qui sollicitent le point M est normale à la surface : il n'y a alors, en effet, aucune raison pour que le déplacement ait lieu dans un sens plutôt que dans le sens opposé. Lorsque la force est oblique sur la surface, elle peut être décomposée en deux autres, l'une *normale* à la surface qui est sans effet au point de vue du mouvement, l'autre tangente à la surface, qui produit le mouvement : on la nomme *composante tangentielle* de la force R.

Si le point M pouvait quitter la surface d'un certain côté, il faudrait pour l'équilibre, non seulement que R fût une force normale à la surface, mais encore, qu'elle tendît à appuyer le point contre la surface.

Comme la surface n'oppose aucune résistance au *glissement* du point M, elle agit comme une force normale à la surface qui serait appliquée au point. On nomme cette force *réaction normale de la surface*. Le point exerce sur la surface une *pression normale* égale et directement opposée à la réaction.

Si l'on prend comme axe des z, la normale à la surface en M et pour axes des x et des y deux droites rectangulaires situées dans le plan tangent en ce point, en désignant par X, Y, Z les composantes de R, les trois conditions d'équilibre du point libre se réduisent ~~à la seule condition~~ *aux deux conditions* :

$$\cancel{Z = 0} \qquad X = 0 \; ; \; Y = 0$$

2e Cas — *Le point est mobile sans frottement sur une courbe plane indéformable*

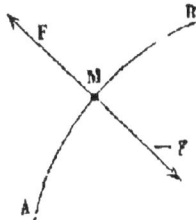

Fig. 36.

Appliquons à ce point M une force F, normale à la courbe AB (fig 36) : cette force ne produira évidemment aucun mouvement du point M, car elle ne tend qu'à l'appliquer sur la courbe; et, d'ailleurs, il n'y aurait aucune raison pour que le mouvement se produisît dans un sens plutôt que dans le sens opposé.

Le point M exerce alors sur la courbe une *pression normale*, mesurée précisément, *dans le cas de l'équilibre*, par la force F.

On peut, par la pensée, supprimer la courbe et la remplacer par une force (— F) égale à F, et directement opposée. Cette force s'appelle la *réaction* de la courbe.

Supposons maintenant (fig 37) que la force F, au lieu d'être normale à la courbe, ait une direction quelconque, dans le plan de la courbe. Décomposons la force F suivant la normale MN à la courbe qui est située dans le plan F, T, et suivant la tangente MT. Nous pourrions remplacer la force F par les deux composantes MN et MT. La composante MN ne tend qu'à appliquer le point M contre la courbe : c'est la *composante normale*, laquelle est détruite par une réaction égale de la courbe, la force — N. Il reste donc seulement la *composante tangentielle* MT. Celle-ci seule peut produire le mouvement.

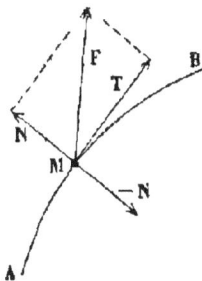

Fig 37.

On voit donc que la condition d'équilibre est la suivante : *Pour qu'un point matériel assujetti à rester sur une courbe soit en équilibre, il faut et il suffit que la résultante soit normale à la courbe.*

3e Cas particulier. — Prenons comme exemple un point assujetti à rester sur une ligne droite : un petit anneau assujetti a glisser le long d'une tringle de fer. Choisissons cette droite pour axe des x et projetons la résultante sur les trois axes. Pour qu'il y ait équilibre, dans le cas général, il faut que l'on ait

$$X = 0, \quad Y = 0, \quad Z = 0$$

Mais ici ces forces Y et Z ne peuvent avoir d'autre effet que d'appuyer l'anneau contre la tringle. La seule force qui le puisse déplacer est donc la composante X. Les trois conditions se réduisent à la condition unique

$$X \quad 0$$

28. Moment d'une force par rapport à un point. Définitions. — On appelle *moment d'une force F par rapport à un point* O (fig. 38) le produit de l'intensité de la force par la longueur de la perpendiculaire OD abaissée du point O sur la direction de la force. On a donc

$$moment\ de\ F \quad F . OD.$$

Il résulte de cette définition même que le moment de la force MA par rapport au point O est égal au double de l'aire du triangle ayant la force comme base et le point O comme sommet.

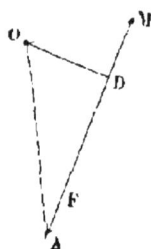

Fig. 38

On a donné un signe au moment : si nous imaginons que le plan de la figure soit rigide, et qu'il puisse tourner autour d'un axe passant par le point O, la force tendra à le faire tourner, soit dans le sens des aiguilles d'une montre, soit en sens contraire. Le moment sera pris positif, par exemple, dans le premier cas, et négatif dans le second [1].

Le point O, par rapport auquel on prend les moments, s'appelle le *centre des moments* et les perpendiculaires abaissées du centre sur les forces s'appellent *bras de levier* de ces forces.

29. Théorème des moments (ou Théorème de Varignon). — *Le moment de la résultante d'un système de forces concourantes situées dans un même plan (pris par rapport à un point de ce plan) est égal à la somme algébrique des moments des composantes.*

1° *Cas de deux forces.* — Soient (fig. 39) MA et MB deux forces concourantes, MC leur résultante, O le centre des moments, et Oa, Ob, Oc les bras de levier des forces MA, MB, MC.

_____

1 Plus généralement, soit un sens positif Oz fixe sur une droite passant par O, perpendiculairement au plan MOA, et D un point mobile : on considérera le mobile D comme tournant dans un sens positif (et par suite $F \times OD$ comme positif, D étant entraîné par F), si un observateur ayant les pieds en O et la tête en z voit le mobile D se déplacer de sa *gauche* vers sa *droite*.

Le moment de la résultante est égal au produit de MC par Oc, c'est-a-dire au double de l'aire du triangle OMC. Nous pouvons considérer ce triangle comme ayant OM pour base et pour hauteur CC_1, perpendiculaire abaissée du point C sur la droite OM. De même nous pourrons considérer le triangle OMB, dont l'aire est égale à la moitié du moment de la force MB, comme ayant pour base OM et pour hauteur BB_1. Pour la même raison, le moment de la force OA sera égal au produit de OM par AA_1. Tout revient donc a démontrer que l'on a

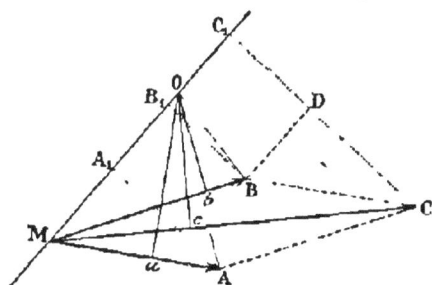

$$\text{surface OMC} = \text{surface OMA} + \text{surface OMB}$$

ou, en remplaçant les aires par leurs valeurs,

$$\frac{1}{2}\,OM \times CC_1 = \frac{1}{2}\,OM \times AA_1 + \frac{1}{2}\,OM \times BB_1,$$

ou enfin

$$CC_1 = AA_1 + BB_1.$$

Or, si nous menons BD parallèle à OM, nous voyons que

$$CC_1 = CD + DC_1;$$

mais, dans le rectangle BB_1C_1D, on a $DC_1 = BB_1$; donc

$$CC_1 = CD + BB_1$$

et les deux triangles AA_1M, BCD, étant égaux comme ayant un côté égal ($BC = AM$) adjacent à deux angles égaux (leurs côtés sont parallèles deux à deux), il en résulte $CD = AA_1$. Par conséquent on a bien

$$CC_1 = AA_1 + BB_1.$$

Remarque. — La démonstration se fait de la même manière lorsque le centre des moments est situé à l'intérieur du parallélogramme des forces.

2° *Cas de plusieurs forces.*   La même démonstration se généralise aisément pour 3, 4,... *n* forces concourantes.

3° *Expression générale du théorème des moments.* — Le théorème de Varignon peut s'exprimer algébriquement de la manière suivante : Soient F_1, F_2, F_3,...F_n différentes forces et soient p_1, p_2,...p_n leurs bras de levier. Soit R la résultante, et r son bras de levier, le théorème s'écrira (chaque produit étant affecté du signe que lui impose la convention)

$$[1] \qquad Rr \quad F_1 p_1 + F_2 p_2 + F_3 p_3 + ... + F_n p_n.$$

4° Corollaire. — *La somme des moments de plusieurs forces concourantes, pris par rapport à un point de la résultante, est nulle.*

En effet, si le centre des moments est sur la résultante R, sa distance r à cette résultante est nulle; le premier membre de l'égalité est donc nul, et par suite le second, ce qui nous donne

$$F_1 p_1 + F_2 p_2 + F_3 p_3 + ... + F_n p_n — 0.$$

30. Moment d'une force par rapport à un axe. — 1° *Définition.* — Le *moment d'une force par rapport à un axe* est le moment de la projection de cette force sur un plan perpendiculaire à l'axe par rapport au point où l'axe perce le plan.

Soient XX' l'axe et F la force (fig. 40), O le pied de l'axe sur un plan perpendiculaire et F_1 la projection de la force; abaissons la perpendiculaire OA sur F_1 : le moment de la force a pour expression $F_1 \times OA$.

Comme c'est le moment de la force F_1 par rapport à un point O, la convention des signes s'y applique.

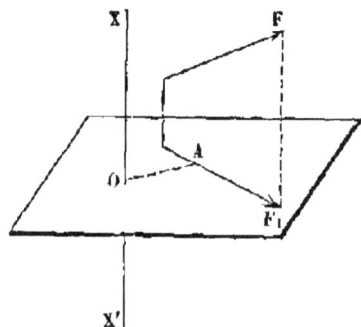

Fig. 40.

2° Théorème. — Pour la même raison on voit que le théorème de Varignon doit s'appliquer à ces moments. On peut donc énoncer le théorème suivant :

Le moment de la résultante d'un système de forces concourantes, pris par rapport à un axe, est égal à la somme algébrique des moments de ces forces, pris par rapport au même axe.

3° Corollaire. — *La somme algébrique des moments d'un système de forces concourantes est nulle quand leur résultante rencontre l'axe des moments.* En effet, dans ce cas, le bras de levier de la résultante, ou celui de sa projection, se réduit à zéro.

31. Expression analytique des moments d'une force par rapport à trois axes rectangulaires — Soit F une force appliquée en un point A dont la position est déterminée par rapport a trois axes de coordonnées rectangulaires Ox, Oy, Oz par ses coordonnées x, y, z; soient d'autre part α, β, γ les angles que fait la direction de force considérée dans le sens où elle agit avec les axes Ox, Oy, Oz (fig. 41).

Le moment de F par rapport à l'axe Ox est égal à la somme des moments des trois composantes de F, suivant les trois axes de coordonnées. En construisant le parallélépipède des forces, on a ces trois composantes en grandeur et en direction. Ce sont

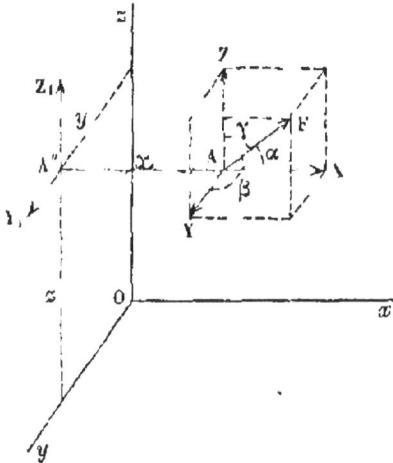

Fig 41

Suivant l'axe des x . . X $F \cos \alpha$,
— y ... Y $F \cos \beta$,
            z ... Z $F \cos \gamma$.

Le moment de X par rapport à Ox est nul, puisque la projection de X sur le plan des yz se réduit au point A″.

Le moment de Y est égal, en valeur absolue, à Yz, car Y se projette en vraie grandeur sur le plan des yz qui lui est parallèle, et la distance de sa projection au pied O de l'axe est précisément égale au z du point O. Quant au signe de ce moment, on le détermine en appliquant ici la convention générale. Le moment de Y est zY. De même le moment de Z sera $+ yZ$. Donc enfin le moment L de la force F par rapport à l'axe des x sera

$$L = yZ - zY.$$

En raisonnant de la même manière, on trouvera que

$$M = zX - xZ,$$

moment par rapport à l'axe des y;

$$N = xY - yX,$$

moment par rapport à l'axe des z.

REMARQUE. — Ces deux derniers moments peuvent se déduire du premier par un procédé mnémonique simple, appelé procédé des *permutations circulaires*, qui consiste à faire succéder les lettres x, y, z les unes aux autres comme si elles étaient placées sur un cercle qu'un observateur parcourrait indéfiniment dans le même sens

CHAPITRE IV

COMPOSITION DES FORCES PARALLÈLES

32. Définitions. — On appelle *forces parallèles* des forces dont les directions sont parallèles.

Il y a deux cas à considérer dans le problème de la composition des forces parallèles : celui où elles agissent toutes dans le même sens et celui où elles agissent les unes dans un sens et les autres en sens contraire.

33. Composition de deux forces parallèles et de même sens. — Théorème. — *Deux forces parallèles et de même sens, appliquées en deux points invariablement liés, admettent une résultante : c'est une force parallèle et de même sens dont l'intensité est la somme des intensités des composantes; elle rencontre la droite qui joint les points d'application des deux forces en un point qui la partage en deux segments additifs, inversement proportionnels aux forces adjacentes.*

Soient deux forces F et F′ (fig. 42), parallèles et de même sens, appliquées en deux points A et B, que nous supposons invariablement liés l'un a l'autre.

On peut alors, sans changer les conditions dans lesquelles se trouve le système, appliquer en A et en B deux forces AD, BE, égales, dirigées suivant AB et agissant en sens contraires.

La règle du parallélogramme permet de remplacer les deux forces AA′ et AD par leur résultante AG; remplaçons de même les deux forces BB′ et BE par leur résultante BH. Les deux droites AG et BH étant situées toutes deux dans le plan de la figure se rencontrent en un certain point O. Si ce point est invariablement

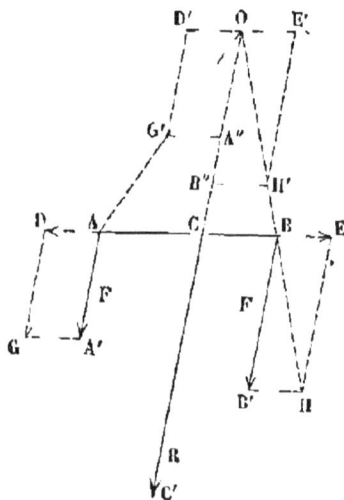

Fig. 42.

lié à la droite AB, on peut y transporter les forces AG et BH, qui deviennent alors OG′, OH′.

En menant par le point O deux directions, l'une parallèle à AB, l'autre parallèle à la direction des forces données, et décomposant les forces OG′ et OH′ suivant ces deux directions, on obtient d'une part les deux forces OD′, OE′, égales respectivement à AD et BE, et d'autre part les forces OA″, OB″, égales respectivement à F et à F′, à cause de l'égalité des triangles A″OG′, A′AG ; B″OH′, B′BH. Les forces OD′ et OE′, étant égales et directement opposées, se font équilibre. Il ne reste donc, pour remplacer le système primitif, que les deux forces OA″, OB″. Ces forces, agissant suivant la même droite et dans le même sens, ont une résultante égale a leur somme F + F′, que l'on peut appliquer au point C de la droite AB.

Les triangles semblables OAC, AGA′ donnent

$$\frac{OC}{CA} = \frac{AA'}{A'G} = \frac{F}{AD}.$$

Les triangles semblables OBC, BHB′, donnent de même

$$\frac{OC}{CB} = \frac{BB'}{B'H} = \frac{F'}{BE}.$$

Divisons ces rapports l'un par l'autre, et remarquons que AD = BE ; il vient

$$\frac{CB}{CA} = \frac{F}{F'}.$$

Donc les distances CB et CA du point d'application de la résul-

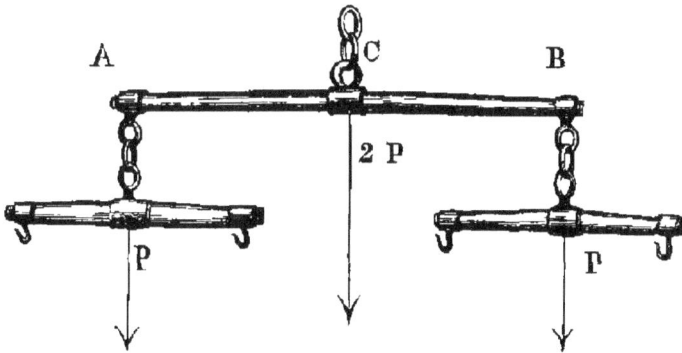

Fig 45

tante aux deux points d'application des composantes sont en raison inverse des forces correspondantes F et F′.

54. Cas particuliers. — 1° *Les deux forces sont égales.* Alors la résultante, égale au double de chacune d'elles, est appliquée au milieu de la droite qui joint leurs points d'application.

Cette disposition est réalisée dans l'attelage de deux chevaux à une voiture. Cet attelage se fait souvent à l'aide de la *volée à deux chevaux* (fig. 45), dans laquelle le crochet servant à relier à la voiture la barre commune représente le point d'application de la résultante des tractions séparées des deux bêtes qui agissent chacune à une extrémité de cette barre.

2° *L'une des forces est double de l'autre.* Alors la droite qui joint les points d'application des deux forces est partagée par la résultante en deux segments dont l'un est double de l'autre, le plus petit étant adjacent à la force double.

Ce cas est réalisé dans les attelages agricoles sous le nom de *volée à trois chevaux* (fig. 44), qui permet d'utiliser une volée à deux chevaux, augmentée d'un troisième cheval.

Le crochet de la volée à deux chevaux représente une force

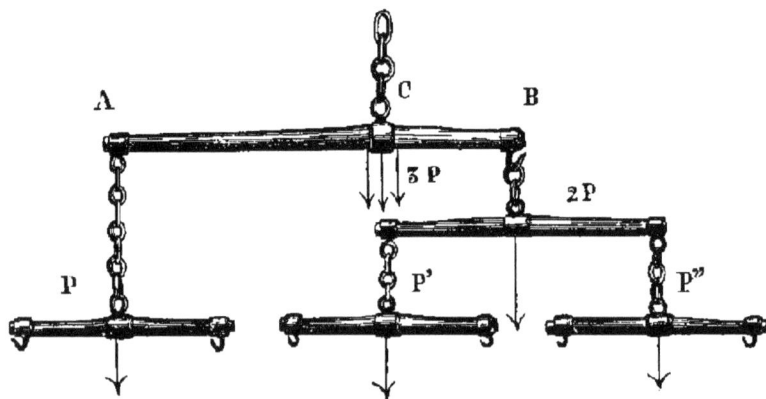

Fig. 44.

double, qu'il faut composer avec celle du troisième cheval; pour cela, on se sert d'une barre auxiliaire AB partagée en deux parties dont l'une est double de l'autre; au point de séparation C est le crochet de traction, relié à la voiture; à l'extrémité la plus courte B agit la volée à deux chevaux, tandis que le cheval unique agit à l'extrémité la plus éloignée A.

35. Composition de deux forces parallèles et de sens contraires. — THÉORÈME. — *Deux forces parallèles et de sens contraires admettent en général une résultante : c'est une force parallèle aux premières, égale à leur différence, agissant dans le sens de la plus grande et dont le point d'application peut être pris sur la droite qui joint leurs points d'application, en dehors de ces deux points et du côté de la plus grande; il partage cette droite en segments soustractifs inversement proportionnels aux forces adjacentes.*

Soient deux forces, F et F′ (fig. 45) parallèles et de sens contraires, appliquées en deux points A et B liés invariablement l'un à l'autre. Nous pouvons remplacer la force F par deux autres forces parallèles et de même sens : l'une BB′, égale à F′, appliquée en B, et l'autre, égale à F − F′, appliquée sur le prolongement de AB, en un point C, tel que l'on ait

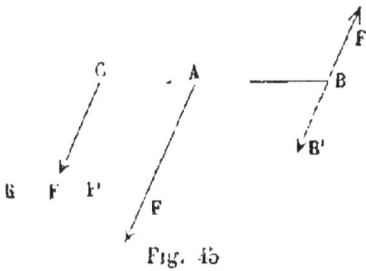

$$[1] \qquad \frac{AC}{AB} = \frac{F'}{F-F'}.$$

(Il suffit, pour légitimer cette substitution, de remarquer que, inversement, la résultante des deux forces F′ et F − F′ est la force F.)

Les deux forces BB′ et F′ étant égales et contraires, on peut les supprimer, de sorte que le système primitif (F et F′) se trouve remplacé par la seule force (F − F′), appliquée au point C : c'est, par définition, leur *résultante*. De l'équation [1] on déduit

$$[2] \qquad \frac{AC}{AC+AB} = \frac{AC}{CB} = \frac{F'}{F}.$$

L'équation [2] montre que le rapport des distances du point C aux deux points d'application A et B des forces F et F′ est en raison inverse de ces deux forces.

36. Composition de deux forces parallèles, égales et de sens contraires. — Couple. — Dans le cas où les deux forces sont égales, la règle de composition précédente ne s'applique plus : en effet, la force R, qui intervient dans le raisonnement, est *nulle* et son point d'application *est à l'infini sur la droite* AB.

Le système de deux forces égales et contraires s'appelle un *couple*. Le couple est un *élément mécanique* important, que nous étudierons plus loin.

37. Composition d'un nombre quelconque de forces parallèles et de même sens. — Soient (fig. 46) F, F′, F″ .... des forces parallèles en nombre quelconque. Nous pouvons évidemment composer F et F′, et les remplacer par leur résultante R_1 ; puis, en composant R_1 et F″, nous aurons une résultante R_2, égale à la somme des trois forces F + F′ + F″ ; et ainsi de suite. Finalement un système de forces parallèles et de même sens, appliquées en des points invariablement liés, pourra être remplacé par une résultante R, parallèle à ces forces, agissant dans le même sens, dont l'intensité est égale à la somme des intensités des composantes et dont la position est parfaitement déterminée.

38. Composition d'un nombre quelconque de forces parallèles, non de même sens. — On peut évidemment composer ensemble toutes les forces qui agissent dans un sens : elles ont une résultante R_1, égale à leur somme, parallèle à leur direction et agissant dans leur sens. On peut composer ensuite toutes les forces agissant en sens contraire : elles ont une résultante parallèle R_2, égale à leur somme, et de même sens. On peut enfin composer les deux forces R_1 et R_2 par la règle ordinaire de la composition de deux forces parallèles et de sens contraire. On a ainsi une force R, bien déterminée, qui est la résultante de tout le système.

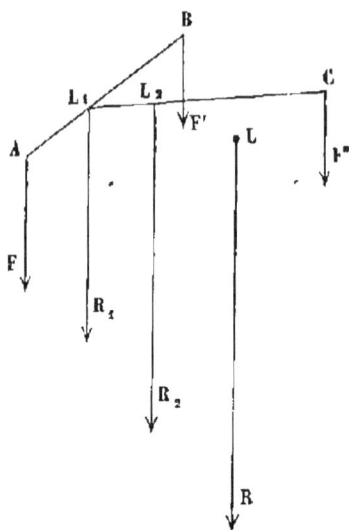

Fig. 46.

39. Centre des forces parallèles. — On peut appliquer la résultante d'un système de forces parallèles en un point quelconque de sa direction. Toutefois il est utile, dans un grand nombre de questions, de fixer ce point. On convient d'appliquer chaque résultante partielle au point où elle rencontre la droite qui joint les points d'application des deux composantes : le point d'application de la résultante totale, ainsi déterminé, se nomme *centre du système des points d'application des forces parallèles* ou, plus brièvement, *centre des forces parallèles.* Ce point jouit d'une propriété remarquable :

Si le système des forces parallèles subit une orientation commune autour de leurs points d'application, le centre des forces parallèles reste fixe, il en est de même si l'on modifie dans un même rapport les intensités de toutes les forces du système.

Cette propriété découle immédiatement de ce fait : la résultante de deux forces parallèles coupe la droite qui joint leurs points d'application en un point qui divise cette droite dans un rapport constant, celui des deux forces, quelle que soit leur orientation.

Exemples. — 1° Le *centre de gravité* des corps pesants est le centre des forces parallèles qui résultent de l'action de la pesanteur sur les différentes particules du corps. Ce point est donc fixe par rapport au corps quelle que soit son orientation en un lieu ou sa position dans l'espace.

2° Les *pôles d'un aimant* sont les centres des forces parallèles qui agissent sur le magnétisme des deux régions opposées, quand l'aimant est placé dans un *champ magnétique uniforme*. Les pôles sont donc deux points fixes dans l'aimant, c'est-à-dire indépendants de son orientation et de l'intensité du champ.

40. Décomposition d'une force en deux autres forces parallèles et de même sens. — Dans toute sa généralité, le problème est indéterminé, car il contient *quatre* inconnues qui sont les intensités x et y des deux forces composantes, et la distance de leurs points d'application à celui de la force donnée d'intensité F; or entre ces quatre quantités il n'existe que deux relations :

$$x + y - F$$

et

$$\frac{CA}{BC} = \frac{y}{x} :$$

il faut donc choisir arbitrairement deux de ces quatre quantités, par exemple les deux points d'application.

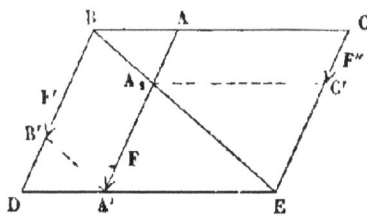
Fig. 47.

Cas où les points d'application sont donnés. — Soient F (fig. 47) la force à décomposer, B et C les deux points d'application donnés. Joignons B et C, et appliquons la force F au point A où sa direction rencontre la droite BC. Nous devons avoir les deux relations

$$F' + F'' = F$$

et

$$\frac{F'}{AC} \quad \frac{F''}{AB} = \frac{F}{BC} ;$$

on déduit de la

$$F' - F \times \frac{AC}{BC},$$

$$F'' - F \times \frac{AB}{BC}.$$

Construction géométrique des deux composantes. — Menons par les deux points B et C deux parallèles à la force donnée F. Par le point A′, extrémité de cette force, menons une parallèle à BC et traçons la diagonale BE; les deux composantes cherchées sont égales à AA_1 et $A_1A′$; on n'a plus qu'à les projeter sur leurs positions respectives en BB′ et CC′.

En effet, les triangles BAA_1, $A_1A′E$ sont semblables et donnent

$$\frac{AA_1}{A_1A′} = \frac{AB}{A′E} = \frac{AB}{AC} = \frac{F″}{F′};$$

mais on a d'ailleurs

$$AA_1 + A_1A′ = F;$$

donc

$$AA_1 = F″ \text{ et } A′A_1 = F′.$$

Remarque. — On traiterait de même le cas où les deux points d'application sont situés d'un même côté de la force F.

41. Répartition d'une charge sur des appuis. — La *répartition* d'une charge entre deux chariots porteurs est une application des résultats précédents.

On sait que des rails d'un gabarit donné ne peuvent supporter qu'une charge déterminée par unité de longueur; par suite, un wagonnet à quatre roues, établi pour ce système de rails, correspond à une *force portante* déterminée. Il y a deux cas à considérer.

1° *Le poids à transporter n'est pas énorme.* — Considérons, par exemple, le cas d'un tronc de chêne (fig. 48). On *répartit* ce

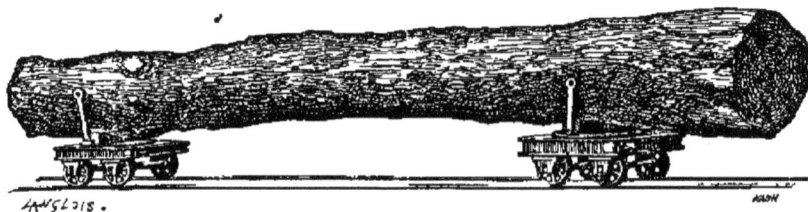

Fig. 48.

poids entre deux wagonnets, qui doivent en porter chacun la moitié. Le *poids* de l'arbre est une certaine force, appliquée en son *centre de gravité*. Il faudra donc placer les deux wagons porteurs à des distances égales de ce point, si leurs forces portantes sont égales : le poids P se décompose alors en deux composantes parallèles et égales, équilibrées par les *réactions* des rails $\frac{P}{2}$ (fig. 49).

2° *Le fardeau est considérable.* — Considérons, par exemple, le dispositif imaginé par M. Decauville (fig. 50) pour transporter. sur un chemin de fer relativement léger, un canon pesant 48 tonnes.

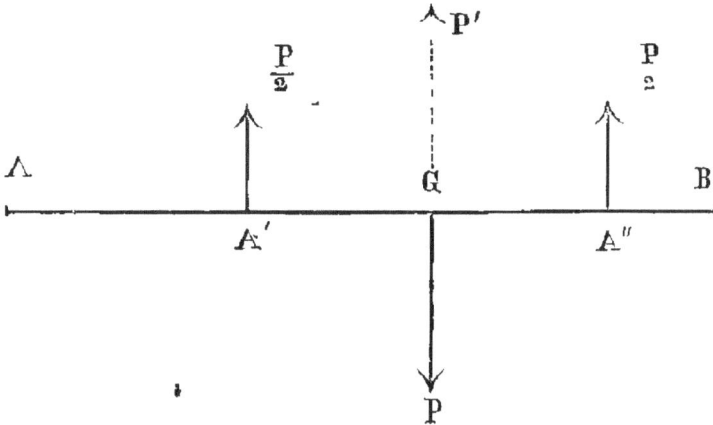

Fig 49

Le poids doit être réparti entre deux points d'appui qui auront à supporter chacun un effort de 24 tonnes. Un seul wagonnet ne suffirait pas ; on a couplé deux wagons ayant chacun 8 roues, de manière que la charge de 24 tonnes se distribue entre les 8 essieux.

Fig 50.

Grâce à cette décomposition de la charge, on arrive à la transporter commodément.

42. Répartition d'une charge entre trois points d'appui dont le plan ne contient pas la direction des forces. — I. *Théorie.* Considérons une force F (fig. 51), que nous voulons décomposer en trois forces parallèles à sa direction, et passant par trois points donnés, B, C, D. Nous supposerons, — comme c'est le cas ordinaire, — que le point d'application A de la force donnée tombe à l'intérieur du triangle BCD.

Menons la droite AB, et prolongeons-la jusqu'à sa rencontre en E avec CD. Nous commencerons par décomposer la force F en deux autres,
l'une F′, appliquée en B, l'autre R appliquée au point E; puis nous décompose-
rons la force R en deux autres, F″ et F‴
appliquées respectivement en C et D.
La charge totale est ainsi répartie en
ces trois charges partielles. On a évidemment, comme toutes ces forces sont
parallèles et de même sens :

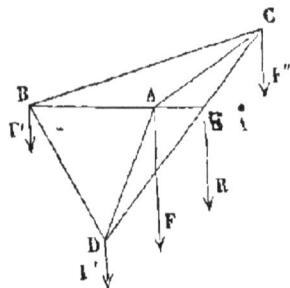

$$F \quad F' + F'' + F'''.$$

Fig 51

Remarques. — 1° Menons AB, AC, AD : nous avons alors, outre le triangle total, trois triangles partiels BAD, CAB, DAC. Les quatre forces jouissent de la propriété suivante :

Chacune des forces F, F′, F″, F‴ est proportionnelle à l'aire du triangle formée par les points d'application des trois autres, c'est-à-dire qu'on a la relation

$$\frac{F}{BCD} = \frac{F'}{ACD} - \frac{F''}{ABD} \quad \frac{F'''}{ABC}$$

2° On traiterait sembla-
blement le cas où la force
donnée tombe à l'extérieur
du triangle des points d'appui, en un point A′ (fig. 51)
par exemple.

3° Le problème de la ré-
partition d'un poids entre
trois points d'appui est un
problème *déterminé*. Il n'en
serait plus de même si au
lieu de trois points il y en
avait quatre ou davantage:
le problème est alors in-

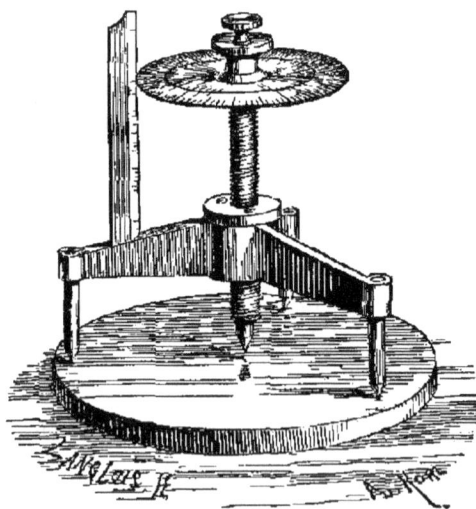

Fig 52

déterminé; en général on peut prendre arbitrairement toutes les composantes, sauf trois.

II. *Applications.* — Si les trois points d'appui forment un triangle équilatéral et que la force F soit appliquée en son centre, les trois charges F′, F″, F‴ sont égales. C'est surtout pour cela qu'on dispose les instruments de physique sur des *pieds à trois branches*, faisant entre elles des angles de 120°.

Par exemple, les trois pointes du trépied d'un *Sphéromètre* (fig. 52) déterminent un plan qui coïncide avec le plan du support : la difficulté de la manœuvre consiste à amener dans ce même plan une quatrième pointe qui termine une vis micrométrique.

Le *Tricycle* offre un autre exemple de la répartition d'une charge entre trois points d'appui. On sait que cet appareil est monté sur trois roues légères ayant à supporter le poids du cycliste. La selle est disposée de façon que chacune des deux roues *motrices* placées à l'arrière supporte la même charge; celle-ci doit être un peu plus forte que la charge de la roue de devant ou roue *directrice*, de manière à en faciliter l'évolution.

45. Moments d'un système de forces parallèles situées dans un même plan par rapport à un point de leur plan. — Soient deux forces F et F′, dont la résultante est R (fig. 53); supposons ces forces appliquées aux points A, B, C, où elles sont rencontrées par la perpendiculaire abaissée du point O sur leur direction commune; on a la relation

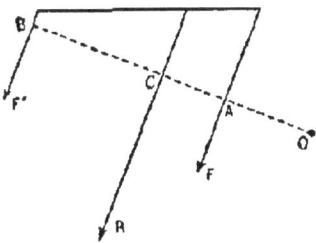

Fig. 53.

$$\frac{F}{BC} = \frac{F'}{AC},$$

ou

$$\frac{F}{OB - OC} = \frac{F'}{OC - OA},$$

d'où

$$F'.OB + F.OA - (F + F')OC - R.OC.$$

On voit que cette égalité exprime le théorème général des moments : *Le moment de deux forces parallèles (par rapport à un point de leur plan) est égal à la somme des moments des composantes.*

Remarques. — 1° On raisonnerait de même pour tous les cas de figure possible.

2° Cette équation s'étend de même au cas de *n* forces parallèles situées dans un même plan, à la condition d'adopter la même convention de signes que précédemment.

44. Moments des forces parallèles pris par rapport à un plan. I. *Définitions.* — Dans le cas des forces parallèles, il y a lieu de considérer les moments des forces par rapport à un plan *qui est parallèle à leur direction.*

On appelle *moment de la force par rapport à ce plan* le produit de l'intensité de la force par sa distance au plan considéré. On considère comme positive l'intensité d'une force agissant dans un sens déterminé, et comme négative celle d'une force agissant en sens contraire. On prend de même, avec le signe $+$, les distances dirigées dans un certain sens par rapport au plan et, avec le signe $-$, les distances comptées dans le sens opposé.

On voit que les moments *positifs*, d'une part, et les moments *négatifs*, de l'autre, correspondent à des forces qui s'accorderaient à faire tourner leur point d'application autour du pied de leur distance dans un même sens. Le théorème général s'applique à cette espèce de moments.

II. THÉORÈME. — *Le moment de la résultante de deux forces parallèles est égal à la somme algé-*
brique des moments des compo-
santes.

1° *Cas de deux forces* F *et* F′, *parallèles et de même sens.* — Construisons la résultante R des deux forces (fig. 54), et soit P le plan des moments ; supposons que les trois forces soient du même côté de ce plan.

Si nous abaissons trois per-pendiculaires, AA′, BB′, CC′, des

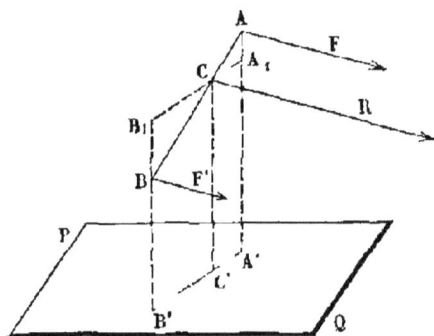

Fig. 54

points d'application sur le plan, les moments des trois forces sont : $F \times AA'$, $F' \times BB'$, $R \times CC'$.

On a d'autre part

$$[1] \qquad R = F + F' \qquad \text{et} \qquad [2] \quad \frac{F}{BC} = \frac{F'}{AC}.$$

Menons par le point C une droite A_1B_1 parallèle à la projec-tion A′B′ de la droite AB sur le plan PQ ; nous déterminerons ainsi deux triangles semblables, BCB_1 et ACA_1, qui donnent la relation

$$[3] \qquad \frac{BB_1}{BC} = \frac{AA_1}{AC}.$$

Nous pouvons, dans l'équation [2] qui est homogène en BC et AC, remplacer ces quantités par des quantités proportionnelles, BB_1 et AA_1; et il vient alors

$$\frac{F}{BB_1} = \frac{F'}{AA_1},$$

d'où

[4] $\qquad F \times AA_1 = F' \times BB_1$

c'est-à-dire

$$F (AA' - CC') = F' (CC' - BB')$$

ou

$$F \times AA' + F \times BB' = (F + F') \times CC'$$

d'où, en vertu de la relation [1],

$$F \times AA' + F' \times BB' = R \times CC'.$$

2° *Cas de deux forces parallèles et de sens contraires.* — Soient F et F' ces deux forces (fig. 55), R leur résultante, et soit P le plan des moments. On a

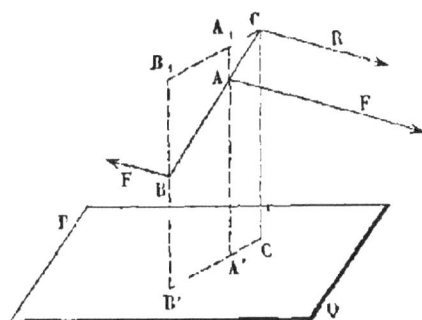

Fig 55

[1] $\qquad R = F - F'$

et

[2] $\qquad \dfrac{F}{BC} = \dfrac{F'}{AC}.$

Menons par le point C une droite B_1C, parallèle à la projection $C'B'$ de CB sur le plan P.

Les triangles CAA_1, CBB_1 sont semblables et fournissent la relation

$$\frac{BB_1}{AA_1} = \frac{BC}{AC}.$$

ce qui donne, en vertu de la relation [2],

[5] $\qquad \dfrac{F}{BB_1} = \dfrac{F'}{AA_1},$

ou

$$F . AA_1 = F' . BB_1,$$

c'est-à-dire

$$F (CC' - AA') = F' (CC' - BB');$$

d'où, en vertu de la relation [1],

$$F \times AA' - F' \times BB' - R \times CC'.$$

Comme la force F' agit en sens contraire de la force F, et que ces deux forces sont d'un même côté du plan, leurs moments sont de signes contraires : nous voyons que le premier membre est la somme *algébrique* des moments des deux forces considérées.

Remarque. — La même démonstration s'applique au cas où les deux forces sont situées de part et d'autre du plan PQ.

3° *Cas d'un nombre quelconque de forces parallèles.* — On compose les deux premières forces F_1 et F_2 et on les remplace par leur résultante R_1 ; le moment de R_1 est égal à la somme algébrique des moments de F_1 et de F_2. On compose ensuite R_1 et F_3, R_2 et F_4 ... et ainsi de suite. On trouve finalement une résultante R dont le moment est égal à la somme algébrique des moments de toutes les forces considérées.

45 **Détermination du centre des forces parallèles.** — Le théorème des moments permet de déterminer le centre des forces parallèles Soient n forces parallèles, F', F'', F''', (fig 56), et A', A'', A''' : leurs points d'application ayant pour coordonnées respectives x', y', z', x'', y'', z''; x''', y''', z''' rapportées à trois axes de coordonnées rectangulaires Ox, Oy, Oz

Désignons par C le point d'application de la résultante, dont les coordonnées sont (x_1, y_1, z_1) ; C est le centre des forces parallèles cherché

Nous pouvons toujours supposer que le plan xOy est parallèle à la direction des forces ; car,

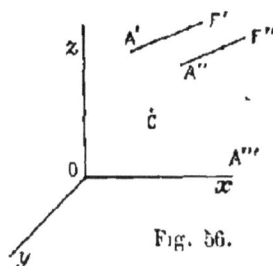

Fig. 56.

en faisant tourner tout le système de manière à le rendre parallèle a un plan, on ne change pas le centre des forces parallèles.

Nous avons, en appliquant le théorème des moments,

$$Rz_1 \quad F'z' + F''z'' + F'''z''' + \quad . \quad .$$

Nous aurions de même, en prenant les moments par rapport au plan yOz,

$$Rx_1 = F'x' + F''x'' + F'''x''' + \quad . \quad . \quad ,$$

et par rapport au plan xOz,

$$Ry_1 = F'y' + F''y'' + F'''y''' + \quad . \quad . \quad . \quad ,$$

avec la relation

$$R \quad F' + F'' + F''' + \quad . \quad . \quad = \Sigma F'$$

Ces quatre équations nous donnent R, x_1, y_1, z_1 Portant la valeur de R dans les trois premières, il vient

$$x_1 = \frac{\Sigma F'x'}{\Sigma F'}, \qquad y_1 = \frac{\Sigma F'y'}{\Sigma F'}, \qquad z_1 = \frac{\Sigma F'z'}{\Sigma F'} :$$

telles sont les trois cordonnées du centre des forces parallèles.

Cas particulier · Centre des moyennes distances — Dans le cas simple où les n forces sont égales, les formules deviennent

$$\Sigma F' = n F'$$

et

$$\Sigma F'x' = F' \Sigma x'.$$

On a alors, pour x_1, y_1, z_1, les valeurs

$$x_1 = \frac{\Sigma x'}{n}, \qquad y_1 = \frac{\Sigma y'}{n}, \qquad z_1 = \frac{\Sigma z'}{n}.$$

Le centre des forces parallèles prend alors le nom de *centre des moyennes distances*.

46. Conditions d'équilibre d'un système de forces parallèles.

— Si R et R_1 sont les résultantes des groupes de forces parallèles F et F_1 agissant en sens opposé, il est évident qu'il y aura équilibre si les forces R et R_1 sont égales et directement opposées. On obtiendra donc les conditions d'équilibre d'un système de forces parallèles en exprimant que les forces R et R_1 sont égales et agissant suivant la même droite (fig. 57).

Expression analytique des conditions d'équilibre — On doit avoir tout d'abord

$$R = - R_1,$$

c'est à-dire

[1] $$\Sigma F' - \Sigma F_1' \qquad \text{ou} \qquad S F' = 0,$$

S désignant la somme algébrique de la totalité des forces.

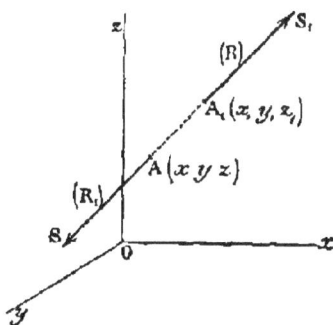

Fig 57.

Supposons menée par l'origine O (fig 57) une droite parallèle à la direction des forces Tous les points de cette droite satisfont à la relation générale

$$\frac{x}{\cos \alpha} = \frac{y}{\cos \beta} = \frac{z}{\cos \gamma},$$

α, β, γ, étant les angles que cette droite fait respectivement avec les axes Ox, Oy, Oz

Pour exprimer que la droite AA_1 est parallèle à cette droite, il suffit que l'on ait

[2] $$\frac{x - x_1}{\cos \alpha} = \frac{y - y_1}{\cos \beta} = \frac{z - z_1}{\cos \gamma},$$

x, y, z et x_1, y_1, z_1 étant les coordonnées des points d'application A et A_1 des résultantes R et R_1. Or on a trouvé (n: 45)

$$x = \frac{\Sigma F'x'}{\Sigma F'}, \qquad x_1 = \frac{\Sigma F_1'x_1'}{\Sigma F_1'}$$

ou, d'après la relation [1]

$$x_1 - \frac{\Sigma F'_1 x'_1}{\Sigma F'},$$

donc

$$x - x_1 \quad \frac{\Sigma F x' + \Sigma F'_1 x'_1}{\Sigma F'} \quad \frac{S F' x'}{\Sigma F'},$$

le symbole S portant sur toutes les forces des divers groupes F' et F_1', on a par suite :

$$\begin{cases} x - x_1 - \dfrac{S F' x'}{\Sigma F'}, \\ y - y_1 - \dfrac{S F' y'}{\Sigma F'}, \\ z \quad z_1 \cdots \dfrac{S F' z'}{\Sigma F'}. \end{cases}$$

En substituant ces valeurs dans la condition [2], il vient, après suppression du facteur commun $\Sigma F'$,

[2 bis]
$$\frac{S F' x'}{\cos \alpha} = \frac{S F' y'}{\cos \beta} = \frac{S F' z'}{\cos \gamma}.$$

Les équations [1 et [2 bis] expriment les conditions d'équilibre dans le cas le plus général.

Énoncé des conditions d'équilibre — Nous aurions pu prendre l'axe Oz parallèle à la direction commune des forces Au lieu des conditions précédentes, on obtiendrait les trois suivantes :

[a]
[b]
[b]
$$\begin{cases} S F' - 0, \\ S F' x' - 0, \\ S F' y' \quad 0; \end{cases}$$

car, l'axe Oz étant parallèle à la direction commune des forces, il suffit, pour que les résultantes AS, $A_1 S_1$ soient en ligne droite, que les points A et A_1 aient même x et même y. La condition est d'ailleurs évidemment suffisante. Donc :

Pour que des forces parallèles se fassent équilibre, il faut et il suffit :

1° *que la somme algébrique des forces soit nulle* [a];

2° *que la somme algébrique des moments de ces forces par rapport à deux plans parallèles à leur direction commune soit nulle* [b].

47 Équilibre astatique — Si un corps auquel sont appliquées en des points fixes des forces parallèles, — constantes en grandeur, direction et sens, — peut se déplacer sans que le système de forces considérées cesse d'être en équilibre, on dit que les forces constituent *un système en équilibre astatique* c'est un cas particulier de l'équilibre d'un système de forces parallèles

L'équilibre devant avoir lieu quelle que soit l'orientation relative des forces et du corps, les conditions 2 *bis*] doivent être vérifiées quelles que soient les valeurs des angles α, β, γ Cela exige que l'on ait

$$S_{F'x'} = 0, \qquad S_{F'y'} = 0, \qquad S_{F'z'} = 0;$$

on a de plus

$$S_{F'} \quad 0.$$

Telles sont les quatre conditions nécessaires pour qu'il y ait *équilibre asta-tique*. Ces conditions sont évidemment suffisantes On peut les énoncer comme il suit :

Pour qu'un système de forces parallèles soit en équilibre astatique, il faut et il suffit ·

1° *Que la somme algébrique des forces soit nulle,*

2° *Que la somme algébrique de leurs moments par rapport a trois plans formant un trièdre soit nulle.*

Remarques. — 1° Dans ce cas d'équilibre, les centres des deux systèmes de forces parallèles F' et F₁' coïncident.

2° Deux *aiguilles aimantées* identiques, solidaires et orientées en sens opposé, constituent un système magnétique en équilibre astatique dans le champ terrestre (si on ne considère que les actions magnétiques).

CHAPITRE V

THÉORIE DES COUPLES. — CONDITIONS D'ÉQUILIBRE
D'UN SYSTÈME QUELCONQUE DE FORCES APPLIQUÉES A UN CORPS SOLIDE.

48. Définitions. — L'étude des forces parallèles a conduit à considérer un système de deux forces égales, de sens contraires, et non directement opposées.

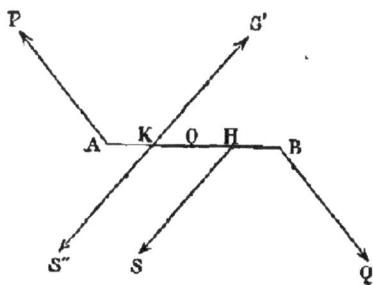

Fig. 58.

Un tel système a été appelé *couple* par Poinsot : deux chevaux attelés à un manège en offrent un exemple. Ce système est caractérisé par la propriété suivante :

Un couple n'a pas de résultante, c'est-à-dire ne peut pas être maintenu en équilibre par une force unique.

En effet, supposons qu'il y ait une force S (fig. 58) qui puisse faire équilibre au couple PQ. Par raison de symétrie, cette force devrait d'abord se trouver dans le plan des forces P et Q; soit H son point d'application. Prenons, à partir du milieu O de la droite AB, une longueur OK — OH. Nous ne changerons rien à l'équilibre du système en appliquant en K deux forces S' et S", égales et parallèles a S et directement opposées l'une à l'autre.

Le couple PQ et la force S se font équilibre par hypothèse. Il doit en être de même par raison de symétrie du couple PQ et de la force S'; car si nous faisons tourner de 180° le système du couple PQ et de la force S, nous retrouvons le système (PQS'). Donc les deux forces S et S" devraient se faire équilibre, ce qui est impossible, car elles sont parallèles et de même sens.

Bras de levier d'un couple. — Soit un couple PP (fig. 59). Menons une droite MN perpendiculaire aux deux forces qui forment le couple; cette droite mesure leur distance : on l'appelle *bras de levier* du couple.

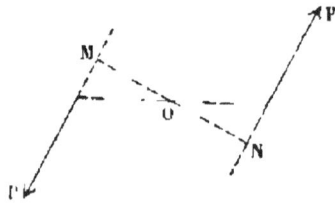

Fig 59.

Moment d'un couple. — On appelle moment d'un couple le produit $P \times \overline{MN}$ de l'intensité de l'une des forces par le bras de levier du couple.

Effet d'un couple. — *Sens de rotation.* — Si nous imaginons qu'un couple soit fixé matériellement à son plan, il tendra toujours à faire tourner le plan dans un certain sens : c'est ce qu'on appelle le *sens de rotation* du couple. C'est cette propriété qu'on utilise souvent lorsque l'on a un mouvement de rotation à imprimer à un axe. Le mouvement d'une *tarière* (fig. 60) est dû à l'effet d'un couple. Il en est de même du mouvement du tire-bouchon.

Fig 60

Le *sens de rotation* sert à donner un signe au moment du couple. On prend comme *positif* le moment d'un couple qui fait tourner le plan dans un sens déterminé, et comme *négatif* celui d'un couple qui le ferait tourner dans un sens contraire au premier.

49 Théorie des couples — I Translation et rotation des couples — Théorème — *Un couple peut être transporté et orienté d'une façon quelconque dans son plan ou dans un plan parallèle, sans que son effet soit changé, pourvu que la nouvelle position du bras de levier soit invariablement liée à l'ancienne*

1er *Cas.* Le nouveau bras de levier est parallèle à l'ancien — Soit AP, BQ (fig. 61) un couple que l'on veut transporter dans un plan parallèle au sien, de façon que le bras de levier AB occupe la position A'B'.

Appliquons en A' et en B' deux forces P', P' d'une part et Q', Q" d'autre part, egales aux forces P et Q, et directement opposées; ces forces s'equilibrant deux a deux, l'état du système n'est changé en rien

Nous pouvons composer les deux forces P et Q' elles sont égales, parallèles et de même sens; elles auront donc une résultante OR' appliquée au milieu O

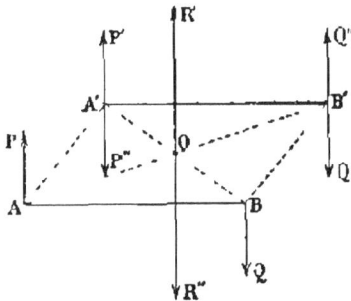

Fig. 61.

de AB', c'est-a-dire au point de croisement pes diagonales du quadrilatère ABA'B' (qui est un parallelogramme, car deux de ses côtés AB et A B' sont a la fois égaux et parallèles)

Nous pouvons de même composer les forces Q et P"' qui auront, pour la même raison, une résultante OR' egale a OR' et directement opposée Ces deux resultantes s'equilibrent et il reste le systeme des forces P' et Q', c'est-a-dire le couple proposé transporté en A'B'

2° *Cas : Le nouveau bras de levier n'est pas parallele a l'ancien* — Puisque nous pouvons transporter le couple parallèle-ment a lui-même, il nous suffira de demontrer qu'on peut le faire tourner dans son propre plan, de façon que la nouvelle position de son bras de levier soit parallele à celle suivant laquelle on se propose d'appliquer le couple

Soit donc AB une premiere position du bras de levier d'un couple PQ (fig 62),

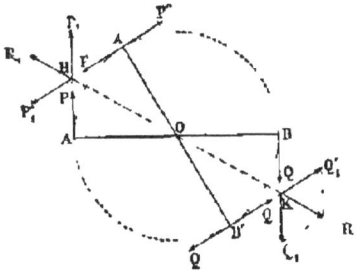

Fig. 62.

et soit A'B' la position nouvelle que l'on veut donner a son bras de levier, par une rotation autour de son milieu O

Appliquons en A' et B', perpendicu-lairement au bras de levier, deux systè-mes de deux forces P', P' d une part, Q', Q" d'autre part, égales aux deux for-ces P et Q et directement opposées

Nous pouvons composer les deux for-ces concourantes P et P' elles ont une résultante R_1 dirigée suivant la bissec-trice OR_1 de leur angle; nous pouvons de même composer les forces concou-rantes Q et Q'. elles ont une resultante R'_1 egale et opposée à R_1 ; ces deux resul

tantes s'equilibrent, et il reste le systeme des forces P' et Q" appliquées en sens contraire aux deux extremites de A'B', c est-a-dire precisement le couple donné, qui a subi une rotation autour du point O

II EQUIVALENCE DES COUPLES. — THÉOREME. — *On peut remplacer un couple quel-conque par un autre couple, situe dans le meme plan, a la condition que le moment du nouveau couple, agissant dans le même sens, soit le meme que celui du couple pri-mitif*

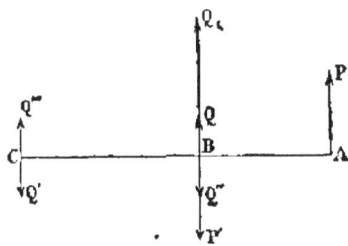

Fig 63.

Soit un couple (P P") (fig 63). Prolon geons AB jusqu'en C, et determinons une force Q telle que

$$P \times AB = Q \times BC.$$

Aux deux extrémités de BC_1 appliquons des forces égales à Q et directement opposées Soient Q et Q', Q" et Q''' ces forces Les forces P et Q''' ont une résultante Q_1 appliquée au point B, en vertu de la relation [1], et égale à leur somme

Cette résultante équilibre évidemment les forces P' et Q' Il ne nous restera plus que les forces Q et Q', appliquées aux extrémités de BC elles constituent un couple qui remplace le couple primitif, et qui, en vertu de la relation [1], a le même moment.

Conclusion En résumé, on peut, sans modifier en rien l'effet d'un couple, le faire tourner dans son plan, le transporter dans un plan parallèle, et le transformer dans un tel plan en changeant les forces et le bras de levier

Trois éléments seulement restent invariables et par suite caractérisent le couple, a savoir *la direction du couple, son moment* et *le sens de sa rotation*

III. *Axe d'un couple* — Il est aisé de figurer par un seul vecteur les trois éléments caractéristiques d'un couple Pour cela on trace une droite *LL'* (fig 64) et perpendiculaire au plan du couple, qui perce ce plan en un point O, puis on distingue sur cette droite les deux sens opposes OZ et OZ' Cela fait, on suppose place suivant OZ un observateur ayant les pieds en O et qui regarde le couple Si celui-ci tend à tourner de la gauche vers la droite de l'observateur, on porte sur OZ une longueur mesurée par le même nombre que le moment du couple Dans le cas contraire, la même longueur est portée suivant OZ'. Le vecteur ainsi déterminé se nomme *l'axe du couple*

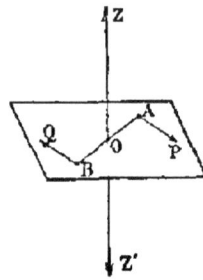
Fig. 64.

On peut remarquer qu'en saisissant entre le pouce et l'index l'extrémité de l'axe d'un couple et en le faisant tourner entre les deux doigts *dans le sens naturel* (qui est de la gauche vers la droite), on imprime à l'axe un mouvement de rotation de même sens que celui du couple

Un couple est parfaitement déterminé dès qu'on donne son axe, puisqu'on connaît son moment par la longueur même de l'axe, sa direction, qui est perpendiculaire à l'axe, et le sens de sa rotation, qui dépend du sens de l'axe

IV *Composition des couples*

Grâce a ce mode de représentation des couples, rien n'est plus facile que de composer plusieurs couples.

1° *Les plans des couples sont parallèles (Cas de deux couples)* Si les couples agissent dans des plans parallèles et sont de même sens, on ajoute leurs deux axes, s'ils sont de sens contraires, l'axe du couple résultant est dans le sens du plus grand et égal à leur différence.

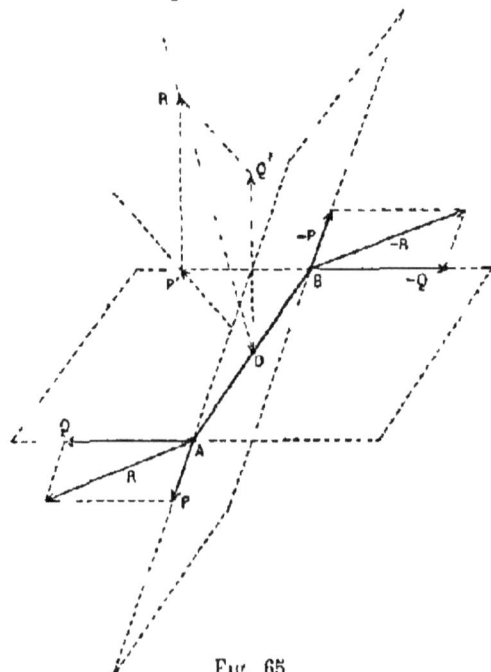
Fig. 65

En effet, on peut d'abord ramener ces deux couples dans un même plan, ensuite ramener leurs forces au parallélisme, enfin les changer en deux autres, équivalents et qui auraient un même bras de levier. Les forces des deux couples se trouvent alors appliquées au même point et dans la même direction. En composant les deux groupes de forces on obtient le couple résultant, dont l'axe est évidemment égal à la somme ou à la différence des deux axes composants.

2° *Les plans des deux couples sont inclinés l'un sur l'autre.* — *Si les couples agissent dans des plans qui se coupent, l'axe du couple résultant est égal à la diagonale du parallélogramme construit sur les axes des deux couples composants*

En effet, on remplacera d'abord les couples par deux couples respectivement équivalents et ayant un bras de levier commun AB (fig. 65), disposé suivant l'intersection du plan des deux couples. En composant les forces appliquées aux extrémités A et B du bras de levier choisi, on obtiendra un couple, puisque les forces appliquées en B sont respectivement égales, parallèles et contraires à celles appliquées en A. Les axes des trois couples étant perpendiculaires à chacun des plans P, P, Q, — Q, R, R, font entre eux les mêmes angles que les trois vecteurs P, Q, R. De plus ils sont respectivement proportionnels a P, Q, et R. Par suite, l'axe du couple (R, R) est la diagonale du parallélogramme construit sur les axes des deux couples (P, — P) et (Q, — Q) P et Q

COROLLAIRE — Quand les couples composants sont rectangulaires, on a entre G, moment du couple résultant (fig 66), L et M, moments des couples composants, la relation

$$G^2 \quad L^2 + M^2.$$

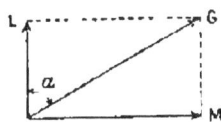

Fig 66

D'autre part, la direction de l'axe G est déterminée par la relation

$$\cos \alpha \quad \frac{L}{\sqrt{L^2 + M^2}},$$

$$\sin \alpha = \frac{M}{\sqrt{L^2 + M^2}},$$

α étant l'angle que fait le plan du couple résultant avec celui du couple L. On établit ces formules comme celles de la résultante de deux forces concourantes, et elles servent, inversement, à décomposer un couple en deux autres agissant dans des plans déterminés.

3° *Cas général.* — On peut remplacer par un seul couple un nombre quelconque de couples appliqués d'une manière quelconque à un même corps solide.

En effet, on composera d'abord deux des couples en un seul, puis celui-ci avec un troisième, et ainsi de suite jusqu'au dernier.

4° *Parallélépipède et polygone des axes* — Ainsi, pour composer trois couples, on formera un parallélépipède avec leurs trois axes. L'axe du couple résultant est la diagonale du parallélépipède.

Pour composer *n* couples, on formera de même un *polygone des axes.* La droite qui *ferme* ce polygone est l'*axe* du couple résultant.

50. Équilibre des forces appliquées à un corps solide libre.

1. *Réduction des forces.* — *Un système de forces quelconques sollicitant un corps solide libre peut toujours se réduire soit à une force et à un couple, le point d'application de la force étant arbitraire, soit à deux forces distinctes, dont l'une passe par un point*

arbitraire du corps, soit à trois forces appliquées en trois points arbitrairement choisis.

Soit un corps solide auquel sont appliquées n forces quelconques F, F′, F″... (fig. 67). En l'un quelconque des points d'application A, ou en un point quelconque (lié invariablement au système), faisons agir deux forces (F′$_1$, F′$_2$) égales et contraires à l'une quelconque des forces, à la force F′ par exemple : nous ne changeons rien a l'état mécanique du corps. Opérant de même pour chacune des forces du système, nous finirons par lui substituer un autre système, composé : 1° de n forces concourantes appliquées au point A,

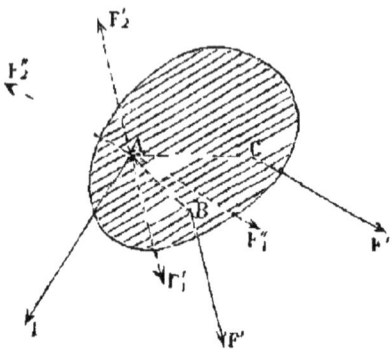

Fig 67

égales et parallèles respectivement aux forces du système ; 2° de $(n-1)$ couples tels que (F′, F′$_2$).

D'une part les forces concourantes ont une résultante R (fig. 68), qu'on nomme la *résultante générale*, et d'autre part les couples se composent en un couple résultant unique (S, S′).

On voit qu'on pourrait encore réduire ces trois forces à deux, en composant les deux forces R et S′ qui concourent au point A (fig. 68).

Enfin, en joignant trois points quelconques, pris dans le corps, aux points d'application des diverses forces du système, on aura trois droites suivant lesquelles on pourra décomposer chacune des forces du système : cela conduira à trois résultantes partielles, dont l'ensemble équivaut au système.

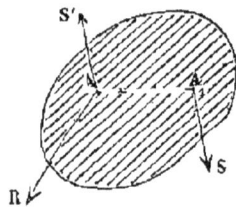

Fig 68

II. *Conditions générales d'équilibre.* — Pour qu'un système de forces appliquées à *un corps solide libre* soit en équilibre, il faut et il suffit évidemment que les deux forces auxquelles on peut réduire le système soient égales et directement opposées.

Expression algébrique. — On peut exprimer algébriquement ces conditions d'équilibre sous la forme suivante :

1° *La somme des projections des forces sur trois axes rectangulaires doit être nulle pour chacun d'eux*

2° *La somme des moments des forces par rapport a trois axes rectangulaires doit être nulle pour chacun de ces axes*

En effet, pour qu'il y ait équilibre, il faut et il suffit que la résultante R et le couple (S, S') (fig⁹ 69) soient nuls séparément, car, dans aucun cas, une force unique ne pourrait faire équilibre à un couple

Or, pour que R soit nul, il faut et il suffit que ses trois composantes X, Y, Z, suivant Ox, Oy et Oz, soient nulles séparement, car on a

$$R^2 = X^2 + Y^2 + Z^2.$$

Or chacune de ces composantes est égale à la somme des projections des forces suivant l'axe correspondant, on a donc ces trois premières conditions d'équilibre :

[1]   X = 0,   Y = 0,   Z = 0

Pour que le couple (S, S') soit nul, il faut et il suffit que ses couples composants dans les trois plans coordonnés aient des moments nuls séparément, car on a

$$G^2 = L^2 + M^2 + N^2$$

De là les trois autres équations d'équilibre

[2]   L = 0,   M = 0,   N = 0,

on sait que l'on a

L = Σ (yZ — zY),   M = Σ (zX — xZ),   N = Σ (xY — yX).

III. Condition nécessaire et suffisante pour qu'il y ait une résultante unique. — Pour que le système se réduise à une force unique, il faut évidemment que la résultante R et le couple résultant soient dans un même plan ou bien que les deux forces équivalentes au système puissent être concourantes.

Expression algébrique. — Ces conditions se résument dans l'équation

$$LX + MY + NZ = 0,$$

laquelle exprime que la résultante R et le couple (S, S') sont dans un même plan

En effet, X représente la projection sur l'axe des x de la résultante R ; on a donc

$$X = R \cos \alpha ;$$

on a de même

$$Y = R \cos \beta \quad \text{et} \quad Z = R \cos \gamma.$$

De plus L est la somme des moments des forces par rapport à l'axe des x ; c'est donc aussi la projection sur l'axe des x de l'axe du couple résultant (S, S'). En appelant A cet axe et α', β', γ' ses angles avec les axes coordonnés, on a

$$L = A \cos \alpha',$$

et de même

$$M = A \cos \beta' \quad \text{et} \quad N = A \cos \gamma'.$$

En substituant ces valeurs dans l'équation de condition, elle devient

$$\cos \alpha \cos \alpha' + \cos \beta \cos \beta' + \cos \gamma \cos \gamma' = 0.$$

Elle exprime que l'axe du couple est perpendiculaire à la force, et, par suite, que celle-ci est parallèle au plan du couple · comme elle a un point commun avec lui, elle est dans le même plan

51. Équilibre des forces appliquées à un corps solide gêné.

— On dit qu'un corps solide est *gêné*, lorsqu'il est assujetti à certaines liaisons qui l'empêchent de se déplacer librement dans toutes les directions. Nous considérerons trois cas particuliers : celui d'un corps assujetti à se mouvoir autour d'un point fixe, celui d'un corps assujetti à se mouvoir autour d'un axe, et celui d'un corps reposant sur un plan.

1° *Corps mobile autour d'un point fixe.* — Dans le cas où l'un des points du corps est fixé invariablement, le corps est nécessairement assujetti à tourner autour de ce point. La condition nécessaire et suffisante de l'équilibre est la suivante : *le système doit pouvoir se réduire à une resultante unique et qui passe par le point fixe.*

Expression algebrique de l'equilibre — On peut opérer la réduction du système de forces en prenant le point fixe pour origine de la résultante générale R ; celle-ci se trouve alors equilibrée par la résistance du point. Reste le couple (S, S'), qui seul peut déplacer le corps. La condition d'équilibre nécessaire et suffisante est donc que *le moment* ou *l'axe du couple résultant soit nul*, ou bien que *la somme des moments* des forces, pris par rapport à trois axes rectangulaires passant par le point fixe, *soit nulle pour chacun de ces axes* Cette condition s'exprime algebriquement par les trois equations [2] :

$$L = 0, \qquad M \quad 0, \qquad N = 0.$$

2° *Corps mobile autour d'un axe fixe.* — Dans le cas où deux points du corps sont fixés invariablement, le corps ne peut prendre d'autre mouvement qu'un mouvement de rotation autour de l'axe, déterminé par ces deux points Si l'on réduit le système à deux forces dont l'une passe par un point de l'axe, choisi arbitrairement, la condition nécessaire et suffisante de l'équilibre est la suivante : *la deuxième force doit être dans un même plan avec l'axe.*

Expression algebrique — Prenons pour origine des coordonnées un point 0 de l'axe fixe, et pour axe des z cet axe fixe lui même On voit, d'une part, que la force résultante R sera equilibrée par la résistance de l'axe; d'autre part que, sur les trois couples composants du couple résultant (S, S'), ceux qui sont dans le plan des yz et dans le plan des xz sont également annulés par la résistance de l'axe, car on peut amener le bras du levier de chacun d'eux a coincider avec l'axe des z   Reste le couple situé dans le plan des xy, et dont l'axe est parallèle a Oz. La condition d'équilibre nécessaire et suffisante est donc que *le moment* ou *l'axe de ce couple soit nul*, c'est-à-dire que *la somme des moments des forces, pris par rapport a l'axe fixe, soit nulle*. Cette condition s'exprime par la seule equation

$$N = 0$$

Remarque — Lorsque le corps peut en outre glisser le long de l'axe fixe, il faut, pour exprimer l'équilibre, joindre à la condition précédente la condition

$$Z = 0$$

Elle exprime en effet que la composante du système parallèle à l'axe est nulle il n'y a donc pas de glissement possible.

5° *Corps s'appuyant sur un plan fixe.* — Si le corps s'appuie par un seul point, la condition d'équilibre est la suivante : *le système des forces doit se réduire à une force unique passant par ce point, normale au plan, et appliquant le corps contre le plan.*

Si le corps s'appuie par plusieurs points en ligne droite, la condition d'équilibre est la suivante : *le système des forces doit avoir une résultante unique, normale au plan, dirigée de manière à appliquer le corps sur le plan, et dont le prolongement rencontre la ligne des points d'appui dans l'intervalle de ses deux extrémités.*

Dans le cas général, un corps repose sur le plan par une série de points non situés en ligne droite. La condition d'équilibre nécessaire et suffisante est la suivante : *le système des forces doit admettre une résultante unique, normale au plan, dirigée de manière à appliquer le corps sur le plan, et qui traverse le plan à l'intérieur du polygone de sustentation* (polygone dont les sommets sont des points d'appui et qui renferme tous les autres.

4° *Calcul des Réactions* — Pour calculer les actions qu'exercent sur le corps les obstacles qui gênent son mouvement, on applique des forces inconnues ou *Réactions* aux divers points de contact des obstacles et du corps, puis on écrit que *le corps, considéré comme libre, mais comme sollicité à la fois par les forces données et les réactions, est en équilibre.*

Les conditions d'équilibre établissent des relations entre les forces données et les réactions. Elles peuvent d'ailleurs être en nombre insuffisant pour déterminer celles-ci On verra plus loin des exemples de ce calcul.

CHAPITRE VI

PESANTEUR. — CENTRE DE GRAVITÉ. — ÉQUILIBRE DES CORPS PESANTS.

52. Pesanteur. — 1° *Définition.* — On sait que tous les corps qui sont à la surface de la terre tombent vers le sol, dès qu'ils ne sont plus appuyés ou soutenus. La cause de ce mouvement est une force qu'on a appelée *Pesanteur.*

La simple observation des faits courants a appris que la pesanteur s'exerce sur tous les corps solides et liquides dans quelques conditions qu'ils se trouvent placés, et l'on a exprimé ce fait général en disant que ces corps sont *pesants*. L'expérience a démontré que les gaz sont aussi des corps pesants.

2° *Direction*. — La direction de la force, en un lieu quelconque, est obtenue, est *matérialisée* en quelque sorte, à l'aide du *fil à plomb*.

Le fil à plomb (fig. 69) se compose d'un fil parfaitement flexible auquel est suspendu un corps quelconque, une petite balle de plomb par exemple. Ce fil étant fixé par son extrémité supérieure et abandonné à lui-même prend naturellement, à cause de sa flexibilité, lorsqu'il est en équilibre, la direction que lui imprime la masse pesante, qui est la direction de la pesanteur.

Cette direction est donc définie *expérimentalement* par le fil

Fig 69

à plomb en équilibre; elle est définie géométriquement par cette propriété du fil à plomb, qu'on démontre expérimentalement :
La direction d'un fil à plomb en équilibre est normale à la surface libre des eaux tranquilles ou, plus généralement, des liquides en équilibre (fig. 69).

Verticale. — La direction de la pesanteur est donc invariable en un même lieu : on l'appelle la *verticale* du lieu.

Plan vertical. — Tout plan passant par la verticale d'un lieu s'appelle *plan vertical.*

Plan horizontal. — Tout plan perpendiculaire à la verticale est un *plan horizontal.* Par exemple, la surface des eaux tranquilles, *du moins dans le voisinage de la verticale,* est un plan horizontal.

Horizontale. — *Horizon.* Toute ligne tracée dans un plan horizontal est une *horizontale.* On appelle *horizon visuel* d'un lieu, ou simplement *horizon,* la ligne circulaire suivant laquelle le plan horizontal qui passe par l'œil d'un observateur coupe la calotte sphérique du ciel ou ce plan horizontal lui-même.

REMARQUES. — 1° Si la surface des eaux tranquilles était plane, toutes les verticales des différents lieux seraient parallèles. Mais on sait que la surface terrestre, abstraction faite des inégalités accidentelles du sol, est une surface convexe. La verticale d'un lieu est donc une droite perpendiculaire au plan tangent en un point d'une surface convexe, plan tangent qui se confond d'ailleurs avec la surface même, sur une certaine etendue. — Il en résulte que les verticales des différents lieux ne sont pas parallèles entre elles.

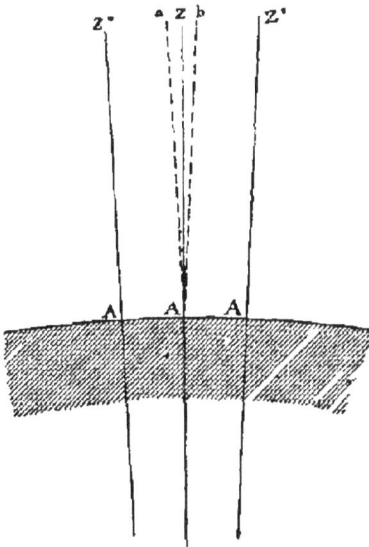

Fig. 70.

2° Ce défaut de parallélisme est difficile à constater pour de faibles distances. Ainsi deux verticales dont la distance horizontale est de 31 mètres ne forment qu'un angle de 1″. Il faut une distance de 1860 mètres pour faire un angle de 1′, et de 111 kilomètres pour 1°. Les verticales AZ et AZ′ ou AZ′, qui font entre elles un angle d'environ 3° (fig. 70), correspondent à deux points distants de 333 kilomètres. De Paris à Dunkerque la verticale s'incline de 2°21′, et de 7°28′ entre Paris et Barcelone.

3° Ces nombres ont été calculés en négligeant l'excentricité de la Terre ainsi que l'influence de sa rotation sur la direction du fil à plomb en un lieu.

55. Poids et Centre de gravité des corps. — Si l'on brise un corps, on constate que chaque fragment est soumis à l'action de la pesanteur. Nous pouvons donc nous représenter un corps pesant comme un corps soumis à un nombre considérable de petites forces provenant de la pesanteur et appliquées chacune à une parcelle du corps. Toutes ces forces, étant verticales et très rapprochées, peuvent être considérées comme rigoureusement parallèles. Elles ont donc une résultante unique : c'est ce qu'on appelle le *poids du corps.*

Le poids peut être appliqué en un point du corps, qui est le centre des points d'application des forces parallèles composantes : on appelle ce point *centre de gravité* du corps.

Le centre de gravité jouit donc de toutes les propriétés géométriques d'un centre de forces parallèles. Sa position dans le corps ne dépend ni de la direction commune des forces parallèles, ni de leur intensité absolue. Par conséquent, elle ne variera point quand on changera l'orientation du corps par rapport à la verticale du lieu, ni quand on transportera le corps dans un autre lieu, d'altitude et de latitude différentes. Elle est déterminée, en général, dans chaque corps par sa forme extérieure et par le mode de répartition de sa matière.

54. Centre de gravité des corps homogènes. — Le cas le plus intéressant à étudier, à ce point de vue, est celui des *corps homogènes*. On dit qu'un corps est *homogène*, quand sa matière est uniformément répartie dans toute son étendue, de manière que deux volumes égaux quelconques pris dans deux régions quelconques du corps, aient le même poids.

Dans tous les corps homogènes, la position du centre de gravité ne dépend que de la figure du corps. Si cette figure est géométriquement définie, la recherche de ce point est un problème de géométrie ou d'analyse, plus ou moins compliqué, mais toujours possible. Si le corps, tout en étant homogène, n'est pas limité par une surface géométrique, son centre de gravité n'en existe pas moins, mais on ne peut le déterminer que d'une manière approchée.

55. Centre de gravité des solides géométriques. — 1° *Cas des corps à centre.* — On dit qu'un corps possède un *centre de figure*, ou simplement un *centre*, lorsqu'il existe dans ce corps un point qui divise en parties égales toutes les cordes passant par ce point et limitées à la surface du corps : tels sont, par exemple, la *sphère* et le *parallélépipède*.

On voit qu'un pareil corps peut se décomposer en groupes de deux portions, égales et également

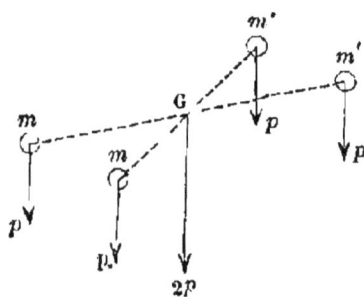

Fig. 71.

distantes du centre, telles que *m* et *m'* (fig. 71). Ces portions sont sollicitées par leurs poids *p*, forces égales et parallèles, qui se composent en une force double, $2p$, appliquée au milieu de la ligne *mm'*. La résultante totale des forces $2p$, correspondantes à chaque groupe, sera le *poids total* du corps, et elle sera nécessairement appliquée au même point G : donc le centre de gravité coïncide avec le centre de figure. Ainsi, *lorsqu'un corps homogène a un centre de figure, ce point est le centre de gravité.*

2° *Corps à plan diamétral ou à plan de symétrie.* — On dit qu'un corps possède un *plan diamétral* lorsqu'il existe dans le corps un plan qui divise en deux parties égales les cordes limitées à la surface du corps et parallèles à une même direction. Si le plan diamétral est perpendiculaire à la direction des cordes, il prend le nom de *plan de symétrie.*

Il est évident que tout corps homogène possédant un plan diamétral ou un plan de symétrie peut se décomposer en couples de portions égales, telles que m et m' (fig. 72), auxquelles sont appliquées des forces égales p et p. dont la résultante $2p$ a son point d'application au milieu C de la ligne mm'. Le poids du corps, qui est la résultante totale de toutes ces résultantes partielles, aura nécessairement son point d'application G, qui est le centre de gravité, quelque part dans le même plan. Ainsi, *lorsqu'un corps homogène à un plan diamétral, ou un plan de symétrie, le centre de gravité du corps est toujours dans ce plan.*

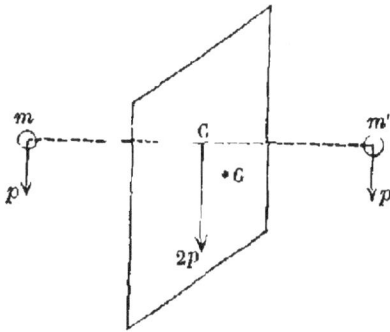

Fig 72

REMARQUES. — 1° Pour des raisons semblables, si un corps possède un *axe de symétrie* — c'est-à-dire un axe tel qu'à tout point du corps il en corresponde un second symétrique du premier par rapport à l'axe — le centre de gravité du corps est placé sur l'axe.

2° Il en est de même si le corps possède un *diamètre,* qui est le *lieu des centres* des sections faites dans la figure par des plans parallèles.

56. Centre de gravité des surfaces et des lignes. — Une surface qui n'a pas d'épaisseur, et une ligne qui n'a qu'une seule dimension, ne peuvent pas être pesantes et n'ont pas, à proprement parler, de centre de gravité. Mais on peut concevoir la surface et la ligne partagées, l'une en éléments superficiels, et l'autre en éléments linéaires, auxquels on suppose appliqués des poids proportionnels à leurs dimensions. Ces forces ont une résultante égale à leur somme et dont le point d'application est appelé *centre de gravité* de la surface ou de la ligne.

Les principes précédents s'appliquent aux cas des surfaces et des lignes. Ainsi, *pour toute figure plane, douée d'un centre ou d'un diamètre ou d'un axe de symétrie, le centre de gravité est en ce point ou sur cette droite.*

En s'appuyant sur ce lemme préliminaire, on démontre aisément les propositions suivantes :

Le centre de gravité est placé,

Pour une portion de droite, *en son point milieu* ;

Pour une circonférence ou pour un cercle (fig. 73), pour une

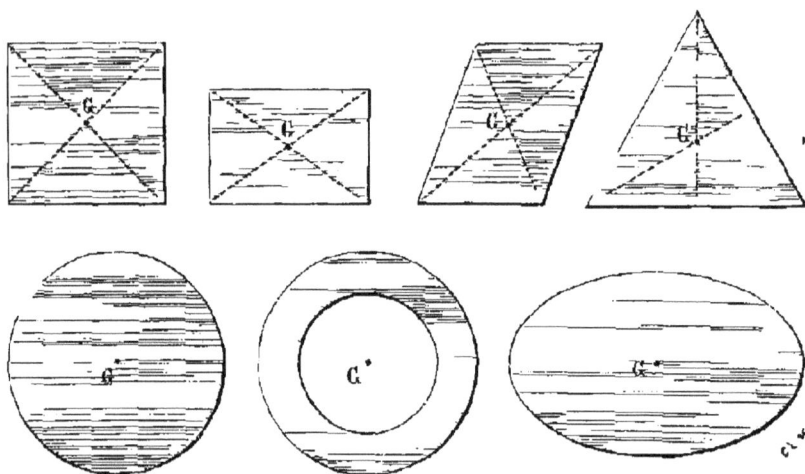

Fig 73

ellipse ou pour un anneau circulaire, pour un carré, un rectangle ou un parallélogramme, *en son centre.*

REMARQUE. — La notion du centre de gravité des surfaces peut servir à simplifier certains énoncés relatifs aux centres de gravité des corps solides. Ainsi l'on dira, par exemple, que *le centre de gravité d'un prisme triangulaire est le milieu de la droite qui joint les centres de gravité des deux bases.*

57. Centre de gravité du périmètre d'un triangle. — THÉORÈME. — *Le centre de gravité du périmètre d'un triangle coïncide avec le centre du cercle inscrit dans un second triangle qu'on forme en joignant les milieux des côtés du premier.*

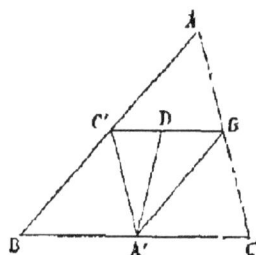

Fig 74

Soit ABC (fig. 74) le triangle : nous pouvons matérialiser les données de ce problème en supposant le triangle formé par trois barres pesantes, homogènes, soudées deux à deux aux trois sommets.

Le centre de gravité de chaque barre étant en son milieu, et son poids étant proportionnel à sa longueur, nous avons à composer trois forces parallèles appliquées aux points A', B', C', milieux des trois côtés, et proportionnelles à ces côtés.

Composons d'abord les forces appliquées en B' et C' : elles auront une résultante située sur B'C', appliquée en un point D tel que l'on ait

$$\frac{DB'}{DC'} = \frac{\text{poids de } AB}{\text{poids de } AC} = \frac{AB}{AC} ;$$

mais comme $A'B' - \frac{AB}{2}$ et $A'C' - \frac{AC}{2}$, on a

$$\frac{DB'}{DC'} = \frac{A'B'}{A'C'} ;$$

le point D partage donc la droite B'C' en segments proportionnels aux côtés adjacents A'B' et A'C'. C'est, par conséquent, le pied de la bissectrice de l'angle A' du triangle A'B'C'. Le centre de gravité se trouvera par suite sur cette bissectrice.

Pour la même raison il doit se trouver sur la bissectrice des angles B' et C'. Il est donc à leur point de concours, que l'on sait être le centre du cercle inscrit au triangle A'B'C'.

58. Centre de gravité de la surface d'un triangle quelconque. — Théorème. — *Le centre de gravité de la surface d'un triangle est au point de concours de ses trois médianes.*

Considérons un triangle quelconque ABC (fig. 75). Prenons le milieu D de la base, et menons AD. Divisons cette droite en un certain nombre de parties égales; par les points de division D', D'', D'''..., menons des parallèles à la base, et par les points B', B''..., C', C'', où ces parallèles rencontrent les côtés, menons des parallèles à la médiane AD. Nous formons ainsi des parallélogrammes inscrits dans le triangle proposé, et la médiane AD passe par tous les centres de ces parallélogrammes. Si donc nous appliquons aux points O, O', O'' des forces égales aux poids respectifs de ces parallélogrammes, leur résultante sera située sur AD. D'ailleurs la somme de tous ces paral-

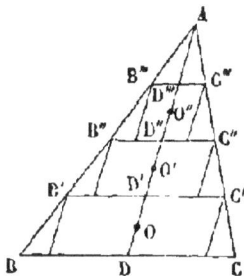

Fig. 75

lélogrammes, inférieure à l'aire du triangle, s'en rapproche à mesure que leur nombre augmente, et lui devient égale à la limite.

Donc la résultante des poids des particules qui forment le triangle est appliquée en un point de sa médiane AD.

Le même raisonnement nous aurait conduit à cette conclusion que le centre de gravité doit être situé sur les médianes issues des sommets D et C. Le centre de gravité se trouve donc à leur point d'intersection.

REMARQUE. — On arriverait plus vite au même résultat en remarquant simplement que les médianes sont des diamètres pour les cordes parallèles aux côtés correspondants.

COROLLAIRE. — *Si l'on applique aux trois sommets d'un triangle trois poids égaux, leur résultante sera appliquée en A, centre de gravité du triangle.*

En effet (fig. 76), la résultante R des poids égaux F placés en D et C est appliquée en E milieu du côté CD et égale à leur somme; il nous reste donc à composer une force appliquée en E, égale à 2F, avec une force parallèle, appliquée en A et égale à F. Leur résultante sera appliquée sur BE, en un point A tel que l'on ait

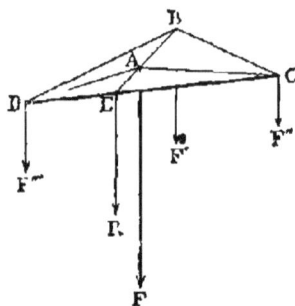

Fig 76

$$\frac{AE}{AB} = \frac{1}{2}.$$

Le point A sera donc situé au tiers de la médiane à partir de sa base, c'est-à-dire au centre de gravité même du triangle.

59 Centre de gravité d'une aire polygonale quelconque. — On divisera cette aire en triangles (fig. 77); on déterminera les centres de gravité G_1, G_2 , G_n de tous ces triangles; et on composera des forces parallèles, appliquées en G_1, G_2 .., G_n, et proportionnelles aux surfaces S_1, S_2 , S_n des triangles respectifs. Le point d'application G de la résultante est le centre de gravité du polygone donné.

60 Centre de gravité d'un contour polygonal. — Le centre de gravité de chaque côté (fig 78) est en son milieu, et son poids est proportionnel à sa longueur si l'on suppose des barres de même section et de même densité. On a donc à composer des forces parallèles, p_1, p_2 p_n, proportionnelles

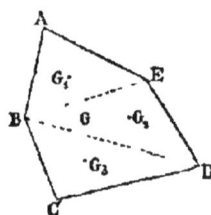

Fig 77.

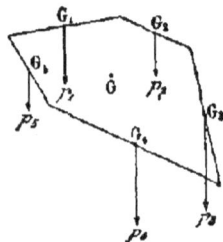

Fig. 78

aux côtés du polygone et appliquées en leurs milieux G_1, G_2 , G_n. Le point d'application G de leur résultante est le centre de gravité du contour cherché

Ce cas se présente dans la pratique quand il s'agit d'un contour formé de barres métalliques homogènes et pesantes, telles que sont les charpentes métalliques.

61. Centre de gravité d'un trapèze. — 1° THÉORÈME. — *Le centre de gravité d'un trapèze est situé au point de rencontre de la droite qui joint les milieux des deux côtés parallèles avec la droite qui joint les centres de gravité des deux triangles dans lesquels une diagonale décompose le trapèze.*

Le centre de gravité du trapèze ABCD (fig. 79) doit, d'abord, se trouver sur la ligne EF qui joint les milieux des deux bases. Car, si l'on prolonge jusqu'à leur rencontre les côtés non parallèles AC et BD, on forme un triangle SAB dont le poids est la résultante du poids du petit triangle SDC et du trapèze. Or le poids de SAB est appliqué en un point de SE; celui de SDC est appliqué en un point de SF, droite qui coïncide avec SE d'après la théorie des triangles semblables. Donc le centre de gravité G du trapèze sera sur EF[1]

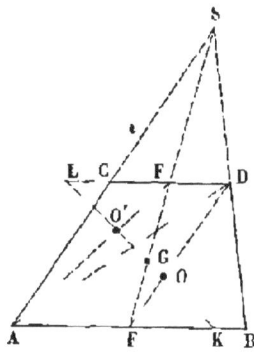

Menons la diagonale AD : elle décompose le trapèze en deux triangles dont la somme constitue le trapèze. Ils ont leurs centres de gravité respectifs en O et O'. Donc, pour composer leurs poids, il faut joindre O et O' : le centre de gravité du trapèze sera donc aussi sur OO'.

Il sera, par conséquent, au point G, intersection de OO' et de EF.

2° *Calcul du rapport des segments GE et GF* — Ce rapport est évidemment le même que celui des distances x et y du point G aux deux bases. Appliquons le théorème des moments par rapport à un plan passant par AB (fig. 79) perpendiculairement au plan du trapèze, en considérant le poids du trapèze comme la résultante du poids des deux triangles ACD, ABD Les distances des points O et O' au plan des moments seront respectivement $\frac{2}{3} h$ et $\frac{1}{3} h$, h étant la hauteur du trapèze Nous aurons donc, en remplaçant les poids par les aires, qui leur sont proportionnelles,

$$\text{ABCD} \times x = \text{ACD} \times \frac{2}{3} h + \text{ABD} \times \frac{1}{3} h ;$$

ou bien, en exprimant les deux triangles en fonction de leur hauteur commune et de leurs bases B et b,

$$\text{ABCD} \times x = \frac{1}{6} h^2 (\text{B} + 2b).$$

---

1. On pourrait dire plus brièvement que EF est un diamètre.

En prenant les moments par rapport à un plan perpendiculaire au plan du tableau et passant par la petite base, on trouve de même

$$ABCD \times y \quad \frac{1}{6} h^2 (b + 2B).$$

En divisant membre à membre ces deux égalités, on a

$$\frac{x}{y} - \frac{B + 2b}{b + 2B}.$$

3° *Détermination graphique*. On peut utiliser cette relation pour déterminer, à l'aide d'une construction simple, le centre de gravité d'un trapèze.

Prolongeons CD d'une quantité DB' égale à la grande base, et AB d'une quantité AC' égale à la petite base. On joint B' à C', et le centre de gravité se trouve au point G, intersection de cette droite avec celle qui joint les milieux des deux bases.

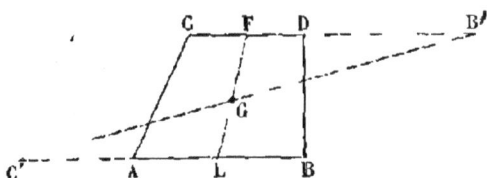

Fig. 80

En effet, on a dans les triangles semblables GFB' et GLC' (fig. 80) la relation

$$\frac{GL}{GF} = \frac{LC'}{FB'} - \frac{\dfrac{B}{2} + b}{\dfrac{b}{2} + B} \quad \frac{B + 2b}{b + 2B}$$

62. Centre de gravité d'un quadrilatère. — *Règle de construc-
tion.* — *On mène les deux diagonales AC, BD du quadrilatère; on joint le milieu E de l'une d'elles aux deux extrémités B et D de l'autre et on mène une droite OO' qui coupe les deux précédentes au tiers de leur longueur à partir du point E; sur l'autre diagonale DB on prend une longueur DH égale à BF, et l'on mène EH. Le point de rencontre G des deux droites OO' et EH est le centre de gravité du quadrilatère considéré.*

Soit ABCD le quadrilatère (fig. 81). Décomposons-le en deux triangles par la diagonale AC. Prenons le milieu E de cette diagonale, et menons les droites EB, ED. On sait que les deux triangles ont leurs centres de gravité en O et O', au

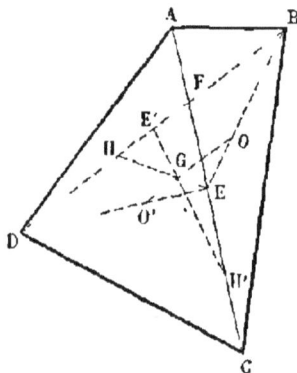

Fig. 81.

tiers des médianes EB et ED à partir de la base commune AC.

Le centre de gravité du quadrilatère sera donc sur la droite OO', en un point qui partage cette droite en deux segments inversement proportionnels aux surfaces des deux triangles correspondants.

Ceux-ci sont entre eux comme leurs hauteurs, ou, ce qui revient au même, comme les segments FB, FD de la seconde diagonale BD. On doit donc avoir, en désignant par G le centre de gravité cherché,

$$\frac{GO}{GO'} = \frac{FD}{FB}.$$

Prenons sur la seconde diagonale une longueur DH égale à BF et menons la droite EH : elle doit passer par le point G. En effet, puisque les droites BD et OO′ sont parallèles, on a

$$\frac{GO}{GO'} = \frac{BH}{DH} = \frac{FD}{FB}.$$

Le centre de gravité se trouve donc à l'intersection de OO′ et de EH.

Remarques. — 1° Au lieu de mener EH, on aurait pu mener E′H′ (fig. 81), en prenant, sur la première diagonale, une longueur CH′ égale a AF et en joignant H′ au milieu E′ de la seconde.

2° On pourrait trouver une deuxième ligne contenant le centre G en considérant la diagonale DB au lieu de AC.

63 **Centre de gravité d'un arc de cercle**[1]. — Théorème — *Le centre de gravité d'un arc de cercle se trouve sur l'axe de symétrie de l'arc, et à une distance du centre qui est une quatrième proportionnelle entre la longueur de cette corde sous tendante, la longueur de l'arc et le rayon du cercle.* — Soit un arc de cercle ACB (fig. 82) dont le centre est en O et le milieu en C Le centre de

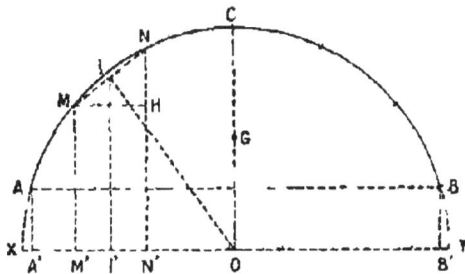

Fig 82

gravité sera nécessairement sur l'axe de symétrie OC, en un certain point G; soit x la distance OG, l la longueur de l'arc, et p le poids, par unité de longueur, de la substance dont il est formé

Inscrivons dans l'arc une ligne brisée régulière qui ait un sommet en C; appliquons le théorème des moments par rapport à un plan perpendiculaire au plan du tableau, passant par XY, en considérant le poids de la ligne brisée régulière comme la résultante du poids des côtes.

Le poids d'un côté quelconque MN est appliqué au milieu I de ce côte, et égal à $p \times MN$; son moment est $p \times MN \times II'$

Abaissons les perpendiculaires MM′, NN′ sur le plan des moments et menons OI

[1] Ce cas se rencontre dans l'étude des charpentes métalliques qu'on emploie courbées en arc de cercle pour couvrir de petits espaces.

Les triangles OII', MNII sont semblables (côtés perpendiculaires). On a donc

$$\frac{MN}{OI} = \frac{MH}{II'},$$

d'où

$$MN \times II' = OI \times MH,$$

or $MH = M'N'$, donc le moment du poids de MN par rapport au plan choisi sera

$$p \times OI \times M'N'$$

et la somme de tous les moments sera

$$\Sigma\, p \times OI \times M\,N' \qquad \text{ou} \qquad p \times OI\, \Sigma\, M'N',$$

puisque les facteurs p et OI sont constants. En écrivant maintenant que le moment de la résultante est égal à la somme des moments des composantes, il vient

$$pl_1 x_1 = p \times OI \times \Sigma\, M\,N',$$

x_1 désignant la distance du centre de gravité de la ligne brisée inscrite au point O, et l_1 son périmètre.

Mais $\Sigma\, M'N'$ est égal à A'B', projection de la ligne brisée sur le diamètre XY; on a donc

$$pl_1 x_1 = p \times OI \times A'B' \qquad \text{ou} \qquad l_1 x_1 = OI \times A'B'.$$

Si le nombre des côtés de la ligne inscrite augmente indéfiniment, la longueur l_1 de cette ligne tend vers la longueur l de l'arc, et x_1 tend vers x; mais OI devient alors égal au rayon R de la circonférence, on a donc, à la limite,

$$x = R \times \frac{A'B'}{l};$$

ou, en appelant c la corde AB qui sous-tend l'arc, corde qui est égale à sa projection A'B',

$$x = R\frac{c}{l}.$$

<small>CAS PARTICULIER.</small> — *L'arc est une demi-circonférence.*

On a alors

$$c = 2R, \quad l = \pi R,$$

d'où

$$x = \frac{2R}{\pi}.$$

64. Centre de gravité d'un secteur circulaire. — Soit AOB un secteur circulaire (fig. 85). Imaginons qu'on ait divisé l'arc qui lui sert de base en un certain nombre d'arcs élémentaires égaux, tels que MN. La surface

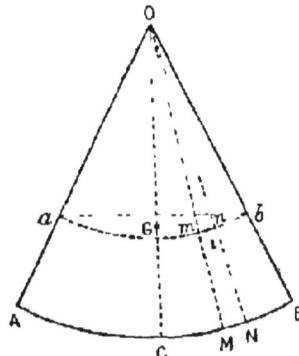

Fig 85

du secteur se trouvera divisée en un certain nombre de secteurs élémentaires, tels que MON. Nous pouvons assimiler l'un des secteurs, MON par exemple, à un petit triangle isocèle, dont le centre de gravité sera sur la médiane, au tiers à partir de la base, c'est le point z. Il en sera de même pour tous les autres secteurs élémentaires. Nous aurons donc à composer une série de forces égales appliquées en des points tels que t, tous situés à une même distance du centre, égale aux deux tiers du rayon R

Tout revient à trouver le centre de gravité d'un *arc de cercle* dont l'angle au centre serait le même que celui du secteur, et dont le rayon ne serait que les deux tiers du rayon du secteur. On aura alors pour la distance x du centre O à ce centre G de gravité

$$x = \frac{Oa \times ab}{\text{arc } amb} = \frac{2}{3} R \frac{c}{l};$$

car $Oa = \frac{2}{3} R$, $ab = \frac{2}{3} AB$, arc $amb = \frac{2}{3}$ arc AMB ; et arc AMB $= l$, avec AB $= c$.

65. Centre de gravité d'une aire plane terminée par une courbe quelconque — Supposons qu'il s'agisse de déterminer le centre de gravité de la surface comprise entre la courbe AB (fig. 84), l'axe OX et les deux ordonnées Aa, Bb

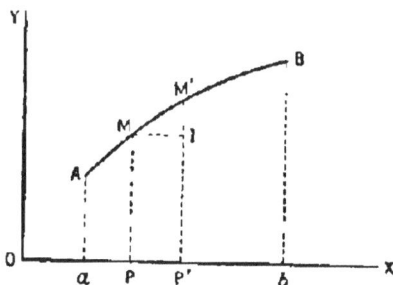

Fig. 84.

Décomposons, par des parallèles à l'axe OY, la courbe en trapèzes élémentaires tels que MM'P'P On peut, quand l'arc MM' devient très petit, confondre ce trapèze avec le rectangle MIP'P, dont la surface a pour expression $y\Delta x$, en désignant par y l'ordonnée MP du point M, et par Δx l'accroissement très petit que subit, en passant de M en M', *l'abscisse* OP $= x$.

En désignant par S l'aire considérée, on a donc

[1] $$S = \Sigma y \, \Delta x.$$

Appliquons le théorème des moments, par rapport à un plan passant par l'axe OY et perpendiculaire au plan de l'aire, en considérant le *poids* de l'aire totale comme la résultante des poids des petits trapèzes élémentaires Soit X l'abscisse du centre de gravité, le centre de gravité du petit trapèze, PP'M'M, tombe sensiblement au milieu de PP' et sa distance à l'axe OY est $x + \frac{1}{2}\Delta x$; d'ailleurs le poids des surfaces est proportionnel à leur aire, nous aurons donc

$$S \times X = \Sigma y \, \Delta x \left(x + \frac{\Delta x}{2} \right)$$

ou, en passant à la limite,

[2] $$SX = \Sigma xy \, \Delta x.$$

Nous aurions de même, en prenant les moments par rapport à un plan perpendiculaire au plan de l'aire, mais passant cette fois par OX, et en remarquant que l'ordonnée du centre de gravité du petit rectangle est $\frac{y}{2}$,

[3] $$SY = \frac{1}{2} \Sigma y^2 \, \Delta x$$

Les procédés du calcul infinitésimal permettent de calculer les expressions sous le signe Σ quand on connaît l'équation de la courbe AB On voit donc que le problème de la recherche du centre de gravité se ramène à celui d'une sommation d'éléments infiniment petits : ce qui s'appelle *effectuer une intégration*.

66. Centre de gravité des lignes planes On détermine le centre de gravité des lignes en suivant la même méthode de calcul que pour les surfaces.

On applique le théorème des moments successivement par rapport à deux plans perpendiculaires au plan de la ligne et passant par deux axes rectangulaires OX, OY. Si L désigne la longueur de la ligne, X et Y l'abscisse et l'ordonnée de son centre de gravité, Δs un arc infiniment petit, tel que MM' (fig. 84) ; on a

$$\begin{cases} L = \Sigma \, \Delta s, \\ LX = \Sigma \, x \, \Delta s, \\ LY = \Sigma \, y \, \Delta s \end{cases}$$

Le problème est donc encore ramené à une sommation d'éléments infiniment petits.

67. Centre de gravité d'un prisme triangulaire. — THÉORÈME. — *Le centre de gravité d'un prisme triangulaire est au milieu de la droite qui joint les centres de gravité de ses deux bases.*

Considérons un prisme à bases triangulaires $ABCA_1B_1C_1$ (fig. 85). Divisons la médiane AD de l'une des bases en un certain nombre de parties égales et menons, par les points de division, des plans tels que $B'C'B'_1C'_1$, parallèles à la face latérale BCB_1C_1. Par les droites $C'C'_1$, $B'B'_1$, suivant lesquelles ces plans coupent les deux autres faces latérales, menons des plans parallèles à la médiane AD : nous déterminons ainsi une série de parallélépipèdes

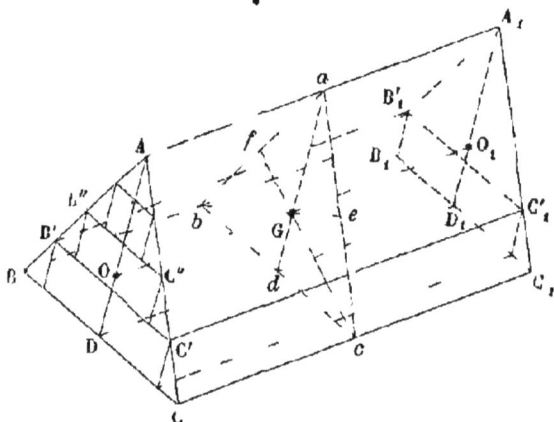

Fig 85.

inscrits dans le prisme ; la somme de leurs volumes, toujours inférieure au volume du prisme, lui devient égale à la limite, quand le nombre des solides élémentaires augmente indéfiniment.

D'ailleurs, le centre de gravité de chaque parallélépipède est situé dans le plan *abc* (plan diamétral) qui coupe en leurs milieux les arêtes latérales du prisme ; il se trouve aussi dans le plan ADD_1A_1 (plan diamétral) qui coupe en leurs milieux les arêtes parallèles à BC. Il est donc situé sur la médiane *ad* du triangle *abc*.

Pour la même raison, il doit se trouver sur les deux autres médianes. Par conséquent il se trouve à leur intersection, c'est-à-dire qu'il coïncide avec le centre de gravité G du triangle *abc*, lequel est le milieu de la droite OO_1.

68. Centre de gravité d'un prisme quelconque. — THÉORÈME. — *Le centre de gravité d'un prisme quelconque est au milieu de la droite qui joint les centres de gravité de ses deux bases*

Soit un prisme polygonal (fig. 86) Menons par une de ses arêtes, AA_1, des plans diagonaux qui le décomposent en prismes triangulaires adjacents, et, par le milieu *a* d'une de ses arêtes, menons un plan parallèle aux deux bases ce plan détermine une section egale aux deux bases, laquelle contient, en vertu du théorème précédent, les centres de gravité *g*, *g'*, *g''* de tous les prismes triangulaires.

Nous aurons donc à composer des forces parallèles, appliquées en *g*, *g'*, *g''*, et proportionelles aux volumes de ces prismes triangulaires, c'est-à-dire à leurs bases, car ils ont même hauteur, Le point d'application de la resultante sera le centre de gravité du prisme, et on voit qu'il coïncidera avec le centre de gravité du polygone *abcde*; or ce centre G est évidemment au milieu de la ligne OO_1 qui joint les centres de gravité O et O_1 des bases

69. Centre de gravité d'un cylindre. — THÉORÈME   *Le centre de gravité d'un cylindre est situé au milieu de la droite qui joint les centres de gravité de ses deux bases*

En effet, si l'on inscrit dans le cylindre un prisme, et qu'on augmente indéfiniment le nombre de ses faces, chacune d'elles tendant vers zero, le volume du prisme tend vers celui du cylindre a bases parallèles. Or le centre de gravité de chacun des prismes inscrits est déterminé par la règle précédente; donc, à la limite, cette règle s'applique aussi au cylindre.

70. Centre de gravité d'une pyramide triangulaire. — THÉORÈME. — *Le centre de gravité d'une pyramide triangulaire est situé sur la droite qui joint un sommet au centre de gravité de la face opposée, au quart de la droite à partir de cette face.*

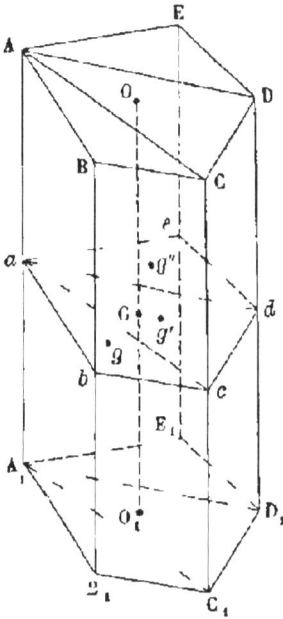

Fig 86

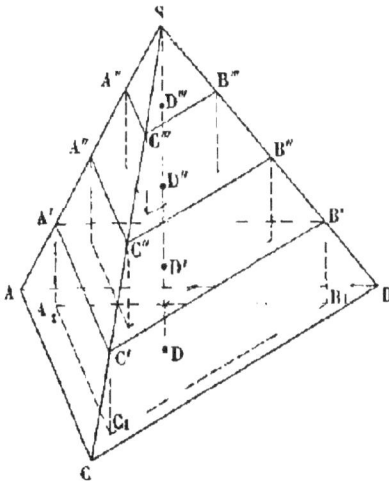

Fig 87

En effet, soit SABC (fig. 87) une pyramide triangulaire, et soit D le centre de gravité de la base. Menons la ligne SD et divisons-la en parties égales; menons par les points de division D', D"... des plans parallèles à la base, et, par les droites A'C', A"C"... et B'C', B"C"..., suivant lesquelles ces plans coupent les faces latérales, faisons passer des plans parallèles à SD : nous réalisons ainsi une série de prismes triangulaires, inscrits dans la pyramide; la somme de leurs volumes, toujours inférieure au volume de celle-ci, lui devient égale à la limite quand leur nombre augmente indéfiniment, chacun d'eux tendant vers zéro.

Les centres de gravité des divers triangles, tels que A'B'C', qui forment les bases de ces prismes élémentaires, sont situés sur la droite SD, parce que ces triangles sont semblables avec la base ABC; la droite SD contient donc aussi, à la limite, le centre de gravité de la pyramide.

Pour la même raison, ce centre de gravité doit aussi se trouver sur la droite AE qui joint le sommet A au centre de gravité E de la face opposée (fig. 88). Il se trouve donc au point de rencontre G de ces deux droites, lesquelles sont dans un même plan, celui du triangle SAF.

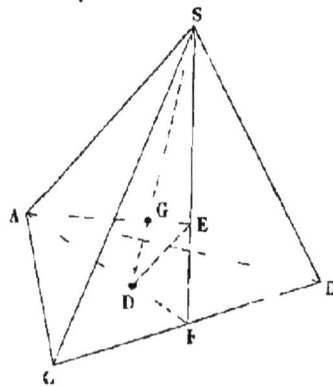

Fig 88

Or menons la droite DE qui est parallèle à SA, puisqu'elle divise les côtés FA et FS en parties proportionnelles aux nombres 1 et 2. Le segment DF étant le tiers de FA et la droite DE le tiers de l'arête SA, les triangles semblables AGS, DGE donnent

$$\frac{GD}{GS} - \frac{DE}{AS} = \frac{1}{3};$$

donc $GD - \dfrac{GS}{3}$ et, par conséquent, $GD = \dfrac{SD}{4}.$

Remarques.   1° On peut énoncer aussi la proposition suivante : *Le centre de gravité d'une pyramide triangulaire coïncide avec le point d'application de la résultante de quatre forces égales et parallèles appliquées à ses quatre sommets.*

2° Le centre de gravité G de la pyramide triangulaire a la propriété géométrique de diviser en deux parties égales toute ligne joignant les milieux de deux arêtes opposées.

71. Centre de gravité d'une pyramide quelconque. — THÉORÈME — *Le centre de gravité d'une pyramide polygonale quelconque est situé sur la droite qui joint le sommet au centre de gravité de la base, au quart de cette droite a partir de la base*

Soit SABCDE (fig 89) une pyramide polygonale. Menons par une arête et par les différents sommets des plans diagonaux qui partagent cette pyramide en un certain nombre de pyramides triangulaires

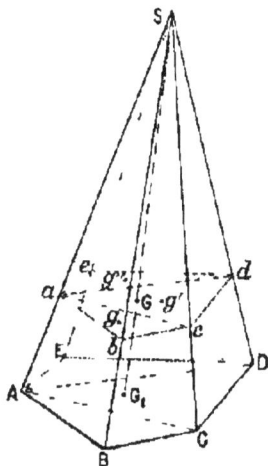

Fig 89

Prenons sur l'arête AS une longueur Aa égale au quart de cette arête, et par le point *a* ainsi déterminé menons un plan *abcde* parallele à la base de la pyramide Ce plan contient les centres de gravité de toutes les pyramides triangulaires et les centres de gravité de ces pyramides coïncident avec les centres de gravité g, g', g'' des triangles *abc, acd, ade* donc, pour trouver le centre de gravité G de la pyramide totale, il suffit de composer les forces appliquées en g, g' g'', parallèles, et proportionnelles aux volumes des pyramides triangulaires, c est a dire à leurs bases, puisqu'elles ont même hauteur Leur résultante est donc appliquée au centre de gravité G du polygone *abcde*, et, par raison de similitude, la droite SG coupe la base en un point G_1, qui en est le centre de gravité On voit en outre qu'on a la relation

$$\frac{GG_1}{SG_1} = \frac{Aa}{AS} = \frac{1}{4}.$$

72. Centre de gravité d'un cône. THÉORÈME. — *Le centre de gravité d'un cône est situé sur la droite qui joint le sommet au centre de gravité de la base, au quart de cette droite a partir de la base*

On ramène, en effet, ce cas au precedent en inscrivant dans le cône une pyramide : le théorème precedent s'applique à la pyramide inscrite et continue a s'y appliquer quand le nombre de ses faces s'accroît de plus en plus, chacune d'elles tendant vers zéro, jusqu'à la limite où elle se confond avec le cône.

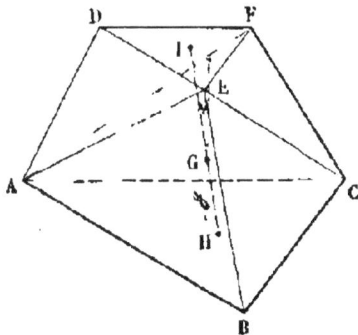

Fig. 90.

73. Centre de gravité d'un tronc de pyramide triangulaire. THÉORÈME. — *Le centre de gravité G (fig. 90) d'un tronc de pyramide triangulaire est sur la droite qui joint les centres de gravité des deux bases, de surfaces B et b, et divise cette droite dans un rapport défini par la relation*

$$\frac{x}{y} = \frac{b + 3B + 2\sqrt{Bb}}{B + 3b + 2\sqrt{Bb}}.$$

On peut d'abord démontrer, comme on l'a fait pour la pyramide,

que le centre de gravité doit se trouver sur la droite qui joint les
centres de gravité des deux bases : le point cherché sera donc
quelque part sur la droite III. Déterminons le rapport des longueurs GI et GII, ou, ce qui revient au même, celui des distances x
et y du point G aux deux bases du tronc, de hauteur h.

Nous pouvons, en menant les plans AEC, AEF, décomposer le
tronc en trois pyramides triangulaires, comme on le fait en
Géométrie, pour arriver à l'expression de son volume. D'après
le théorème précédent, les distances des centres de gravité de
ces pyramides partielles aux bases B et b sont respectivement :
$\frac{1}{4} h$ et $\frac{3}{4} h$, pour la pyramide ADEF; $\frac{3}{4} h$ et $\frac{1}{4} h$, pour la pyramide
EABC; $\frac{1}{2} h$ et $\frac{1}{2} h$, pour la pyramide EAFC, puisque son centre de
gravité est situé au milieu de la droite qui joindrait les milieux des
arêtes opposées EF et AC. On a, en prenant d'abord les moments
par rapport à la base b,

[1] $\quad$ ABCDEF $\times x \quad$ ADEF $\times \dfrac{h}{4}$ + EABC $\times \dfrac{3h}{4}$ + EFAC $\times \dfrac{h}{2}$;

ou, en remplaçant les volumes des pyramides par leurs valeurs
en fonction de B, b, h,

[2] $\qquad$ ABCDEF $\times x - \dfrac{h^2}{12}(b + 3B + 2\sqrt{Bb})$.

Prenant ensuite les moments par rapport à la base B, on a

$$ABCDEF \times y - ADEF \times \frac{3}{4} h + EABC \times \frac{h}{4} + EFAC \times \frac{h}{2},$$

ou

[3] $\qquad$ ABCDEF $\times y - \dfrac{h^2}{12}(3b + B + 2\sqrt{Bb})$.

En divisant [2] et [3] membre à membre, on a

$$\frac{x}{y} = \frac{b + 3B + 2\sqrt{Bb}}{B + 3b + 2\sqrt{Bb}}.$$

REMARQUE. — *Centres de gravité d'un tronc de pyramide polygonale et d'un tronc de cône.* — On étend facilement ce résultat au
tronc de pyramide polygonale ainsi qu'au tronc de cône.

74 Centre de gravité d'un volume homogène quelconque. — Les considérations relatives à la recherche du centre de gravité d'une ligne ou d'une aire quelconques s'appliquent encore au cas d'un volume quelconque

Prenons trois axes de coordonnées rectangulaires Ox, Oy, Oz (fig. 91) Remarquons qu'un élément de volume infiniment petit, Δv, peut toujours être ramené à un petit parallélépipède dont les côtés seraient parallèles aux axes et auraient pour valeurs Δx, Δy, Δz; de sorte que l'on a pour expression de Δv

$$\Delta v = \Delta x . \Delta y . \Delta z.$$

Le volume d'un corps de forme quelconque sera la somme des éléments analogues a Δv .

$$V \quad \Sigma \, \Delta x \, \Delta y . \Delta z$$

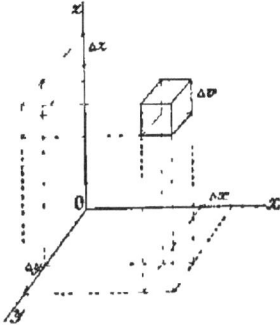

Fig 91

Appliquons le théorème des moments par rapport aux trois plans de coordonnées Soient X, Y, Z les coordonnées du centre de gravité; nous aurons, en prenant pour unité de poids le poids de l'unité de volume,

$$\begin{cases} V X = \Sigma \, x . \Delta x . \Delta y \, \Delta z, \\ V Y = \Sigma \, y \, \Delta x \, \Delta y \, \Delta z, \\ V Z = \Sigma \, z \, \Delta x \, \Delta y \, \Delta z \end{cases}$$

REMARQUE — Si le solide est terminé par une surface géométriquement définie on peut, dans certains cas, calculer les sommes indiquées a l'aide des procédés du calcul intégral

CHAPITRE VII

APPLICATIONS DES PROPRIÉTÉS DU CENTRE DE GRAVITÉ.

ÉQUILIBRE DES SOLIDES PESANTS. — MOMENT DE STABILITÉ. — THÉORÈMES DE GULDIN.

75. Conditions d'équilibre des solides pesants. — La considération du centre de gravité permet de formuler simplement les conditions d'équilibre des corps solides pesants[1].

L'action de la pesanteur sur un corps se réduit toujours à une force unique, verticale, dirigée de haut en bas, et appliquée en

---

1 En réalité tous les corps sont pesants, et cette épithète de *pesants* appliquée aux corps solides est un pléonasme, mais il est d'usage de désigner ainsi les corps lorsqu'on les considère comme soumis aux *seules* forces de la pesanteur.

son centre de gravité : donc, pour qu'il y ait équilibre, *il faut et*

Fig 92

Fig 93.

il suffit que cette force soit équilibrée par la résistance d'un point fixe par lequel elle passe.

Si donc le corps est suspendu par un point unique ou repose sur un seul point d'appui, le centre de gravité doit se trouver sur la verticale de ce point (fig. 96 et 98, B). Si le corps est sou

Fig 94.

tenu par deux points E et B (fig. 92), la verticale du centre de gravité doit rencontrer le segment de droite qui les joint : tel est le cas d'équilibre d'un bicycliste *en marche rectiligne.* Si le corps est supporté par plusieurs points non en ligne droite A, B, C (fig. 93), la verticale du centre de gravité doit passer dans l'intérieur du triangle ABC, appelé *polygone de sustentation* : tel est le cas d'équilibre d'un tricycliste *en marche* ou *au repos*.

Les tours penchées de Pise (fig. 94) et de Bologne conservent leur équilibre malgré leur forte inclinaison, parce que la verticale du centre de gravité de l'édifice passe dans l'intérieur de la base.

De même un portefaix doit prendre, suivant sa charge, une attitude telle qu'il amène la verticale du centre de gravité du système formé par son propre poids et par son fardeau à passer par sa base de sustentation (fig. 95).

Fig. 95.

Un homme est d'autant plus ferme sur ses pieds que ceux-ci comprennent une base de sustentation plus étendue ; car il peut alors donner à ses mouvements plus d'amplitude, sans que la verticale menée par son centre de gravité se trouve en dehors de cette base. S'il se pose sur un pied, sa stabilité diminue ; elle diminue encore s'il s'élève sur la pointe du pied, car un très faible balancement suffit alors pour que la verticale de son centre de gravité vienne en dehors de la base.

76. Divers états d'équilibre : condition de stabilité. — Selon la position du centre de gravité par rapport aux points d'appui, il se présente trois états d'équilibre : l'*équilibre stable*, l'*équilibre instable*, et l'*équilibre indifférent*.

1° L'*équilibre stable* est l'état d'un corps qui, *étant dévié légè-*

rement de sa position d'équilibre, y revient de lui-même. *Cela a lieu lorsque le corps est dans une position telle, que son centre de gravité est plus bas que dans toute autre position voisine.*

On conçoit en effet que si ce corps est déplacé, son centre de gravité ne puisse être que relevé; et, comme la pesanteur tend sans cesse à l'abaisser, elle le ramène, après une série d'oscillations, a sa position première d'équilibre.

Exemples. — Tel est le cas d'un balancier d'horloge, ou bien du petit jouet appelé l'*équilibriste* (fig. 96). Nous citerons encore un autre jouet formé d'un disque de bois portant latéralement une masse de plomb (fig. 97). Si on le pose sur un plan légèrement incliné, dans une position telle que la verticale du centre de gravité G tombe un peu en avant du point de contact O, on verra le disque remonter sur le plan incliné au lieu de descendre plus bas. Or, pendant l'ascension du disque, son centre de gravité est *réellement descendu* de G en G_1.

2° L'*équilibre instable* est l'état d'un corps qui, étant dévié légèrement de sa position d'équilibre, ne tend qu'à s'en écarter davantage.

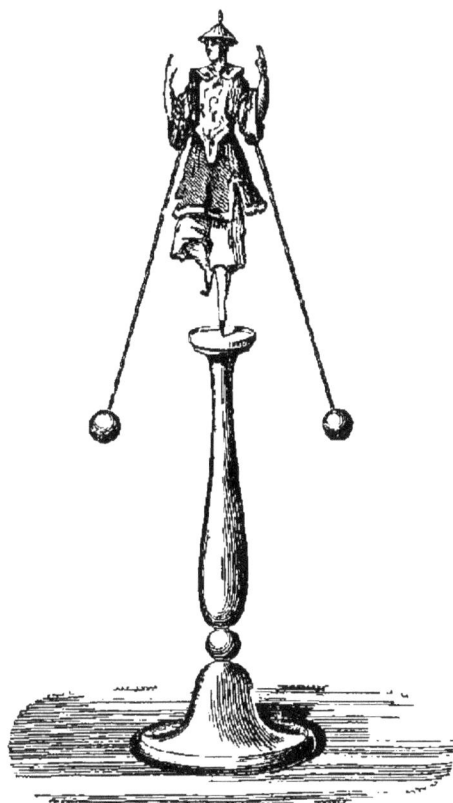

Fig. 96.

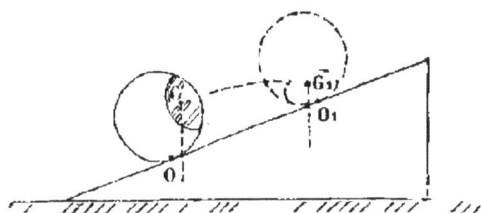

Fig 97

Cet état se présente *toutes les fois que le centre de gravité du corps est plus haut que dans toute autre position voisine*. En effet si, par un déplacement quelconque, le centre de gravité vient à être abaissé, la pesanteur ne tend qu'à l'abaisser davantage.

Tel est le cas d'un œuf reposant sur un plan horizontal, de manière que son grand axe soit vertical. De même, le bicycliste en marche, même rectiligne (fig. 92), est toujours en état d'équilibre instable.

3° Enfin, on nomme *équilibre indifférent* celui qui persiste dans

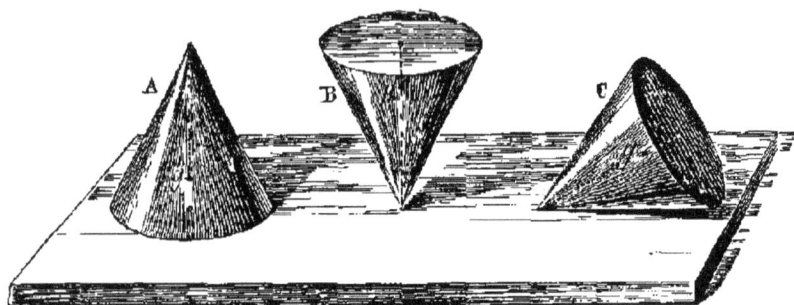

Fig 98

toutes les positions que peut prendre un corps. Ce genre d'équilibre se rencontre *lorsque, dans les diverses positions du corps, son centre de gravité n'est ni relevé ni abaissé.*

Cela a lieu, par exemple, pour une roue de voiture soutenue sur

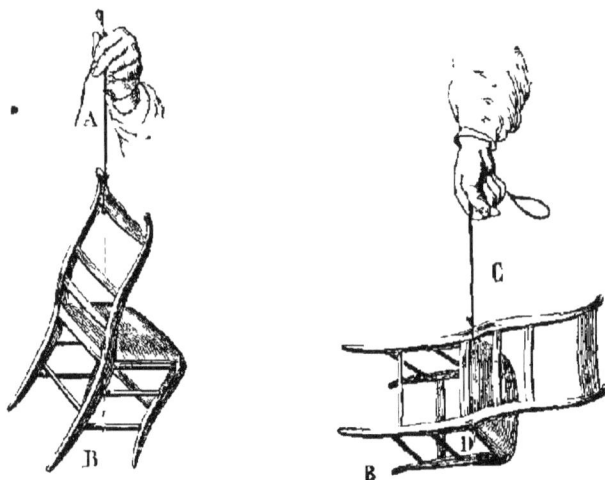

Fig 99.

son essieu, ou pour une sphère reposant sur un plan horizontal.

REMARQUE — Les trois cônes, A, B, C (fig. 98) sont placés respectivement dans les positions d'équilibre stable, instable et indifférent : la lettre *g* désigne le centre de gravité.

77. Détermination empirique du centre de gravité des corps solides. — Il résulte des conditions d'équilibre un procédé pratique pour déterminer *approximativement* le centre de gravité d'un corps solide quelconque, homogène ou hétérogène.

1° On suspend le corps à un cordeau flexible, successivement dans deux positions différentes (fig. 99); puis on cherche le point où le cordeau CD, dans la seconde position, va couper la direction AB, qu'il avait dans la première : ce point est le centre de gravité cherché. En effet, dans chacune de ces positions l'équilibre ne peut s'établir qu'autant que le centre de gravité vient se placer sur la verticale du point d'attache du cordeau; il en résulte que le centre de gravité doit être placé à la fois sur les deux directions du cordeau, et, par conséquent, à leur point d'intersection.

2° On peut, pour des corps minces et plans, comme une feuille de carton, appliquer ce procédé autrement. On les équilibre dans deux positions différentes sur une arête horizontale : par exemple on les fait glisser sur le bord d'une table jusqu'à ce qu'ils soient près de trébucher dans un sens ou dans

Fig 100

l'autre, indifféremment (fig. 100). Le centre de gravité est alors sur la ligne de contact *ab*. On cherche de même une seconde position d'équilibre dans laquelle la ligne de contact soit, par exemple, *cd*. Le centre de gravité est à leur point d'intersection *g*, ou, plus rigoureusement, un peu au dessus de ce point, à l'intérieur du corps, à égale distance des deux faces.

3° S'il s'agit d'un corps de grande masse, on cherche à le mettre en équilibre sur l'arête d'un fort couteau en acier. Lorsqu'on y est parvenu, le plan vertical passant par cette arête contient nécessairement le centre de gravité. On réalise cet équilibre pour deux autres positions du couteau. Le point unique d'intersection des trois plans verticaux qui correspondent aux trois positions de l'arête du couteau est le centre de gravité.

78 Moment de stabilité. — 1° *Définition et propriété* — Soit un parallèlepipède de pierre, par exemple un pan de mur, posé sur le sol (fig. 101) Son poids est une force verticale P appliquée à son centre de gravité G, et la réaction du sol lui est directement opposée

Supposons qu'on applique latéralement à cette masse une force horizontale F qui tende à renverser le mur en le faisant tourner autour de son arête horizontale projetée en A L'expérience montre que l'équilibre subsiste tant que la force F ne dépasse pas une certaine intensité limite

Cela tient à ce que la réaction du sol R se modifie constamment de façon à faire toujours équilibre à la force F et au poids P Ces deux dernières forces, en effet, peuvent se composer en une résultante dirigée suivant une certaine droite kL et la réaction du sol se modifie de façon à devenir LR, égale et directement opposée à cette résultante

Prenons les moments des trois forces F, P, R, par rapport au point d'application L de la réaction ; le moment de cette dernière force étant nul, on a, par suite,

Fig. 101.

$$F \times \overline{BH} - P \times \overline{IL} = 0;$$

d ou

$$IL = \overline{BH} \times \frac{F}{P}.$$

A mesure que l'on fait croître la force F, on voit que IL augmente proportionnellement à F, de manière que le point d application L se rapproche du point A autour duquel la force F tend à faire tourner le mur ; il est d'ailleurs évident que ce point L doit rester compris dans l'intérieur du polygone de base du bloc. Il en résulte que la valeur *maxima* de IL est IA, par suite le maximum d'intensité F_1, que la force F ne devra pas dépasser, sera

[1] $$F_1 = P \times \frac{IA}{BH}.$$

L'équilibre sera donc stable depuis la valeur F 0 *jusqu'à la valeur* F F_1.

Le moment $\mathfrak{M}$ de la force F_1 sera

$$\mathfrak{M} = F_1 \times BH - P \times IA = \frac{1}{2} Pe,$$

e étant l'épaisseur du bloc on l'appelle *moment de stabilité* du bloc considéré

2° APPLICATION . *Calcul du moment de stabilité d'un mur* — Soit Π le poids du mètre cube de la pierre dont le mur est formé, *h* sa hauteur, *e* son épaisseur et *l* sa longueur, on aura pour le poids P

$$P = \Pi \, hel;$$

par suite, le moment de stabilité sera, dans le cas actuel

$$\mathfrak{M} = \frac{1}{2} Pe = \frac{\Pi \, hle^2}{2}, \quad \times$$

× *Ceci suppose toutefois au sol une résistance infinie* « En construction il faut avoir égard à la résistance du

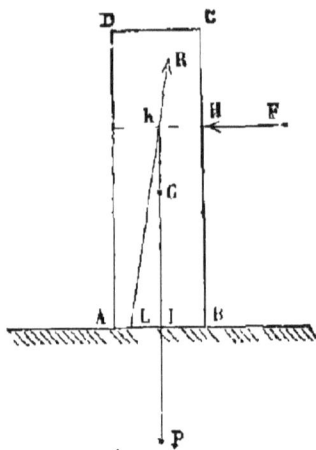

Le moment de stabilité d'un mur a section *rectangulaire* est donc proportionnel au carré de son épaisseur. Donc, si le mur doit résister a une forte pression latérale, il faut augmenter cette épaisseur ou encore l'armer d'étais ou de contreforts.

79. Théorèmes de Guldin. — De la notion du centre de gravité des lignes et des aires on a déduit une méthode géométrique pour évaluer les aires et les volumes de révolution et *inversement*. Cette méthode est exprimée par les deux règles suivantes, connues sous le nom de *Théorèmes de Guldin*.

1er Théorème. — *La surface engendrée par une ligne plane, tournant autour d'un axe situé dans son plan et ne la rencontrant pas, est égale à la longueur de la ligne, multipliée par la circonférence que décrit son centre de gravité.*

2° Théorème. — *Le volume engendré par une surface plane, tournant autour d'un axe et ne le rencontrant pas, est égal à l'aire de la surface, multipliée par la circonférence que décrit son centre de gravité.*

Demonstration du premier théoreme. — Soit AB une ligne plane tournant autour de O*x* et ne rencontrant pas cet axe (fig. 102). Posons AM — *s* et MM — Δ*s*, M étant un point voisin de M.

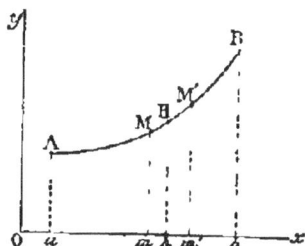

Fig. 102

Nous pouvons considérer l'arc infiniment petit MM' comme confondu avec sa corde. La surface décrite par MM' est alors la surface latérale d'un tronc de cône, et a pour valeur 2π*y* Δ*s* (*y* étant l'ordonnée H*h* du point milieu de MM')

Faisons la somme de tous les éléments semblables, nous aurons, pour la surface décrite par AB,

$$\text{surface } AB - \sum 2\pi y \, \Delta s$$

ou bien

[1]   surf. $AB = 2\pi \sum y \, \Delta s.$

Or, nous avons vu, en cherchant les coordonnées X et Y du centre de gravité d'une ligne de longueur *l*, que l'on avait

$$lY = \sum y \, \Delta s$$

En substituant dans l'équation [1], il vient

$$\text{surf. } AB = 2\pi Y \times l$$

Demonstration du second theoreme — Soit l'aire plane AA'BB' (fig. 103). Considérons un élément MNM'N', nous pouvons le confondre avec l'élément MN₁N'M', qui est un petit rectangle. Ce rectangle, en tournant, engendre une sorte d'anneau, dont le volume est la différence des volumes des deux cylindres, c'est-a-dire

$$\pi \, (y'^2 - y^2) \, \Delta x,$$

Δx étant la longueur infiniment petite mn. Le volume engendré par la surface sera la somme de tous les éléments analogues à celui-là; ce sera donc

$$V = \Sigma\, \pi\, (y'^2 - y^2)\, \Delta x \quad \pi \Sigma\, (y'^2 \quad y^2)\, \Delta x.$$

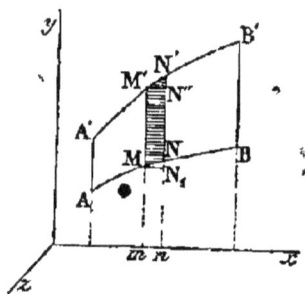

Mais nous avons vu que l'on avait, en cherchant le centre de gravité d'une aire plane,

[2] $\qquad SY - \dfrac{1}{2} \Sigma\, (y'^2 - y^2)\, \Delta x,$

Y désignant l'ordonnée de ce centre et S l'aire de la surface en question, d'où

$$V \quad S \times 2 - Y.$$

Fig. 103

80 Applications des théorèmes de Guldin. — 1° *Trouver le volume d'un tore de révolution.* — Un tore de révolution est le solide engendré par la révolution d'un cercle C, de rayon r (fig. 104), autour d'un axe Ox situé dans son plan et ne le rencontrant pas.

Appliquons le deuxième théorème de Guldin et posons CD $\quad$ R. Le centre de gravité du cercle est en C, sa surface est égale à πr^2, on a donc

$$V \quad -r^2 \times 2\pi R \quad 2-\pi r^2 R$$

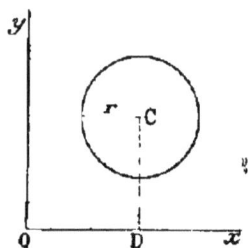

REMARQUE. — La *surface* du tore serait le premier théorème de Guldin (1)

$$S \quad 4-\pi R r.$$

Fig. 104.

2° *Trouver le centre de gravité de l'aire d'une demi-ellipse.* — Le point cherché est évidemment sur le diamètre BK de la demi-ellipse ABC : soit y sa distance à l'autre diamètre AC que nous prendrons pour axe des x. Faisons tourner la figure autour de l'axe Ox (fig. 105) : le deuxième théorème de Guldin donne

$$V = 2\pi y \times S.$$

Or le volume V est celui d'un ellipsoïde de révolution; il a pour expression

$$V = \frac{4}{3}\, \pi a b^2,$$

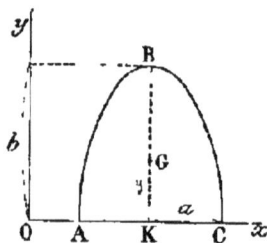

Fig. 105.

a et b étant les demi-axes de l'ellipse. D'autre part, la surface de la demi-ellipse est

$$S = \frac{1}{2}\, \pi a b$$

En substituant les valeurs de V et de S, il vient

$$\frac{4}{5}\pi ab^2 = 2\pi y \times \frac{1}{2}\pi ab, \qquad \text{d'où} \qquad y \quad \frac{4b}{5\pi}.$$

CHAPITRE VIII

MACHINES AU POINT DE VUE STATIQUE

PLAN INCLINÉ. — LEVIERS. — BALANCE.

81. Généralités et définitions. — On appelle *machines* des appareils qui servent d'intermédiaire soit pour faire équilibre à certaines forces, dites *résistances* ou *forces resistantes*, soit pour déplacer les points d'application de ces forces, au moyen d'autres forces appelées *puissances* ou *forces mouvantes*, qui ne sont ni égales ni directement opposées aux premières.

La transmission des effets des forces dans les machines se fait par leurs *organes*, pièces solides reliées entre elles et qui réagissent les unes sur les autres. Une *machine simple* est constituée par un seul organe, assujetti à certaines liaisons : tels sont le levier, le treuil. Une *machine composée* est constituée par plusieurs organes qui sont eux-mêmes des machines simples : le type en est la machine à vapeur.

Nous allons étudier d'abord les machines *au point de vue statique*, c'est-à-dire déterminer les conditions qui doivent exister entre les forces mouvantes et les forces résistantes, pour qu'elles se fassent équilibre sur les pièces de la machine.

82. Plan incliné. — Le plan incliné est une *machine simple* qu'on utilise pour elever des fardeaux.

Il se compose théoriquement d'un plan *rigide* et *parfaitement poli*, incliné sur l'horizon; sur ce plan on pose le corps à élever, dont le poids est la *résistance*. La force antagoniste qui doit l'élever le long du plan est la *puissance*.

Nous examinerons deux cas : 1° la puissance agit parallèlement à la ligne de plus grande pente du plan incliné; 2° la puissance a une direction oblique par rapport à ce plan.

1er *Cas.* — Le poids P du corps est une force verticale que nous pouvons décomposer en deux autres, l'une GB, normale au plan, l'autre BST parallèle à ce plan (fig. 29, p. 19). La composante normale est équilibrée par la résistance du plan, car elle ne peut qu'appliquer le corps contre ce plan, si elle passe par la base de sustentation. La seule force qui tende à faire descendre le corps est la composante parallèle : or on a, dans le triangle rectangle GHD,

$$GD \quad GH \sin DHG = P \sin \alpha,$$

en appelant α l'angle DHG qui est égal à l'angle A du plan avec l'horizon.

Par conséquent, en appliquant dans le sens convenable et parallèlement au plan, une puissance égale à $P \sin \alpha$, *inférieure à la résistance* P, on pourra empêcher le corps de tomber; et si l'on applique une force un peu supérieure à $P \sin \alpha$, on fera monter le corps le long du plan incliné.

2e *Cas.* — Soit M le corps placé sur le plan (fig. 106), P son poids et F une force quelconque appliquée au corps pour le maintenir en équilibre.

Pour qu'il y ait équilibre, il faut que les deux forces P et F admettent une résultante normale au plan AB et pressant M contre ce plan. Cette condition exige tout d'abord que la force F soit dans la section principale ABC du plan incliné, puisque la composante P est

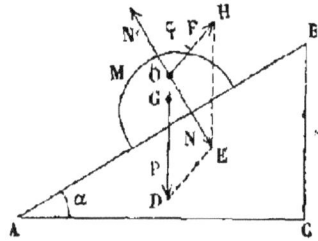

Fig. 106.

dans ce plan et que la résultante de P et de F doit également s'y trouver.

Les forces P et F agissant dans un même plan, leurs directions se rencontrent en un point O auquel on peut transporter les forces. Par le point O menons la normale NN' a AB et par le point D une parallèle DE à F; DE (ou OH) représente la force qu'il faut appliquer dans la direction F pour maintenir le corps en équilibre : en effet la résultante de P et de OH est bien dirigée suivant la normale N au plan AB et presse le corps M sur le plan.

Calcul de la force F *et de la pression* N *du corps sur le plan incliné.* — Soit φ l'angle que fait la direction de la force avec la normale au plan menée vers la partie supérieure; nous avons, dans le triangle OHE,

$$\frac{OH}{HE} \quad ou \quad \frac{F}{P} \quad \frac{\sin \alpha}{\sin \varphi}$$

et

$$\frac{OE}{HE} \quad \text{ou} \quad \frac{N}{P} = \frac{\sin (\varphi - \alpha)}{\sin \varphi};$$

d'où l'on tire

[1]
$$F = P \frac{\sin \alpha}{\sin \varphi},$$

[2]
$$N = P \frac{\sin (\varphi - \alpha)}{\sin \varphi}.$$

REMARQUES. — 1° Pour $\varphi = \alpha$, on a N $= 0$ et $F = P$.

2° Pour $\varphi = 90°$, on a $F = P \sin \alpha$ avec $N = P \cos \alpha$.

Nous retombons ainsi dans le premier cas, qui est celui dont

Fig 107.

on se rapproche le plus dans la pratique, car c'est le cas de l'effort minimum à développer pour maintenir l'équilibre.

5° Le *plan incliné* est d'un usage fréquent dans la pratique. Nous citerons comme exemples, 1° les échelles inclinées sur lesquelles les facteurs des gares font glisser les colis pour charger et décharger les omnibus; 2° les petits chemins de fer sur plans inclinés qu'on emploie dans l'exploitation des carrières ou dans les constructions pour faire descendre ou monter les wagonnets contenant les matériaux, etc.

85. **Haquet.** — Le *haquet* est une application directe du plan incliné : c'est une voiture destinée à transporter les tonneaux, et qui constitue en même temps l'appareil destiné à les charger et à les décharger commodément.

Il se compose de deux poutres parallèles (fig. 107), réunies par des traverses rigides qui les maintiennent à distance constante, et reposant, en leur milieu, sur un système de deux roues porteuses ; les poutres sont réunies au brancard d'attelage par un joint articulé qui se voit à droite, sur la figure ; et le brancard porte une autre machine appelée *treuil*.

Quand on veut charger un tonneau, on défait le joint, le corps du haquet s'incline alors et devient un plan incliné sur lequel il suffit d'exercer un effort égal a P sin α pour enlever un tonneau pesant P kilogrammes. De plus, pour exercer cet effort qui serait encore trop grand pour la force musculaire d'un homme, on s'aide du *treuil* placé a l'avant. Ce treuil procure un autre avantage, c'est que la force, représentée par la tension de la corde, agit dans une direction sensiblement parallèle au plan incliné, c'est-à-dire dans les conditions où elle est minima.

84. Levier : définitions. — Un *levier* est une barre rigide, de bois ou de métal, qui est mobile autour d'un point fixe, appelé *point d'appui*, et qu'on peut soumettre à l'action de deux forces tendant à la faire tourner en sens contraires, la *puissance* et la *résistance*.

D'après la position relative des points d'application des forces par rapport au point d'appui, on distingue trois genres de leviers.

1° *Levier du premier genre.* — Un levier est dit du *premier*

Fig 108

genre quand le point d'appui est situé entre la puissance et la résistance. Par exemple, dans le dispositif de la figure 108, l'effort exercé en B par la main de l'ouvrier est la puissance, le poids P du bloc est la résistance, et C le point d'appui.

2° *Levier du second genre.* — Un levier est du *second genre* lorsque la résistance se trouve appliquée en B, entre la puissance P et le point d'appui O, comme dans la brimbale[1] d'une pompe à main (fig. 109).

_____

[1] brimbale ou bringuebale

3° *Levier du troisième genre.* — Enfin, un levier est du *troisième genre* lorsque la puissance est appliquée en A, entre la résistance Q et le point d'appui O, comme dans la pédale du rémouleur (fig. 110).

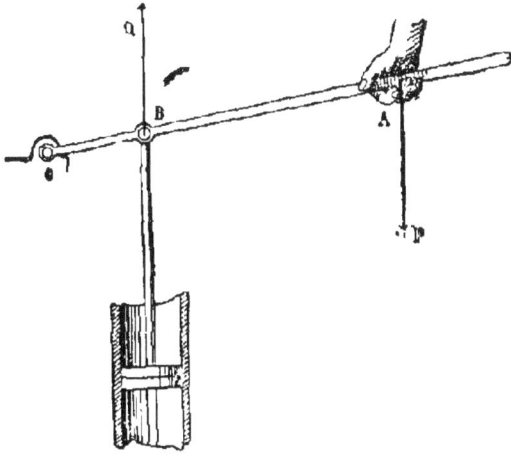

Fig. 109

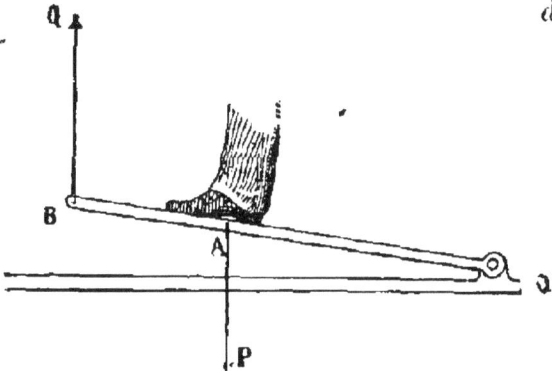

Fig. 110.

REMARQUES. — 1° Les distances, telles que O*a* et O*b* (fig. 111), du point d'appui O à la puissance P et à la résistance Q, comptées *perpendiculairement* a ces forces, se nomment leurs *bras de levier.*

2° En réalité le levier tourne autour d'un *axe fixe* et non pas autour d'un *point fixe*; mais comme les forces agissent dans un plan perpendiculaire a cet axe, on n'a besoin que d'étudier ce qui se passe dans une section de la machine par ce plan, et cela ramène au cas d'un point fixe

85. Condition d'équilibre du levier. — 1° *Énoncé général.* — Le levier étant un corps solide *gêné*, assujetti à tourner autour d'un point fixe, la condition d'équilibre relative a ce cas s'y applique exactement. Pour que les forces P et Q se

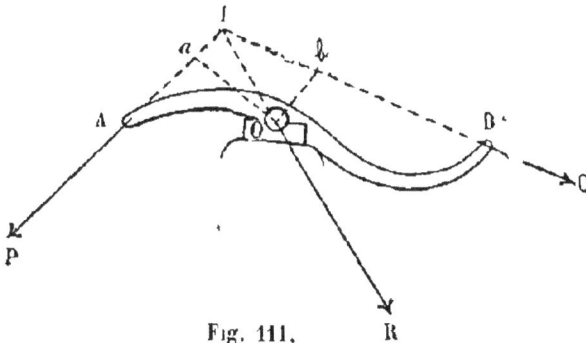

Fig. 111.

fassent équilibre sur le levier, il faut d'abord *que ces forces soient concourantes et que leur plan passe par le point fixe*; il faut en outre et il suffit *que leur résultante* R *passe par le point fixe.*

2° *Expression algébrique.* — Si l'on applique le théorème des moments pris par rapport au point fixe (fig. 111), on a

[1]$$P.Oa = Q.Ob,$$

car le moment de la résultante est évidemment nul; l'on en déduit

[2]$$\frac{P}{Q} = \frac{Ob}{Oa}.$$

3° *Autre énoncé de la condition d'équilibre.* — Cette égalité exprime la condition d'équilibre sous une autre forme plus usitée :

Pour que le levier soit en équilibre, la puissance et la résistance doivent être en raison inverse de leurs bras de levier.

4° *Charge du point d'appui.* — Lorsque l'équilibre est établi, le point d'appui supporte un effort, qui est précisément égal à la résultante R : c'est ce qu'on appelle la *charge du point d'appui.* On la calcule par la formule connue

$$R^2 = P^2 + Q^2 + 2PQ \cos (P, Q).$$

86. Effets des leviers. — Il résulte évidemment de cette condition d'équilibre que l'effet utile d'une force appliquée à un levier croît proportionnellement à la longueur du bras de levier sur lequel elle agit.

Par suite, dans le levier du troisième genre, la puissance doit être toujours plus grande que la résistance, car le bras de levier BO de cette dernière (fig. 110) est plus grand que le bras de levier AO de la puissance. Dans le levier du second genre, au contraire, la puissance est toujours plus petite que la résistance, car le bras de levier OA de la première est toujours plus grand que celui de la résistance (fig. 109). On exprime quelquefois vulgairement les propriétés de ces deux leviers en disant que le levier du second genre *fait gagner en force*, et que celui du troisième genre *fait perdre en force*. Quant au levier du premier genre, il permet de réaliser tous les cas, puisque le bras de levier BC de la puissance (fig. 108) peut être supérieur, inférieur ou égal à AC.

87 Diverses applications des leviers. — Les différents genres de leviers sont appliqués dans une foule d'outils et d'appareils usuels. La balance ordinaire est un levier du premier genre Les ciseaux sont encore des leviers du premier genre : chaque branche de ciseaux est un levier dont le point d'appui est l'articulation (fig 112)

Fig 112

Parmi les leviers du second genre, on peut citer les brinquebales des pompes (fig 109), les avirons des bateaux Dans ce dernier cas, la palme de l'aviron prend son point d'appui contre l'eau, l'effort du rameur est la puissance, et le bateau qu'il fait avancer constitue la résistance Le grand couteau à pain ou à légumes est aussi un levier du second genre Il en est encore de même du casse noisette (fig 113)

Fig 113

Des trois genres de leviers, c'est le troisième genre qu'on rencontre le plus rarement. En voici toutefois quelques exemples

La pedale de l'outil du remouleur est un levier du troisième genre Elle consiste en une planchette de bois AC (fig 114), formant levier, dont le point d'appui est en C, sur un bouton fixe au bâti, la puissance, qui est exercée par le pied du remouleur, est appliquée en B; la résistance est la masse de la meule à mettre en mouvement elle est appliquée en A, à l'extrémité de la pedale, par l'intermédiaire d'une tige qui s'articule à une manivelle fixée au centre de la meule.

Dans les pincettes de foyer, chaque branche est un levier du troisième genre La partie courbe de la pincette est le point d'appui, la main qui la serre est la puissance, et la résistance est le tison maintenu entre les deux branches.

On observe aussi des leviers du troisième genre dans le système locomoteur des animaux, dont presque tous les mouvements s'effectuent par ce mécanisme.

Fig. 114

88. Balances — I. *Définitions.* — On nomme *balances* des instruments qui peuvent servir à comparer entre eux les poids des corps.

On construit deux sortes de balances : les balances ordinaires,
et des balances dites *de précision*.

II. *Description d'une balance ordinaire.* — La balance ordinaire
(fig. 115) consiste en un levier du premier genre *mn*, nommé
fléau, aux deux extrémités duquel sont suspendus des *plateaux*
P, Q, destinés habituellement à recevoir, l'un les objets à peser,
l'autre des *poids marqués*. Le fléau est traversé en son milieu

Fig. 115.

par un prisme d'acier, qu'on nomme *couteau*, dont l'arête vive
constitue l'*axe de suspension* du fléau; elle repose à ses deux
bouts sur deux pièces polies d'agate ou d'acier, qui constituent
la *chape*, — dispositif qui diminue le frottement de l'axe. Aux
extrémités du fléau sont adaptés deux prismes plus petits, dont
les arêtes vives sont tournées en haut et sont parallèles à celles
du couteau central. C'est sur ces arêtes que reposent, à l'aide
de crochets, les plateaux P et Q. Il est indispensable que les trois

arêtes vives *o*, *m* et *n* soient rigoureusement parallèles entre elles et qu'elles soient dans un même plan.

Enfin, a la partie supérieure du fléau, et perpendiculairement à sa direction, est fixée une longue aiguille qui oscille devant un arc gradué *a*, fixe et porté par une colonne de laiton sur laquelle reposent la chape et le fléau.

Dans les balances les plus ordinaires, l'aiguille étant dirigée de bas en haut, a par suite un développement limité et décrit un arc de moyenne grandeur. Dans les balances actuelles, on tourne la pointe en bas, ce qui donne à l'aiguille une plus grande longueur et un plus long parcours, et à la balance une sensibilité supérieure, car on peut observer ainsi de plus petits déplacements du fléau.

On dit *pratiquement* que la balance *est en équilibre*, lorsque l'aiguille s'arrête au zéro de l'arc gradué, ou lorsqu'elle oscille entre deux traits équidistants du zéro. Si la balance est bien construite et bien installée, la ligne des couteaux *m o n* (dans le plan de symétrie du fléau) est alors une *droite horizontale*.

La colonne est portée par un pied a trois vis calantes, à l'aide desquelles on lui donne la position verticale.

III *Boîtes de poids marques.* — A chaque instrument est jointe une série de poids gradués ou *poids marques*

Les poids usuels forment trois series : les *gros poids*, qui vont du kilogramme a 50 kilogrammes, les *poids moyens*, du gramme au kilogramme, et les *petits poids*, du milligramme et de ses subdivisions au gramme Les premiers servent aux usages industriels et commerciaux, pour les gros instruments de pesage, appelés *balances de magasin*, *balances de comptoir* et *balances-bascules* Les autres series servent pour les balances de laboratoire, et sont contenues dans les *boîtes de poids marques*

Fig 116

Remarque — Tous les poids marqués sont censés *echantillonnes dans le vide* d'après le *kilogramme-etalon* du Bureau international (fig 116); ils n'ont réellement leur valeur marquée qu'a la condition d'être employés dans le vide Or, comme on fait toutes les pesées dans l'air, il en résulte une diminution dans la valeur de chaque poids marqué, a cause d'une poussée verticale que l'atmosphere exerce sur tous les corps qui y sont plongés On ne fait la correction que dans les pesées de précision.

89. Conditions de justesse de la balance. — Une balance ne peut servir a peser les corps, par la méthode ordinaire, qu'autant qu'elle est à la fois *juste* et *sensible*.

Une balance est dite *juste*, lorsque son fléau se maintient en équilibre, les plateaux étant vides ou chargés de poids égaux.

Il y a deux conditions de justesse, nécessaires et suffisantes :

1° *Le centre de gravité de la partie mobile (fléau, plateaux et accessoires) doit être sur la verticale du point de suspension quand le fléau est en équilibre;*

2° *Les deux bras du fléau doivent être rigoureusement égaux.*

Démonstration. — Si l'on conçoit un plan vertical qui passe par l'axe de symétrie du fléau, ce plan coupe les arêtes des trois couteaux aux points o, m, n (fig. 117). Le point o est appelé *point de suspension*; les points m et n, *points d'attache.* C'est en ces points que doivent passer les résultantes du poids de la partie mobile et des poids placés dans les plateaux. Les *bras du fléau* sont les distances om et on.

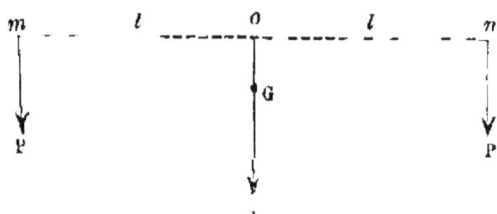

Fig 117.

Supposons les conditions de justesse remplies. On voit d'abord que si les plateaux sont vides, le fléau n'est sollicité que par une seule force, le poids ϖ de la partie mobile. Ce poids est appliqué au centre de gravité G, et il n'a d'autre effet que d'appuyer le fléau sur son support : il est donc équilibré par la résistance du support, et le fléau se maintient nécessairement en équilibre.

Si les plateaux sont chargés de poids égaux P, le fléau est soumis à trois forces parallèles. La force ϖ passe toujours par le point O. Les deux forces P ont une résultante parallèle, égale à leur somme et appliquée aussi au point O, puisque ce point divise en deux parties égales la distance mn de leurs points d'application. Toutes ces forces sont donc équilibrées par la résistance du support, et le fléau se maintient en équilibre.

REMARQUES — 1° *Utilité des couteaux* — Il ne suffit pas que les bras du fléau soient égaux pendant qu'il est en équilibre, il faut aussi qu'ils restent égaux pendant ses oscillations. C'est pour satisfaire à cette condition qu'on fait repo ser les plateaux sur deux prismes, dont les arêtes vives constituent, dans toutes les inclinaisons du fléau, les points d'attache des plateaux

2° *Condition de commodité* — A ces conditions on ajoute ordinairement la suivante

Le centre de gravité de la partie mobile doit être au dessous de l'arête du couteau

Ce n'est pas, à proprement parler, une *condition de justesse*, c'est plutôt une *condition de commodité* Si elle n'était pas remplie, la balance n'en serait pas moins juste, mais elle ne serait pas d'un usage commode En effet, si le centre de gravité était au-dessus de l'arête de suspension, le fléau ne pourrait prendre qu'un état d'équilibre instable, très difficile à établir et très facile à rompre La moindre trépidation suffirait pour faire trébucher le fléau, même dans le cas où les plateaux seraient chargés de poids égaux : on dirait alors que la balance est *folle* Si le centre de gravité coïncidait avec l'arête du couteau, l'effet de la pesanteur sur le fléau se trouvant détruit dans toutes les positions qu'on lui donne, il ne pourrait pas osciller, et ne ferait que prendre brusquement l'inclinaison maximum du côté où l'on mettrait le moindre excès de poids.

Si, au contraire, la condition précédente est remplie, il en résulte deux avantages 1° quand les plateaux sont vides ou chargés de poids égaux, le fléau se maintient dans un état d'équilibre stable : on est toujours sûr de l'y amener au bout d'un temps plus ou moins long, qui dépend de la sensibilité ; 2° quand les poids sont inégaux, le fléau penche vers le plus grand poids et il prend une nouvelle position d'équilibre, dont l'inclinaison est à peu près proportionnelle à la différence des poids

90. Sensibilité de la balance. — I. *Définition.* — On dit qu'une balance est *sensible,* lorsqu'elle accuse, par une inclinaison du fléau notable, une faible différence entre les poids qu'on veut comparer.

On juge de la sensibilité d'une balance par l'angle dont le fléau s'incline, ou plutôt par le déplacement de l'aiguille sur l'arc gradué pour une surcharge déterminée. Ainsi l'on dira qu'une balance est *sensible au milligramme,* si l'aiguille se déplace *visiblement* lorsque, après avoir réalisé l'équilibre, on vient à ajouter 1 milligramme dans l'un des plateaux[1].

II. *Facteurs de la sensibilité.* — Une balance est d'autant plus sensible, pour un même excès de poids mis dans l'un des plateaux,

1° *Que les bras du fléau sont plus longs.*

En effet, on a vu précédemment que la force qui fait incliner le fléau est l'excès de poids (P — Q) (fig. 118), appliqué au bras du levier *od* ; mais celui-ci, qui est la projection de *om'* sur *om*, est d'autant plus grand, que le bras du fléau est plus long . donc l'effet de (P — Q) croît avec la longueur du fléau.

2° *Que le poids de la partie mobile est moindre.*

---

1 On peut distinguer la *sensibilité absolue* de la *sensibilité pratique.* La première caractérise l'instrument employé, la seconde dépend un peu de l'habileté de l'observateur et beaucoup des procédés qu'il emploie pour apprécier les déplacements de l'aiguille

Soit α l'angle dont s'incline le fléau pour une surcharge p, soit r la longueur de l'aiguille, il est évident que la *sensibilité absolue* est mesurée par

$$\frac{r\alpha}{p}.$$

On pourrait prendre pour sensibilité type des balances, celle, par exemple, d'une balance dont l'aiguille se déplacerait de 1 millimètre pour une surcharge de 1 milligramme.

3° *Que le centre de gravité du fléau est plus rapproché de l'axe de suspension.*

En effet, la force qui s'oppose à l'inclinaison du fléau est précisément le poids ϖ, appliqué au bras de levier oi, et oi est la projection de og' $(-og)$: donc plus les quantités ϖ et og seront petites, plus la résistance à l'inclinaison sera faible.

Pour que la sensibilité reste indépendante de la charge totale, il faut encore réaliser la condition suivante :

4° *Les trois points de suspension des plateaux et du fléau doivent être en ligne droite.*

III. *Expression algébrique de la sensibilité* 1° *Cas d'un fléau droit* — Soit α l'angle *mom'* (fig 118), qui représente l'inclinaison du fléau pour une surcharge p

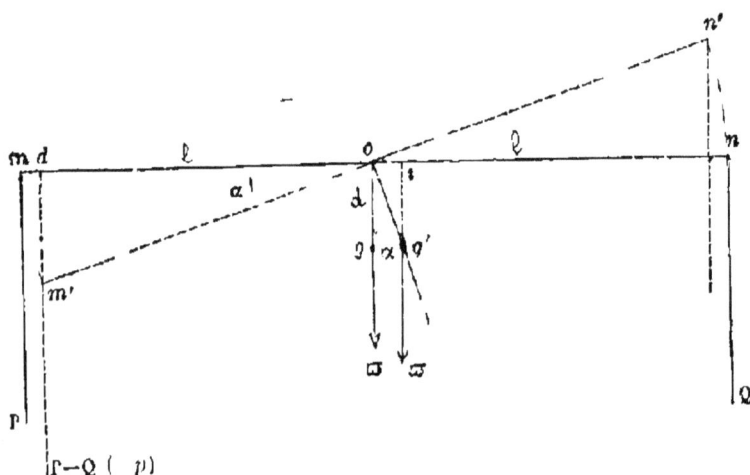

Fig 118.

La condition d'équilibre est exprimée par l'équation

[1] $$p.od - \varpi.oi$$

Or le triangle rectangle *dom'* donne $od = om' \cos \alpha$, et le triangle *oig'* donne $oi - d \sin \alpha$ En substituant, on obtient

[2] $$pl \cos \alpha - \varpi d \sin \alpha, \quad \text{d'ou} \quad \tan \alpha - \frac{pl}{\varpi d}. \qquad [2\ bis]$$

L'angle α est généralement assez petit pour qu'on puisse le substituer a sa tangente trigonométrique la formule [2 *bis*] montre donc comment la sensibilité depend des trois facteurs enumeres ci-dessus

La sensibilité est d'ailleurs indépendante de la charge totale, puisque celle-ci, $(2 Q + p)$, n'entre pas dans la formule.

2° *Cas d'un fléau coudé.* — Supposons maintenant que les trois points m, O, n

ne soient pas en ligne droite et que l'angle β soit aigu (fig 119) La condition d'équilibre est la même que précedemment

Ici, les bras de levier ne sont jamais les bras mêmes du fleau ce sont leurs

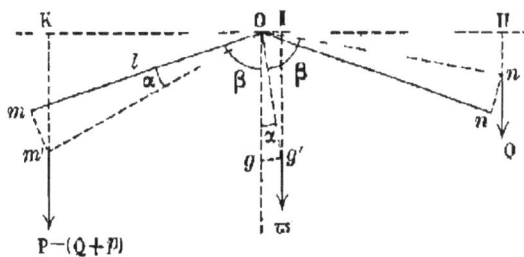

Fig 119

projections OI, OH et OK sur l'horizontale du point d'appui L'équation d'équilibre est donc

$$(Q + p) OK — Q OH + \varpi OI$$

En remplaçant OK, OH et OI par leurs valeurs en fonction des éléments de construction de la balance, on a

$$(Q + p) l \sin (\beta — \alpha) = Q l \sin (\beta + \alpha) + \varpi d \sin \alpha.$$

On en tire

$$\tan \alpha — \frac{pl \sin \beta}{(2Q + p) l \cos \beta + \varpi d}.$$

La présence du terme $(2 Q + p)$ dans cette équation prouve que, lorsque le fleau n'est pas droit, la *sensibilité* n'est pas indépendante de la *charge totale* $(2 Q + p)$

On voit de plus que, dans le cas où nous nous sommes placés, c'est-à-dire lorsque β est aigu, la *sensibilité diminue* quand la *charge totale augmente*, parce que le coefficient cos β est > 0

Au contraire, si β *était obtus*, comme le terme $(2 Q + p) l \cos \beta$ serait alors < 0, la *sensibilité augmenterait* en même temps que la charge totale

IV. Remarques. — Pour que les conditions précédentes aient une efficacité réelle et durable, il faut en outre, réaliser dans la construction de la balance les deux conditions mécaniques suivantes :

1° *Dans la limite de charge de la balance, le fleau doit rester inflexible*; car, s'il fléchit, non seulement son centre de gravité peut s'abaisser, mais encore les points d'attache des plateaux.

2° *Le frottement aux points d'appui du couteau et aux points d'attache des plateaux doit être le plus petit possible.* C'est pour obtenir ce résultat que, dans les balances de précision, on fait usage de chapes bien polies d'acier ou mieux d'agate.

91. **Différentes méthodes de pesée.** — On peut effectuer la pesée d'un corps par trois méthodes :

La *simple pesée*, employée pour les mesures courantes; la *double pesée* et la méthode *de transposition*, employées pour les mesures de précision.

1° *Simple pesée.* — Elle consiste à mettre le corps dans l'un des plateaux et des poids marqués dans l'autre, jusqu'à ce que l'aiguille revienne au zéro. Soit X le poids cherché et P la somme des poids marqués, on a l'équation d'équilibre

$$X l \quad P l, \qquad \text{d'où} \qquad X = P.$$

Cette méthode suppose essentiellement que la balance est *juste* : aussi, dans les mesures précises, emploie-t-on de préférence l'une des deux méthodes suivantes, qui ne supposent pas cette condition remplie.

2° *Méthode de ·la double pesée* ou *méthode de Borda.* — Elle consiste à établir deux équilibres successifs. On place dans l'un des plateaux le corps dont on veut connaître le poids, et on lui fait équilibre, dans l'autre, avec de la grenaille de plomb ou du sable : c'est ce qui s'appelle *faire la tare.* Puis on enlève du premier plateau le corps à peser, et on le remplace par des poids marqués jusqu'à ce que l'équilibre s'établisse de nouveau. La somme de ces poids représente exactement le poids du corps; car, dans ces deux opérations, le corps et les grammes agissent tour à tour sur le même bras de levier pour faire équilibre à la même résistance.

On s'en rend compte autrement en écrivant les équations qui expriment ces deux équilibres successifs. Soient l et l' les deux bras du fléau, T le poids de la tare, P la somme des poids marqués et X le poids du corps. On a successivement

$$[1] \quad X l = T l', \qquad [2] \quad P l = T l'.$$

En divisant membre à membre, il vient X   P.

3° *Méthode de transposition* ou *méthode de Gauss.* — On pèse deux fois le corps par *simple pesée,* en le plaçant successivement dans chacun des plateaux.

Écrivons les deux équations qui expriment l'équilibre dans les deux cas; soient X le poids cherché, P le poids marqué mis dans l'autre plateau, l et l' les longueurs des bras de levier qui leur correspondent respectivement. La première équation d'équilibre est

$$[1] \qquad\qquad l X = l' P.$$

De même si l'on représente par P′ le nombre des grammes qui font équilibre au corps, changé de plateau, on a

[2] $$l' \lambda = l P'.$$

Multipliant membre à membre les égalités [1] et [2], et supprimant le facteur commun ll', on a

$$\lambda^2 = PP', \qquad \text{d'où} \qquad \lambda = \sqrt{PP'}.$$

Donc le poids cherché *est la moyenne proportionnelle* entre les poids P et P′.

REMARQUES. — 1° En divisant les deux équations membre à membre, on aurait

[3] $$\frac{l}{l'} = \sqrt{\frac{P}{P'}}.$$

Cette égalité donne le rapport des longueurs des bras en fonction des deux poids, ce qui permettrait de mesurer ce rapport.

2° Si $P = P'$, on a $l = l'$: de là un procédé pour vérifier l'une des conditions de justesse de la balance, en supposant que l'autre soit remplie.

3° Si l'on veut se mettre à l'abri de l'erreur provenant de la flexion du fléau, il faut faire la pesée à *charge constante*, et, par suite, à *sensibilité constante*. Pour cela, on place dans l'un des plateaux des poids marqués en quantité suffisante pour dépasser le poids le plus lourd a évaluer, et l'on tare dans l'autre plateau. Pour faire les pesées successives, on placera les corps dans le premier plateau en supprimant chaque fois assez de poids marqués pour rétablir l'équilibre.

4° Il peut arriver que dans une série de pesées on n'ait besoin d'évaluer que les rapports des poids, on peut alors se dispenser d'employer la *double pesée*, même avec une balance fausse. Il suffit d'employer la *simple pesée*, à la condition de mettre les corps à peser toujours dans le même plateau.

92. Balance romaine ou Romaine. — La plus simple, et en même temps la plus ancienne, des balances usitées dans le commerce est la *balance romaine*.

Cet instrument est une application directe de la condition d'équilibre du levier, à savoir que *les deux poids qui se font équilibre aux extrémités d'un levier sont inversement proportionnels aux longueurs des bras de levier*.

Description. — Il se compose d'un levier en fer AB *du premier genre*

(fig. 120), à bras inégaux, et dont le point fixe est en O. Vers
l'extrémité A du petit bras de levier se trouve un crochet ou un
plateau destiné au corps à peser ; l'autre bras est muni à son
arête supérieure de divisions équidistantes, sur lesquelles on
peut faire glisser un anneau M qui porte un poids constant P.
C'est ce poids qu'on déplace par rapport au point fixe, jusqu'à
ce qu'il fasse équilibre au poids inconnu placé dans le plateau.
On reconnaît que cet équilibre est réalisé, lorsque le fléau conserve, après quelques oscillations, une direction horizontale. La
division sur laquelle est placé l'anneau M donne alors, en kilo-

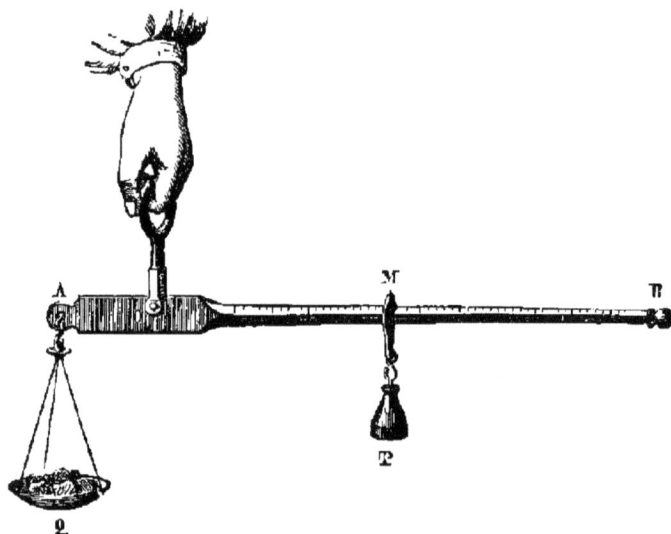

Fig. 120.

grammes ou en fractions de kilogramme, la valeur du poids
cherché.

Graduation. — Le levier est équilibré de telle manière qu'en
l'absence du poids curseur, et le plateau étant vide, le fléau soit
horizontal : le zéro de la graduation est donc au point de suspension. Les différentes divisions de l'échelle sont obtenues en plaçant successivement dans le plateau des poids de 1, 2, 3 kilogrammes, et en notant les points où il faut amener successivement le poids curseur pour réaliser l'équilibre. On marque 1, 2,
3 kilogrammes en ces points, et l'on divise les intervalles successifs (0 — 1), (1   2), etc., en dix parties égales, qui donnent
les dixièmes de kilogramme.

Sensibilité. — Cette balance est peu sensible. L'usage n'en est légalement autorisé qu'autant qu'elle trébuche pour un excès de poids égal à la 500ᵉ partie de la charge maximum.

93. Pèse lettres. — Une forme de balance aussi simple, mais aussi peu sensible que la romaine, c'est le *peson* (fig. 121), utilisé surtout comme *pèse lettres*. Il se compose d'un levier du premier genre AB, partagé par son point fixe O en deux bras très inégaux, OA et OB. A l'extrémité A du premier est suspendu le pla teau, à l'autre un contre-poids B, destiné à équilibrer les poids placés en A. Une aiguille OD, fixe en O a angle droit au fléau, parcourt de sa pointe un cadran gradué.

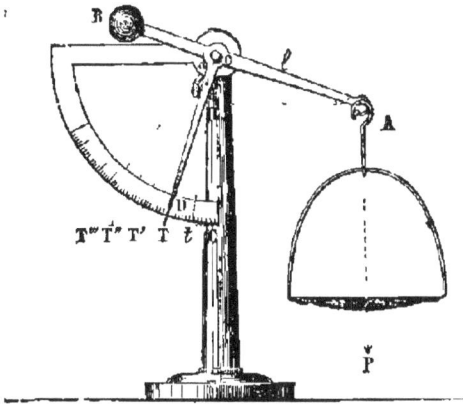

Fig 121

La graduation pourrait se faire théoriquement en appliquant la formule tang $\alpha = \dfrac{pl}{\pi d}$; [1] on la fait, de préférence, empiriquement. Pour cela, on place dans le plateau successivement la série des poids pour lesquels le peson doit servir, par exemple celle des poids tolérés par l'administration des postes, et, aux points où s'arrête l'aiguille, on marque les indications correspondantes.

La figure 122 représente un pèse lettres à levier coudé. C'est une des formes variées qu'on donne à cet appareil.

94. Balance de Roberval. — La balance de Roberval (fig. 125) se compose d'un parallélogramme ABA′B′, formé par quatre barres rigides articulées en A, A′, B et B′. Les leviers AB et A′B′ sont mobiles autour de

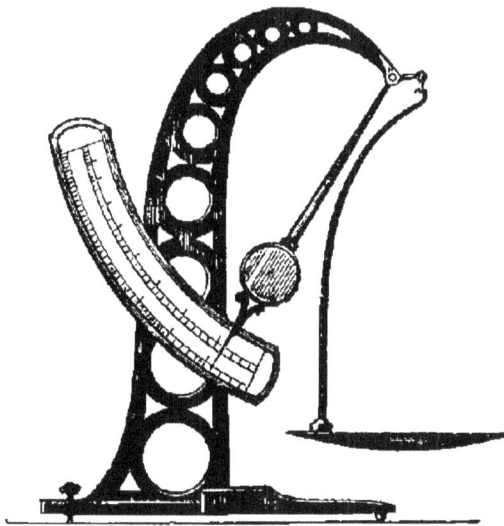

Fig 122

1) p représentant l poids du levier

deux axes fixes O et O′ horizontaux et placés en leur milieu. Ce mode de liaison oblige les tiges AA′ et BB′ à rester parallèles à OO′,

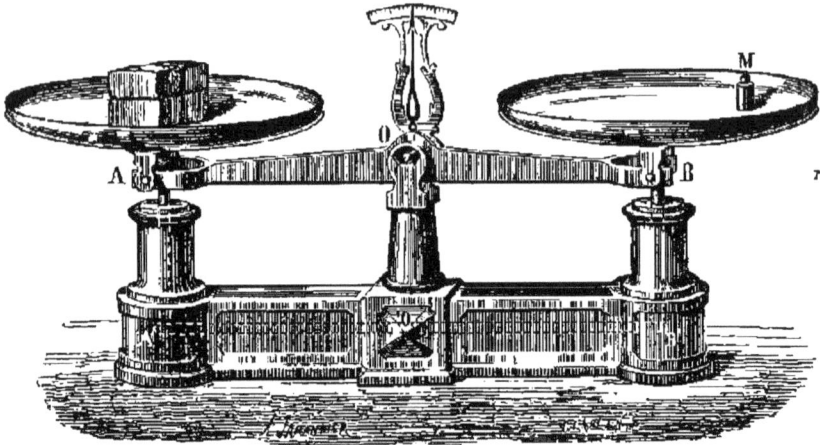

Fig 125

c'est-à dire verticales. Les plateaux étant soutenus par leur face inférieure, on peut y déposer commodement des corps de forme quelconque.

THÉORIE. — *En quelque région d'un plateau que l'on place un corps, son effet sur le système est le même que si son poids était appliqué aux articulations (A ou B).*

En effet, soit un corps de poids P, appliqué en GD (fig. 124) : décomposons-le en deux forces GK et GE, dirigées suivant AG et A′G, puis chacune de ces composantes en deux autres forces dirigées suivant les tiges AB, A′B′ et AA′.

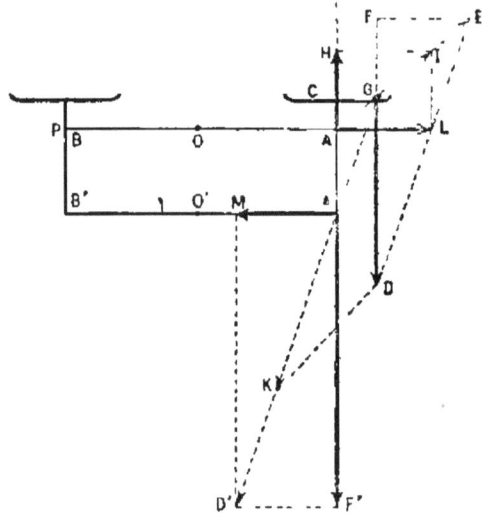

Fig 124

La force GK, transportée en A′ a pour composantes A′M et A′F′, et la force GE, transportée en A, a pour composantes AL et AH. On voit que la résultante utile R est la différence des composantes verticales A′F′ et AH et qu'on peut la supposer appliquée au

point A. Or, comme les triangles DEF, A'D'F' sont égaux ainsi
que les triangles AII, FGE, on a A'F' — DF et AII — GF. Il suit
de là que

$$R = A'F' \quad AII \quad DF \quad GF — P.$$

REMARQUE. — On pourrait plus simplement appliquer en C (fig. 125)

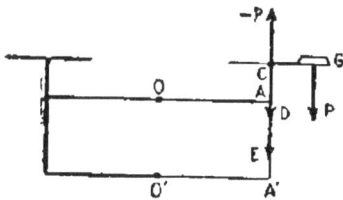

Fig 125.

deux forces égales à P et opposées :
le couple ainsi introduit (P^x — P) est
sans effet sur l'équilibre du système,
d'où il résulte que la force P' peut
être considérée comme appliquée
en C.

**95. Balance-bascule ou balance
de Quintenz.** — 1° *Description.* —
La *balance de Quintenz* est destinée
à peser les lourds fardeaux. Elle se compose d'une plate-forme en

Fig 126.

bois A (fig. 126), appelée *tablier*, qui reçoit les corps à peser, à
laquelle est fixé un montant B et qui repose sur une autre plate-
forme en bois II, munie d'un autre montant E, et servant de bâti.
Grâce à cette double plate-forme, la position du fardeau sur le
tablier est *indifférente au point de vue de l'équilibre final*. Le

montant E porte deux chapes d'acier qui soutiennent le fléau LR, par son couteau O. Les deux bras du fléau sont inégaux; au plus grand est suspendu le plateau des poids marqués D; l'autre bras soutient deux tiges de fer *a* et L, qui servent à la suspension du tablier mobile AB. Pour soulager les couteaux qui portent la plate-forme, et éviter les chocs lorsqu'on la décharge, aussitôt qu'une pesée est faite, on soulève le bras OR, en relevant, au moyen d'une poignée M, une pièce *r* qui est au dessous : les tiges *a* et L s'abaissent alors, et la plate-forme A, au lieu de reposer sur les couteaux qui sont au dessous, s'appuie sur le bâti H. Enfin, on marque l'horizontalité du fléau au moyen de deux repères *m* et *n*, le premier fixé au bâti E, et le second au fléau.

2° *Théorie.* — Cette balance est constituée théoriquement par un système de deux leviers du 2° genre, DE et O'A', combinés à un

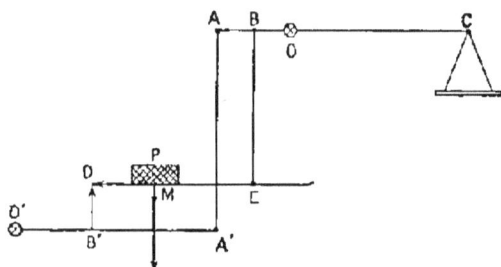

Fig. 127.

*l*evier du 1ᵉʳ genre AOC (fig. 127). Si l'on a donné aux bras de leviers des longueurs telles qu'on ait la proportion

[1]
$$\frac{OA}{OB} = \frac{O'A'}{O'B'}$$

la position du fardeau sur le tablier est *indifférente pour l'équilibre*; c'est-à-dire que le poids P du corps placé en M agit comme s'il était appliqué en B.

En effet, nous pouvons décomposer la force P en deux autres forces parallèles, x et F_1, appliquées en E et en D, d'intensités

$$x = P \times \frac{MD}{DE} \quad \text{et} \quad F_1 = P \times \frac{ME}{DE}.$$

D'autre part la force F_1, transportée de D en B', peut se décomposer en deux autres, l'une passant par le point fixe O', — et qui est sans effet,   et l'autre appliquée en A′, dont l'intensité sera

$$F'_1 = F_1 \times \frac{O'B'}{O'A'} = P \times \frac{ME}{DE} \times \frac{O'B'}{A'B'}.$$

Cette force F'_1, étant elle-même transportée en A, peut se décomposer en deux forces de sens contraire : l'une appliquée en O, dirigée en sens inverse de la verticale et qui est équilibrée par la résistance du point d'appui; l'autre y, appliquée en B, dont l'intensité est

$$y = F'_1 \times \frac{OA}{OB} - P \times \frac{ME}{DE} \times \frac{O'B'}{O'A'} \times \frac{OA}{OB}.$$

On a donc définitivement en B une force résultante R, qui est verticale et égale à la somme des composantes x et y,

$$R = x + y = P \left(\frac{MD}{DE} + \frac{ME}{DE} \times \frac{O'B'}{O'A'} \times \frac{OA}{OB} \right).$$

Or l'appareil est construit de manière que l'on ait

$$[1] \qquad \frac{OA}{OB} = \frac{O'A'}{O'B'}, \quad \text{d'où l'on déduit} \quad \frac{OA}{OB} \times \frac{O'B'}{O'A'} = 1.$$

Il vient alors

$$R = P \frac{MD + ME}{DE} - P.$$

REMARQUES. — 1° La condition [1] exprime en outre que le tablier DE reste horizontal en s'abaissant sous l'effet de la charge M.

2° On réalise dans la construction de la bascule cette autre condition :

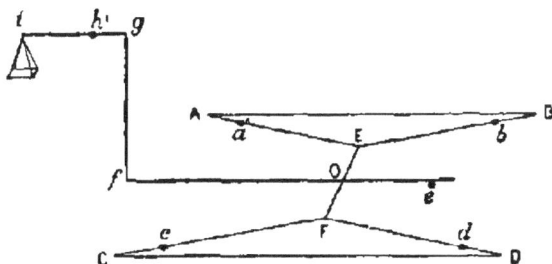

Fig. 128

$$[2] \qquad \frac{OC}{OB} = 10.$$

Il en résulte qu'un poids quelconque, placé en C, équilibre un autre poids 10 fois plus grand, placé en M (ou en B).

96 **Pont à bascule.** — Le pont à bascule sert à peser les voitures et les wagons vides ou chargés. Il se compose d'un tablier horizontal, disposé au niveau

du sol, et pouvant se mouvoir parallèlement à lui même dans le sens vertical Ce tablier (qui n'est pas figuré sur la figure schématique 128) repose, par l'intermédiaire de quatre couteaux *abc l*, sur les leviers AE, BE, CF et DF Ces leviers AE et BE sont mobiles autour de AB, CF et DF autour de CD Les plans AEB, CFD sont légèrement inclinés sur l'horizon, et la tige EF, qui relie les deux groupes de leviers, s'appuie par son milieu O sur le levier Of, mobile lui même autour de l'arête d'un couteau e Le mouvement se transmet par la tringle *fg* au bras *gh* d'un levier *gi*, mobile autour de l'axe *h* et qui porte en *i* le plateau des poids marqués Ordinairement l'appareil est construit de manière à satisfaire aux conditions suivantes :

$$\frac{AE}{Aa} = 10, \qquad \frac{fe}{Oe} = 5, \qquad \frac{hi}{hg} = 2.$$

Dans ce cas un poids *p*, déposé dans le plateau, équilibre un poids égal à 100 *p* placé sur le tablier du pont

La théorie de cet appareil est analogue à celle de la bascule

97 Bascule-romaine Béranger. — Cette bascule est une combinaison du mécanisme de la bascule et du dispositif de la romaine

Le tablier ABCD repose sur quatre couteaux *abcd* (fig schématique 129), for

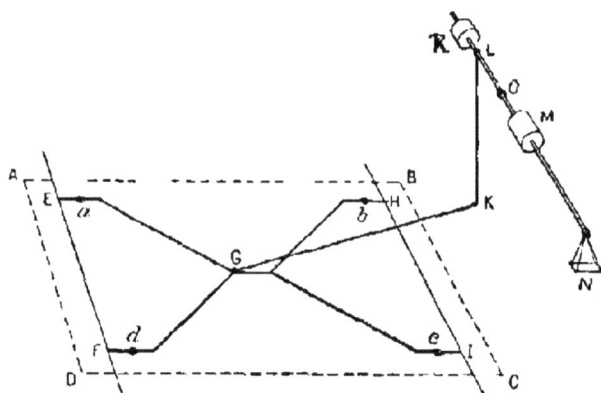

Fig 129

mant les sommets d'un rectangle que portent deux leviers coudés LGF et GHI Ces deux leviers, respectivement mobiles autour des axes LF, HI, ne peuvent osciller qu'ensemble, parce qu'ils sont reliés par une bride G De même la barre horizontale GK rend les leviers solidaires de la tringle verticale KL qui commande en L le fléau LON, mobile autour de l'axe O.

Ce fléau est orienté, non dans le sens de la longueur du tablier, comme dans la bascule Quintenz, mais dans le sens de la largeur, ce qui réduit beaucoup les dimensions de l'appareil De plus, jusqu'à 100 kilogrammes, il suffit pour établir l'équilibre de faire glisser le poids curseur M le long d'une division graduée que porte le fléau (comme dans la romaine) Pour des charges supérieures à 100 kilogrammes, on dispose un poids marqué convenable dans le plateau N.

On voit en R un contrepoids, calculé et établi de façon que, lorsque le curseur M est au zéro, le fléau soit horizontal deux repères ~~un~~ sont alors en regard comme dans les bascules ordinaires ●

98 Balance de Roberval-Béranger. Cette balance est une combinaison de la bascule Quintenz et de la balance de Roberval

Elle comprend deux parties disposées de la même manière Le plateau C (fig 150, I), qui reçoit le corps ou les poids marqués, est supporté par une tige verticale V, fixée au milieu a d'une traverse $a_1a'_1$ (fig. 150, II) Cette pièce réunit les deux branches d'une fourche dont les extrémités sont soutenues par deux lames, telles que I'A, accrochées en A aux extrémités de deux fléaux parallèles A_1A_1'. Le sommet de la fourche est relié au *levier de transmission* BD par la tringle BB' Enfin par une tringle IK le levier BD est suspendu au milieu I_1 de la tige M_1N_1 reliant les deux fléaux AA_1 L'extrémité D du levier reçoit la bride

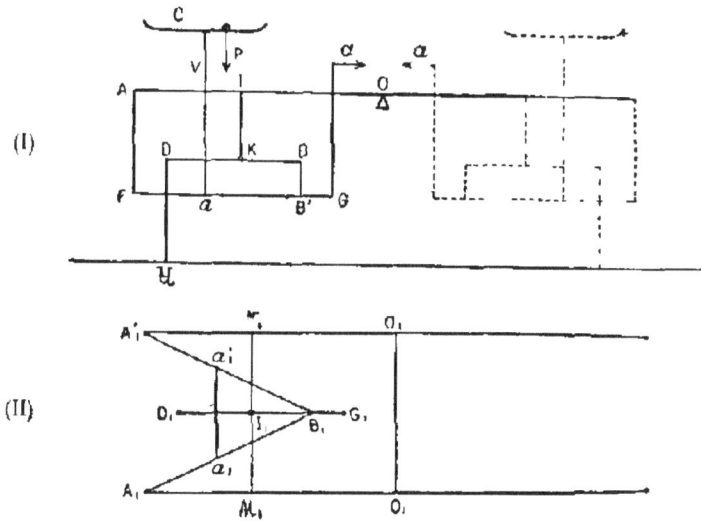

Fig. 150.

DU fixée au fond de la boîte dans laquelle est logé l'appareil Lorsque les aiguilles aa sont en regard, les fléaux AA_1 mobiles sur les couteaux O sont horizontaux

On démontre, comme pour la bascule de Quintenz, que les plateaux se meuvent parallèlement à eux-mêmes sous l'action d'un poids P', si la balance est construite de façon à satisfaire à la condition

$$\frac{OA}{OI} = \frac{DB}{KD}.$$

De plus cette condition rend indifférente la position du corps, ou celle des poids, sur le plateau.

CHAPITRE IX

MACHINES A L'ÉTAT STATIQUE

—

POULIES ET TREUILS.

99. Poulie fixe. — 1° *Description.*   La *poulie fixe* peut être considérée comme une machine simple.

Elle se compose essentiellement d'une roue circulaire pouvant tourner autour d'un axe O passant par son centre et perpendiculaire à son plan (fig. 151). Une pièce, en forme d'U renversé, sert à supporter cet axe : c'est la *chape*; elle est fixée à un obstacle rigide quelconque, dont souvent même elle fait partie intégrante. Sur la circonférence de la roue est creusé un

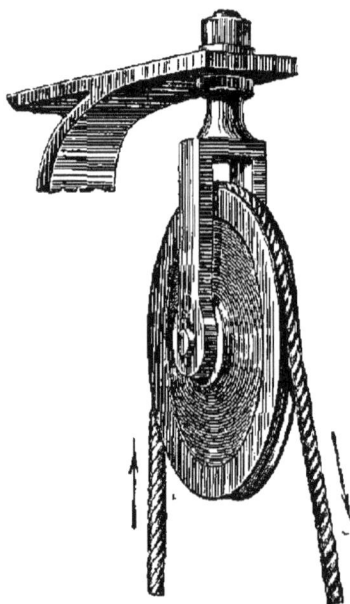

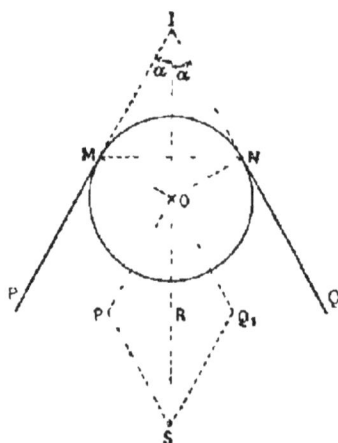

Fig 151   Fig 152

sillon, ou *gorge*, dans laquelle s'engage la corde à chaque extrémité de laquelle sont appliquées, d'une part la puissance, d'autre part la résistance.

Au point de vue statique, la poulie est donc un corps *gêné*, assujetti à tourner autour d'un axe fixe.

2° *Condition d'équilibre.* — Soit O (fig. 152) l'axe de rotation de la poulie, soient PM et QN les directions des deux brins du cordon,

OM et ON les rayons qui ab͟tissent aux deux points de contact. Nous supposons que la poulie soit assez mobile sur son axe pour que la corde ne puisse pas glisser sur la gorge; donc les forces P et Q peuvent être considérées comme appliquées en M et N, aux extrémités d'une sorte de levier coudé MON, dont le point d'appui serait en O. Pour que ce levier soit en équilibre, il faut et il suffit qu'on ait

$$\frac{P}{Q} = \frac{ON}{OM}.$$

Comme OM — ON, il en résulte

$$P - Q.$$

Ainsi, pour qu'une poulie fixe soit en équilibre, il faut et il suffit que *la puissance soit égale à la résistance*.

REMARQUE. La poulie fixe ne réalise donc pas une *multiplication* de l'effort; mais elle permet d'équilibrer l'une par l'autre deux forces égales et agissant dans des directions différentes, tangentes à la poulie en des points quelconques.

3° *Calcul de la pression supportée par l'axe.* Cette pression est évidemment égale à la résultante des deux forces P et Q. Or nous pouvons transporter cette résultante, qui est dirigée suivant la bissectrice, au point O de sa direction (fig. 152), ce qui revient à supposer les forces P et Q directement appliquées en O. On a, en appelant 2α l'angle des cordons,

[1] $$R = 2P \cos \alpha.$$

Si les deux cordons sont parallèles, α = 0, cos α = 1, et il vient

$$R = 2P.$$

C'est le cas de la pression maxima sur l'axe de la poulie : elle est égale au double du poids soulevé.

COROLLAIRE. — Joignons M et N, et désignons par *r* le rayon de la poulie : l'angle MMO est égal à α; nous avons donc

[2] $$MN = 2r \cos \alpha.$$

En divisant [1] et [2] membre à membre, il vient

$$\frac{R}{MN} = \frac{P}{r}, \quad \text{d'où} \quad \frac{P}{R} - \frac{r}{MN}.$$

Cette relation exprime la condition suivante :

Lorsque la poulie fixe est en équilibre, l'une des forces est à la charge de l'axe de la poulie, comme le rayon de cette dernière est à la corde de l'arc embrassé par le cordon,

100. **Poulie mobile.** — 1° *Description.* On emploie également la poulie sous forme de poulie mobile. On suspend à la chape le fardeau à soulever Q; on attache une extrémité du cordon à un point fixe C (fig. 133) et l'on tire l'autre extrémité avec une force P : la poulie repose alors sur le cordon, ce qui est l'inverse du cas précédent.

2° *Conditions d'équilibre.* — Supposons que l'équilibre ait lieu : on peut supprimer le point fixe et le remplacer par une force T agissant dans une direction NC. Cette force est appelée la *tension* du cordon.

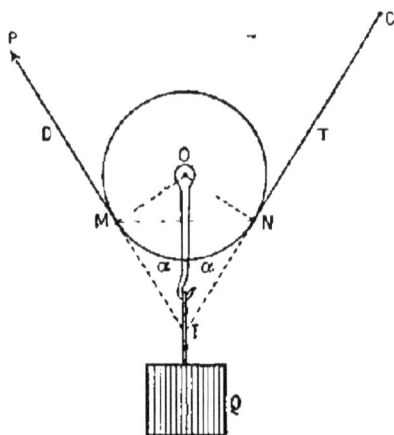

Fig 133

Considérons les forces P et T comme appliquées respectivement en M et N et la force Q comme appliquée au point O. Puisque l'équilibre existe par hypothèse, nous ne changerons rien en fixant un des points du système, le point O par exemple; mais alors nous sommes ramenés au cas de la poulie fixe. Les conditions d'équilibre sont donc : 1° *que les forces P et T soient égales;* 2° *que leur résultante, dirigée suivant la bissectrice de leur angle, soit égale et contraire au poids Q.*

Il résulte de cette seconde condition

[1] $$Q = 2P \cos \alpha$$

d'où

$$P = \frac{Q}{2} \times \frac{1}{\cos \alpha}.$$

3° *Cas particulier.* — Si les cordons sont parallèles, on a alors

$$\alpha = 0 \qquad \text{et} \qquad P = \frac{Q}{2}.$$

Dans ce cas la force à exercer est minima.

La poulie mobile permet donc d'*équilibrer* (et, par suite, d'*élever*) un fardeau avec une force *inférieure à son poids, dont la plus petite valeur est égale à la moitié de ce poids.*

Remarques. — 1° La *charge de l'axe* est représentée par la force Q.

2° Si le poids de la poulie n'est pas négligeable, ce qui a lieu pour les poulies en fer, il s'ajoute au poids Q à soulever.

3° La poulie mobile s'emploie rarement seule; quand on l'utilise, c'est presque toujours combinée avec la poulie fixe; la suspension des anciens réverbères à huile en est un exemple (fig. 134).

101. Moufles. — On se sert souvent de plusieurs poulies disposées en deux systèmes, l'un fixe et l'autre mobile, qui constituent une machine appelée *Moufle.*

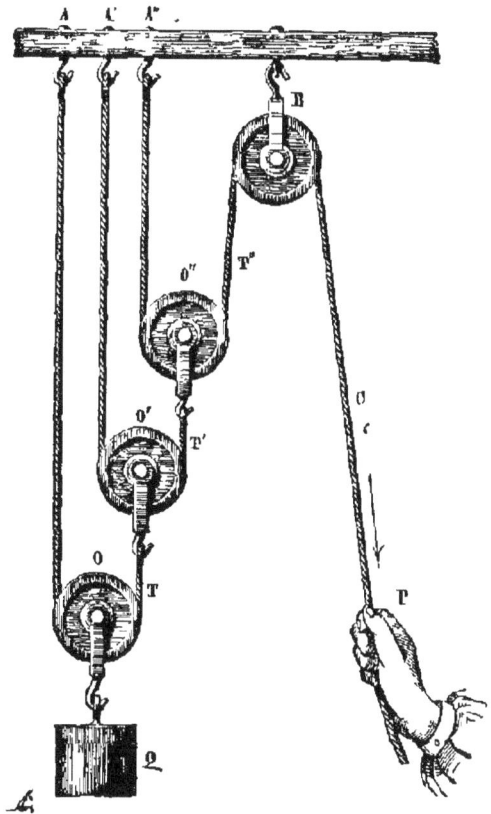

Fig. 134.   Fig. 135.

1° *Description.* — La moufle la plus avantageuse en théorie, mais la moins commode dans la pratique, est celle qui est constituée par un système de poulies mobiles O, O', O"..., reliées respectivement aux points fixes A, A', A" ..., et d'une poulie fixe B sur lesquelles s'enroulent les cordons AT, A'T', A"T"P ... (fig. 135).

Le fardeau à enlever Q est accroché à la chape de la première poulie O; le *brin tirant* T de celle-ci à la chape de la seconde poulie O'; le brin tirant de la seconde à la chape de la troisième O", et enfin le brin tirant de cette dernière passe sur la poulie fixe B. Le cas le plus favorable est celui où les cordons sont tous parallèles.

2° *Condition d'équilibre.* — Dans ce cas, s'il y a n poulies mobiles, la condition d'équilibre est la suivante :

La puissance P doit être une fraction égale à $\dfrac{1}{2^n}$ de la résistance Q.

En effet, une fois l'équilibre établi, la tension de chacun des cordons est la même sur toute sa longueur pour chacune des poulies : soient T, T′, T″.... les tensions des divers cordons. La tension T agit comme puissance sur la poulie qui enlève le fardeau Q, et l'on doit avoir

$$[1] \qquad T = \frac{Q}{2};$$

mais cette tension T agit sur la seconde poulie, non plus comme puissance, mais comme résistance; la puissance, cette fois, est T′, tension du second cordon, et l'on doit avoir

$$[2] \qquad T' = \frac{T}{2};$$

pour la tension T″, on aurait de même

$$[3] \qquad T'' = \frac{T'}{2},$$

et pour la dernière des poulies mobiles,

$$[n] \qquad T_n = \frac{T_{(n-1)}}{2}.$$

En multipliant membre à membre les équations [1], [2].. (n), il vient

$$T_n = \frac{Q}{2^n}.$$

Or cette tension T_n constitue la résistance Q, qui est équilibrée par la puissance P sur la poulie fixe B; elle doit donc être égale à la puissance P employée; par suite on a

$$P = \frac{Q}{2^n}.$$

Exemple. — Avec une moufle formée de quatre poulies mobiles, s'il s'agit d'enlever un poids d'une tonne, l'effort à exercer se calculera par la formule

$$P = \frac{1000}{2^4} = \frac{1000}{16} = 62,5 \text{ kil.}$$

102. Mouflettes. — 1° *Description.* — En réalité, il serait incommode, et souvent même impossible dans les applications, d'avoir plusieurs points fixes; on n'en a le plus souvent qu'un seul.

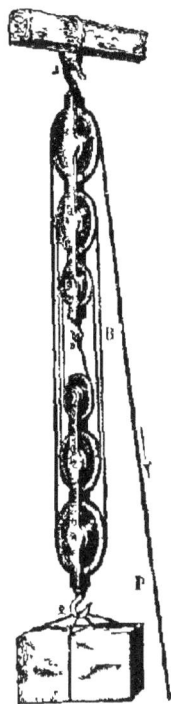

Fig 156

C'est ce qui a lieu dans la *mouflette* (fig. 156), machine constituée par trois poulies mobiles de rayons décroissants, dont les axes sont parallèles et montés sur une même chape, et par trois poulies fixes identiques aux premières et montées sur une autre chape.

L'un des bouts du cordon est attaché a un crochet B qui termine la chape fixe; il passe ensuite alternativement sur les gorges des poulies égales des deux systèmes, en commençant par la plus petite des poulies mobiles, et il se termine par le *brin tirant* sur lequel agit la puissance P.

2° *Conditions d'équilibre.* — Lorsque l'équilibre est établi, la tension est forcément la même en tous les points du cordon, et égale à P. Chacune des poulies mobiles est soutenue par deux brins ayant chacun une tension égale à P. Si n est le nombre total des poulies mobiles, celui des brins intermédiaires sera 2n, et la chape mobile sera soumise à 2n forces parallèles et égales à P; comme leur résultante est égale au poids Q du fardeau à enlever, on a

$$Q = 2nP, \quad \text{d'où} \quad P = \frac{Q}{2n}.$$

La condition d'équilibre d'une mouflette, constituée par 2n poulies, est donc la suivante :

La puissance P doit être égale a une fraction $\frac{1}{2n}$ de la résistance Q.

103. Palan. — Lorsque chaque système de moufles est formé par la juxtaposition de plusieurs poulies mobiles, de même diamètre, disposées dans une même chape et montées sur un même axe, indépendamment les unes des autres (fig. 137), la machine s'appelle un *palan*.

La condition d'équilibre est la même que pour la mouflette. La puissance agit à l'extrémité du brin libre, qu'on nomme le *garant*; chacun des brins intermédiaires est appelé un *courant*.

104 **Applications.** — C'est surtout dans la navigation à la voile que l'on voit les plus nombreuses applications des poulies fixes et des poulies mobiles ainsi que des palans.

Tous les agrès des navires à voiles (fig 158) se divisent en deux catégories, qu'on appelle les *manœuvres dormantes* et les *manœuvres courantes*

Les manœuvres dormantes sont les cordes qui servent à assurer, par une tension fixe, l'équilibre des mâts. Un mat est raidi à l'aide de trois systèmes de cordes L'*étai*, tendu en avant dans le plan de symétrie du navire, et les deux *haubans* tendus à l'arrière du mat. L'un à droite, l'autre à gauche, symétriquement par rapport au plan de symétrie; les haubans et l'étai constituent un système de forces concourantes dont la résultante doit coincider précisement avec l'axe du mat Les haubans sont formés chacun de plusieurs cordes, certains sont munis d'autres brins disposés en échelons, et servent pour monter aux mats Les hau

Fig 137

Fig 158

bans sont raidis à l'aide de palans particuliers appelés *caps de mouton* (fig 159)

Les vergues sont soutenues par des systèmes de poulies fixes et de poulies mobiles qui réalisent des moufles, mus avec un seul cordon. On voit aussi en *abc* (fig. 138) le mode de suspension de la *corne* d'une voile de cotre.

Dans plusieurs cas même, les poulies fixes d'un palan n'ont pas de chape, mais sont enfilées sur un axe

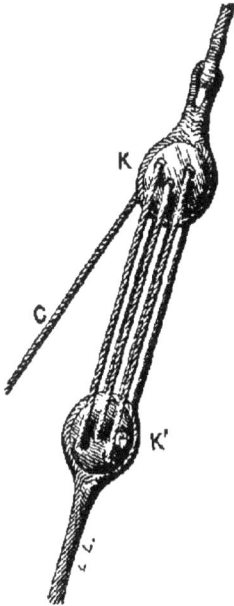

Fig. 139

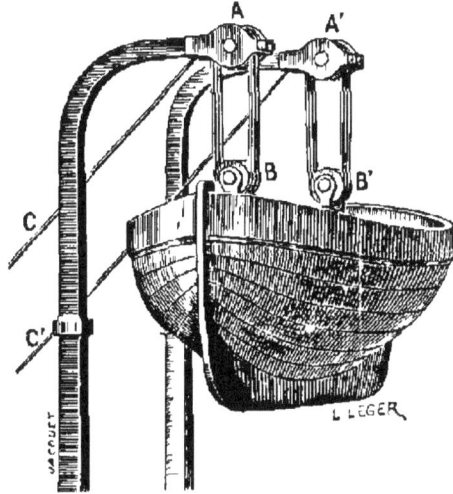

Fig. 140

commun tel que A, A', qui fait partie intégrante d'une portion de la membrure du navire : les porte-manteaux des embarcations en sont un exemple (fig. 140).

Fig. 141.

105. Treuil simple. — 1° *Description.* — Le treuil se compose essentiellement d'un cylindre AB (fig. 141), à axe horizontal, terminé par deux *tourillons* en fer qui s'engagent, en A et B, dans deux *coussinets* fixes, portés par deux montants. Perpendiculairement à l'axe du treuil est montée une roue à gorge C, d'un diamètre plus grand, et sur laquelle est enroulée la corde par où agit la puissance P; une seconde corde enroulée sur le cylindre porte à son extrémité libre le fardeau qu'il s'agit de soulever et qui est la résistance Q.

2° *Condition d'équilibre.* — Le treuil est un corps *gêné*, assujetti à tourner autour d'un axe fixe. La condition générale d'équilibre c'est que *la résultante des forces appliquées rencontre l'axe.*

Ici, la force P agit tangentiellement à la roue (fig. 142), et la résistance Q tangentiellement au cylindre.

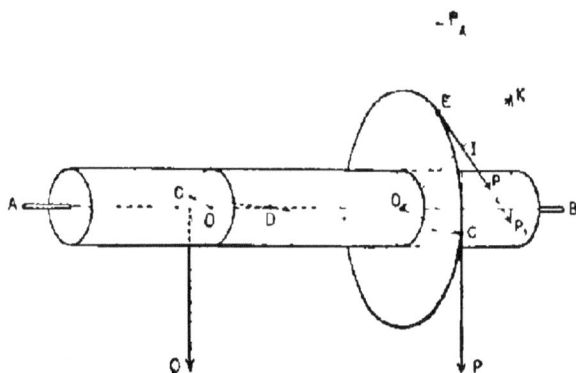

Fig. 142

Désignons par R le rayon de la roue, par r celui du cylindre; prenons les moments par rapport à l'axe, et exprimons que leur somme algébrique est nulle : nous avons, en remarquant que ces moments sont de signes contraires,

$$PR - Qr = 0,$$

d'où

$$P = Q \frac{r}{R}.$$

La condition d'équilibre du treuil est donc la suivante :
La puissance doit être égale à une fraction de la résistance exprimée par le rapport des rayons du cylindre et de la roue.

5° *Pressions sur les coussinets* — Il est intéressant de calculer les pressions qui s'exercent sur les coussinets du treuil quand l'équilibre est réalisé Il y a deux cas à considérer .

1er Cas — *La puissance agit verticalement à l'extrémité d'un rayon horizontal du tambour* — Dans ce cas (fig 142), la résultante des deux forces P et Q est une force qui leur est parallèle et qui est égale à leur somme P + Q, elle est appliquée au point D, où l'axe du treuil est coupé par la ligne CC' des points d'application de P et de Q En effet, d'abord cette ligne coupe l'axe, puisqu'elle est avec lui dans un même plan horizontal ; de plus, les triangles semblables DOC et D O'C' donnent

$$\frac{DC'}{DC} = \frac{r}{R} - \frac{P}{Q}.$$

Or les pressions exercées par l'axe du treuil sur ses coussinets, en A et en B, ne sont pas autre chose que les deux composantes parallèles, appliquées en ces points A et B, en lesquelles on peut décomposer la résultante R. Cette décomposition se fera et les composantes se calculeront d'après les règles ordinaires.

2° Cas. — *La puissance agit tangentiellement en un point quelconque de la gorge du tambour.* — Soit E le point d'application de la puissance P (fig. 142). Appliquons en C, extrémité du rayon horizontal OC, et dans le plan vertical de la puissance P, deux forces verticales, égales à P et opposées : nous ne changeons rien à l'équilibre existant. Or l'une de ces forces, (P), rencontre la puissance P en un point I : ces deux forces ont une résultante k, dirigée suivant IO, bissectrice des deux tangentes en E et en C, et équilibrée par la résistance de l'axe ; d'autre part, les deux forces verticales P et Q se composent en une résultante unique R, égale à leur somme P + Q, et appliquée en D, comme dans le cas précédent.

Pour avoir les pressions en A et en B, il faudra décomposer successivement d'abord la résultante R, puis la résultante Ik, en composantes appliquées respectivement en A et B.

Remarque. — Si l'on veut tenir compte du poids M du treuil, appliqué en son centre de gravité G, on décomposera également cette force en deux autres, respectivement appliquées en A et en B. Dans ce dernier cas, la pression sur chaque coussinet sera la résultante de trois forces concourantes.

106. Treuil de puits. — Souvent la roue est remplacée par une

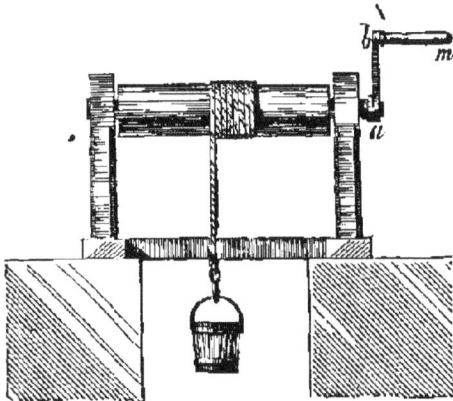

Fig 143

manivelle *m* appliquée à l'extrémité d'un *bras ab*. C'est toujours ainsi que sont disposés les *treuils de puits* (fig. 143). Souvent aussi on emploie des *barres* perpendiculaires à l'axe du cylindre, comme on l'a vu dans le *haquet* (fig. 107), et dont l'avant est muni d'un treuil. Dans ce cas, la condition d'équilibre est la même que précédemment. Seulement il faut remplacer R, rayon de la roue, par la longueur *l* de ces barres, aux extrémités desquelles la force agit perpendiculairement.

107. Treuil des carriers. — Pour extraire les pierres des carrières, on emploie souvent une forme spéciale du treuil, appelée *treuil des carriers* ou *roue à chevilles.*

C'est un treuil ordinaire, mais dont la roue (fig. 144) a un grand diamètre et porte à sa circonférence des échelons perpendiculaires à son plan, le long desquels deux ouvriers peuvent grimper simultanément. Leur poids total P constitue alors la *puissance*, et il

Fig. 144

peut enlever des corps très lourds, car, à cause du grand rayon de la roue, il agit avec un *moment* considérable.

La condition d'équilibre est celle du treuil.

On a, en appelant *l* la distance d'application de la puissance au plan vertical qui contient l'axe,

[1]
$$P = Q\frac{r}{l}.$$

Remarques. — 1° Les ouvriers agissent en réalité *au dessous de l'axe* et non pas à son niveau, où pourtant le moment de leur poids serait maximum, puisque dans ce cas l deviendrait égal au rayon R de la roue; en voici la raison : Si le moment du poids des ouvriers l'emporte sur celui de la résistance, la charge tend bien à remonter trop vite; mais comme, à mesure que les ouvriers descendent, leur distance à l'axe diminue, le moment moteur décroît et le mouvement d'ascension tend à s'arrêter; l'inverse aurait lieu si le moment de la résistance l'emportait momentanément sur le moment moteur.

2° Les écureuils tournant dans leurs roues creuses travaillent à la façon des carriers sur leur treuil.

Il en est de même des chiens tournant dans des roues creuses, pour actionner soit des tournebroches, soit des meules de coutelliers ou d'autres appareils n'exigeant pas grand effort.

108. **Cabestan.** — On emploie beaucoup dans la marine un

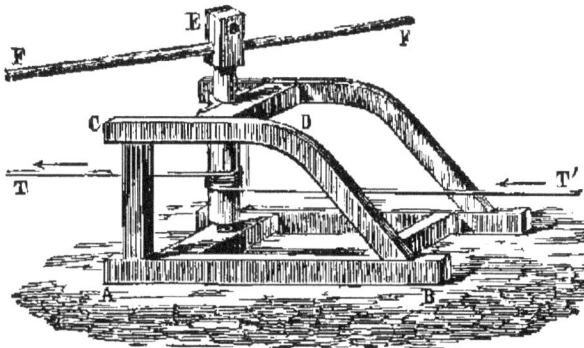

Fig 145

treuil à axe vertical, appelé *cabestan*, où l'on enroule le câble qui porte l'ancre du navire (fig. 145). Des barres sont implantées dans des trous, en nombre pair, placés à la *tete* E de l'appareil, et pendant que deux hommes poussent perpendiculairement à leurs extrémités, un autre tire énergiquement sur l'extrémité libre de la corde qui fait quelques tours sur le treuil. L'ensemble de l'appareil est solidement fixé au moyen de cordages.

Condition d'équilibre.   La puissance est constituée par un couple : si l'appareil comprend $2n$ barres actionnées, il y a n couples moteurs. Soit F l'effort que peut exercer horizontalement un homme *virant* au cabestan, l la longueur des barres, et r le rayon de l'arbre du cabestan sur lequel s'enroule le câble, le moment de la force motrice totale sera $2n$ Fl; d'autre part, si Q représente la résistance, son moment, par rapport à l'axe, est Qr.

La condition d'équilibre sera donc

$$2nFl = Qr,$$

d'où

$$Q = \frac{2nFl}{r} :$$

telle est la résistance que $2n$ hommes, exerçant chacun un effort égal a F, peuvent équilibrer à l'aide du cabestan.

109. Chèvre. La *chèvre* est une combinaison du treuil et de la poulie ; c'est une machine destinée à élever des fardeaux au-dessus du sol ; elle sert, par exemple, dans la construction, à dresser les énormes pièces de bois qui constituent les *échafaudages*.

1° *Description.* Elle se compose (fig. 146) de deux montants obliques réunis par des traverses. A leur partie supérieure est placée une poulie p, et à leur partie inférieure un treuil. La corde qui doit enlever le fardeau passe sur la poulie et s'enroule sur le treuil, dont les deux *têtes* sont percées chacune de deux trous orientés à angle droit. La manœuvre se fait de la manière suivante : Un ouvrier placé à droite introduit une barre l dans l'un de ces trous et fait subir au treuil une rotation d'un quart de tour ; puis, un second ouvrier, placé à gauche, introduit à son tour une barre dans le trou place a la gauche du treuil, et qui alors

Fig. 146

est tourné vers le haut, et fait un second quart de tour ; le premier retire alors son levier et recommence, et ainsi de suite, jusqu'à ce que le fardeau soit élevé au niveau voulu.

La chèvre est soutenue par une corde attachée d'une part à son sommet et d'autre part à un point fixe.

2° *Conditions d'équilibre.* — La poulie ne faisant que trans
mettre les forces sans les amplifier, la condition d'équilibre est la
même que pour le treuil simple, à savoir

$$Pl = Qr.$$

3° *Calcul de la tension du câble qui maintient la chèvre* — Soit T cette ten
sion ; soient f et f' les réactions du sol sur les points d'appui A et A' (fig. 147).

La machine est en équilibre sous l'action de son poids Q, appliqué au centre
de gravité G, de la charge P, de la tension T du câble supérieur, et des deux réactions f et f' appliquées aux deux
pieds A et A' (qui, sur la figure, sont tous deux projetés
en A)

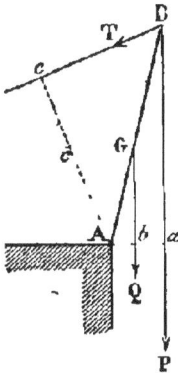

Prenons les moments de toutes ces forces par rapport à
la ligne AA' des points d'appui, laquelle se projette en A,
et écrivons que la somme algébrique des moments de ces
forces est nulle, il vient

$$-T \times \overline{Ac} + P \times \overline{Aa} + Q \times \overline{Ab} \quad 0,$$

d'où

$$T = \frac{P \times \overline{Aa} + Q \times \overline{Ab}}{\overline{Ac}}.$$

En général le poids Q de la chèvre a peu d'importance vis-
à-vis de la charge On a, en le négligeant,

$$T = P \times \frac{Aa}{Ac}.$$

Fig. 147.

Il y a donc intérêt à augmenter Ac, c'est à dire la distance du câble à la ligne
des appuis La tension sera minima quand le câble supérieur sera perpendiculaire au plan de la chèvre. Du reste, cette tension n'est jamais considérable,
parce que la chèvre est peu inclinée et que, par
suite, le rapport $\frac{Aa}{Ac}$ est petit Il n'y a donc pas be

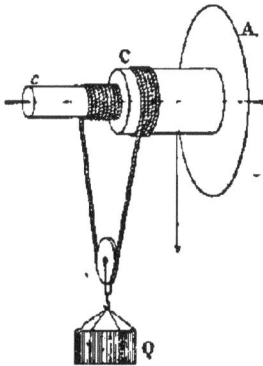

soin de points d'appui extrêmement solides pour
fixer l'extrémité de ce câble c'est ce qui explique
pourquoi les charpentiers se contentent souvent de
l'attacher à des piquets plantés entre deux pavés

110. Treuil différentiel.
Le *treuil
différentiel* est un treuil dont l'arbre se
compose de deux cylindres C et c de même
axe, mais de rayons différents (fig. 148).
Un même cordon s'enroule sur ces deux
cylindres dans deux sens différents, et va
passer sur une poulie mobile à laquelle

Fig 148

est attaché le poids à élever. La puissance F agit, comme dans le
treuil ordinaire, soit à l'extrémité d'un long levier, perpendiculairement à sa direction, soit tangentiellement à une roue de grand
diamètre A (dans le sens de la flèche).

Condition d'équilibre. — On sait que l'équilibre ne peut avoir lieu que si la résultante des forces rencontre l'axe. On exprime cette condition en écrivant que la somme algébrique des moments, pris par rapport a l'axe, est nulle. Soient *b* le rayon de la roue A, R le rayon du grand cylindre, *r* celui du petit et Q le poids du fardeau à enlever. Les deux cordons aboutissant à la poulie mobile étant supposés sensiblement parallèles, leur tension commune est égale à $\frac{Q}{2}$; on aura donc, en ayant égard aux signes des moments,

$$P.b + \frac{Q}{2}r - \frac{Q}{2}R = 0;$$

d'où

$$P \quad Q\frac{(R - r)}{2b} :$$

donc *la force nécessaire pour équilibrer une résistance à l'aide du treuil différentiel est égale à une fraction de la résistance ayant pour numérateur la différence des rayons des deux cylindres, et pour dénominateur deux fois le rayon de la grande roue motrice.*

On peut donc, à l'aide d'un faible effort, soulever un poids considérable : il suffit pour cela de rendre la différence R — *r* suffisamment petite. Cela ne présente aucun inconvénient au point de vue de l'appareil, puisqu'on peut agrandir simultanément les deux rayons.

111. Insuffisance de la théorie précédente. — Nous avons supposé, pour établir les conditions d'équilibre des machines simples, que les cordons étaient *parfaitement flexibles* et que les axes tournaient *sans résistance* sur leurs tourillons. Ce cas théorique n'est *jamais* réalisé.

Dans une théorie complète des machines on doit tenir compte de ces imperfections. Pour cela, on introduit dans les équations d'équilibre des forces fictives dites *résistances passives*, dont l'étude sera indiquée plus loin.

CINÉMATIQUE

CHAPITRE I

112. Définitions préliminaires. — *Cinématique.* — En Cinématique on étudie le mouvement *en soi*, à un point de vue purement abstrait. La Cinématique est donc une sorte de géométrie du mouvement, qui joint à *l'idée d'espace*, seule base de la Géométrie, *l'idée de temps*, corrélative de la notion de mouvement.

Vitesse. — La notion du mouvement, qui implique celles d'espace et de temps, s'acquiert par la vue d'un objet quelconque qui se déplace, par exemple un corps pesant qui tombe, un projectile qui traverse l'atmosphère, un train de chemin de fer qui passe. On acquiert du même coup la notion de *vitesse*, qui comprend celles d'une vitesse *plus* ou *moins grande*, d'une *vitesse constante* et d'une *vitesse variable*. On observe ces divers cas de vitesse dans les allures successives que prend un train, au départ d'une station, ou bien à l'arrivée, ou bien dans l'intervalle de deux stations.

Mobile. — On appelle *mobile* tout corps qui est en mouvement.

Trajectoire.　　Le lieu des positions qu'un mobile occupe successivement dans l'espace s'appelle sa *trajectoire*.

Mouvement rectiligne et mouvement curviligne. — Si l'on considère un seul point du mobile, ou un mobile réduit à un point, sa trajectoire est une ligne géométrique. Suivant que cette ligne est droite ou courbe, on dit que le mouvement est *rectiligne* ou *curviligne*.

113. Mouvement uniforme rectiligne. — 1° *Définition.* — On appelle *mouvement uniforme* celui dans lequel un mobile parcourt *des espaces égaux dans des temps égaux quelconques*.

Le mot *espace* prend ici le sens restreint de *chemin parcouru sur la trajectoire*, ou de *portion de trajectoire*. On compte les espaces parcourus à partir d'un point O (fig. 149), qu'on appelle *origine des espaces*, et les temps à partir d'un instant déterminé, qu'on appelle *origine des temps*.

2° *Vitesse.*　　On appelle *vitesse* du mouvement uniforme, l'espace parcouru pendant l'unité de temps. Si l'on prend le metre pour unité de longueur et la seconde pour unité de temps, on exprimera la vitesse en *mètres par seconde*. Elle peut être représentée en grandeur et en direction par un vecteur, issu du point O dans le sens du mouvement (fig. 149).

5° *Lois du mouvement.* — Il résulte de cette définition que, dans le mouvement uniforme, la vitesse est constante. Par suite l'espace parcouru par le mobile au bout de 2, 3, 4.... secondes sera égal à 2, 3, 4.... fois la vitesse; d'où ces lois du mouvement uniforme :

Loi des vitesses : *La vitesse est constante.*

Loi des espaces : *Les espaces parcourus sont proportionnels aux temps employés à les parcourir.*

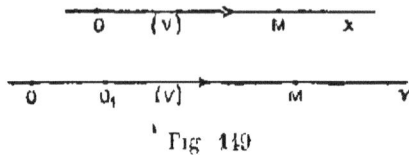

Fig. 149

4° *Équations du mouvement.* — Si l'on désigne par V la vitesse du mouvement uniforme, et si le mobile parcourt un nombre de mètres par seconde égal à *a*, la première loi du mouvement s'exprime par la relation simple

$$[1] \qquad V = a.$$

Si l'origine des espaces coïncide avec l'origine du temps (fig. 149, trajectoire OX), la loi des espaces s'exprimera par la relation

$$[2] \qquad e = at,$$

e désignant l'espace parcouru au bout de *t* secondes. Mais si à, l'origine du temps, le mobile avait déjà parcouru l'espace $OO_1 = e_0$ (fig. 149, trajectoire OY), la loi des espaces s'exprimerait par la relation

$$[2\ bis] \qquad e = e_0 + at.$$

L'une et l'autre des relations [2] et [2 *bis*] dépendent du temps : ce sont *des fonctions du temps.*

Les relations [1] et [2] s'appellent les *équations du mouvement.* La première est l'*équation des vitesses*; l'une ou l'autre des suivantes est l'*équation des espaces.* Un mouvement uniforme, et en général un mouvement quelconque, est complètement déterminé quand on connaît la trajectoire du mobile et les équations du mouvement, ainsi que l'origine des espaces et celle des temps.

REMARQUE. — On tire des équations [2] et [2 *bis*], soit

$$V = \frac{e}{t},$$

soit

$$V = \frac{e - e_0}{t}.$$

On peut donc dire que, dans le mouvement uniforme, *la vitesse est le rapport de l'espace parcouru au temps employé à le parcourir*, ou bien *le rapport de l'accroissement de l'espace à l'accroissement du temps.*

Par suite, on peut déduire l'équation de la vitesse de l'équation de l'espace. Une seule de ces équations suffit pour déterminer le mouvement, quand on en connaît la trajectoire.

114. Mouvement varié. — Le *mouvement varié* est celui dans lequel un mobile parcourt *en des temps égaux des espaces inégaux*. Le mouvement varié peut être *rectiligne* ou *curviligne*.

Un pareil mouvement peut être varié d'une infinité de manières. Il est défini dans chaque cas par la trajectoire du mobile et par l'équation des espaces. Cette équation n'est plus, comme précédemment, du premier degré : elle est plus ou moins compliquée de la forme $e - f(t)$. Les éléments à considérer sont la *vitesse moyenne* et la *vitesse à un instant donné*, puis *l'accélération moyenne* et *l'accélération à un instant donné*.

115. Mouvement varié rectiligne.   1° — Vitesse moyenne.

Fig 150

Soient OX la trajectoire du mobile (fig. 150), M sa position au temps t et M′ sa position au temps $t + \Delta t$. On conçoit qu'on puisse amener le mobile de la première position à la deuxième, dans le même temps Δt, en lui imprimant un mouvement rectiligne uniforme. La vitesse constante V_m de ce mouvement virtuel serait

$$V_m = \frac{MM'}{t' - t} = \frac{\Delta e}{\Delta t}.$$

Ce rapport V_m est ce qu'on appelle la *vitesse moyenne* du mouvement rectiligne varié *pendant l'intervalle de temps Δt qui succède à l'instant t.*

2° *Vitesse à un instant donné.*   Si l'on suppose que l'accroissement de temps Δt diminue indéfiniment et tende vers zéro, l'accroissement d'espace MM′ (fig. 150) tend simultanément vers zéro ; mais le rapport des deux accroissements tend généralement vers une limite déterminée : la valeur de cette limite est ce qu'on appelle *vitesse* du mouvement varié rectiligne *à l'instant* t. On a donc

$$V \quad \lim. \left(\frac{\Delta e}{\Delta t}\right).$$

Cette vitesse peut s'exprimer encore en *mètres par seconde*, comme dans le mouvement uniforme; d'ailleurs elle ne désigne pas le trajet fait réellement par le mobile en 1 seconde, mais *celui qu'il ferait* s'il continuait à marcher, a partir de l'instant *t*, *avec une vitesse demeurant constante et égale a* V : on peut la représenter en grandeur et en direction par un vecteur issu du point *t*, et dirigé suivant MX dans le sens du mouvement.

REMARQUE. — On voit que l'expression de cette vitesse est précisément ce qu'on appelle la *dérivée de l'espace par rapport au temps*.

3° *Accélération moyenne.* — Soit Δ*v* l'accroissement, positif ou négatif, que prend la vitesse, à partir de l'instant *t*, pendant un accroissement de temps Δ*t*. La variation *moyenne* de vitesse est définie par le rapport de Δ*v* a Δ*t* · c'est ce qu'on appelle *accélération moyenne* du mouvement varié. On a

$$\gamma_m \quad \frac{\Delta v}{\Delta t}.$$

Cette grandeur dépend à la fois de l'accroissement de temps Δ*t* et de l'époque *t* à partir de laquelle on le considère.

4° *Accélération à un instant donné.* — Si l'on fait tendre vers zero l'accroissement de temps Δ*t*, la variation de vitesse Δ*v* tendra également vers zéro, et le quotient $\frac{\Delta v}{\Delta t}$ tendra, en général, vers une limite déterminée : cette limite est ce qu'on appelle l'*accélération à l'instant* t *du mouvement varié rectiligne*. On a

$$\gamma - \lim. \left(\frac{\Delta v}{\Delta t}\right).$$

On peut la représenter, en grandeur et en direction, par un vecteur issu du point M (fig. 150), et dirigé dans le sens de la vitesse en M ou en sens inverse, suivant que $\lim. \frac{\Delta v}{\Delta t}$ est une grandeur positive ou négative.

5° *Expression analytique de l'accélération* — On voit que l'accélération, dans un mouvement varié rectiligne, est à la vitesse ce que celle-ci est à l'espace :

$\lim \left(\dfrac{\Delta v}{\Delta t}\right)$ est la *dérivee de la vitesse par rapport au temps*, de même que

$\lim \left(\dfrac{\Delta e}{\Delta t}\right)$ est la *derivée de l'espace par rapport au temps* Cette dérivée d'une fonction qui est elle même la dérivee d'une autre fonction s'appelle la *derivee seconde* de la première fonction elle se désigne par le symbole $f''(t)$, tandis que la *derivee premiere* se represente par $f'(t)$

On peut donc encore dire, d'une manière abrégée, que *l'accéleration à l'instant, dans un mouvement varie rectiligne, est exprimee algebriquement par la derivee seconde de l'espace par rapport au temps, tandis que la vitesse a l'instant t est exprimee par la derivee premiere de l'espace.*

Il suffit de connaître la fonction $f(t)$ pour calculer les deux autres Quant au calcul inverse, qui consiste a remonter de l'une des fonctions *derivees* a la fonction *primitive*, il est réalisable dans un grand nombre de cas, mais non dans tous

116. Mouvement rectiligne uniformément varié. — Le plus simple des mouvements variés, et en même temps l'un des plus intéressants dans la pratique, est le *mouvement rectiligne uniformément varié*.

1° *Definition*. — On dit qu'un mouvement rectiligne est uniformément varie, lorsque la vitesse *croît* ou *décroît* de quantités égales dans des temps égaux *quelconques*.

Dans le premier cas, le mouvement est *uniformément accéléré* : tel est celui d'un corps qui tombe, abstraction faite de la résistance de l'air. Dans le second, il est *uniformément retardé* : tel est le mouvement d'une pierre lancee verticalement de bas en haut.

La quantité, positive ou négative, dont la vitesse varie dans l'unité de temps, s'appelle *accélération*.

2° *Vitesse*. — On definit la *vitesse à l'instant t* de la même manière que dans un mouvement varié quelconque : on a

$$V = \lim \left(\frac{\Delta e}{\Delta t}\right),$$

quand Δt tend vers zéro.

Si l'on connaissait la fonction $f(t)$ qui exprime l'espace parcouru au temps t, on calculerait V par la methode générale ; mais on peut déduire V de la definition même du mouvement. En effet, si l'on représente par γ l'accélération et qu'on suppose le mobile *sans vitesse initiale*, c'est-a-dire *partant du repos*, sa vitesse au bout de 1 seconde est γ, au bout de deux secondes 2γ, et ainsi de suite ; donc la vitesse V, au bout de t secondes, sera

[1] $$V = \gamma t$$

Cette relation algébrique entre la vitesse et le temps est l'*équation des vitesses*.

Dans le cas où le mobile ne part pas du repos et possède a l'origine du temps une vitesse initiale V_0, l'équation des vitesses est

[1 *bis*] $V = V_0 + \gamma t.$

3° *Équation des espaces.*   On appelle de même *équation des espaces*, la relation qui existe entre l'espace *e* et le temps *t*. Elle peut se déduire, par le calcul, de l'équation des vitesses, au moyen d'une opération algébrique qu'on appelle *intégration*, et qui consiste à remonter d'une fonction dérivée, telle que la vitesse, à la fonction d'où elle dérive, qu'on appelle *fonction primitive*. En appliquant les règles de l'intégration aux équations [1] et [1 *bis*], on trouve, dans le cas où il n'y a pas de vitesse initiale,

[2] $e = \frac{1}{2} \gamma t^2$

et, dans le cas général,

[2 *bis*] $e = V_0 t + \frac{1}{2} \gamma t^2.$

4° *Lois du mouvement uniformément accéléré.*   On énonce les équations du mouvement sous le nom de *lois du mouvement uniformément accéléré;*

I. *Loi des vitesses.* — *Les vitesses croissent proportionnellement aux temps.*

Cela veut dire qu'après un temps double, triple, quadruple..., la vitesse est de 2, 3, 4.... fois plus grande.

II. *Loi des espaces.* — *Les espaces parcourus sont proportionnels aux carrés des temps employés à les parcourir.*

Cela veut dire que, si l'on représente par 1 le chemin parcouru en 1 seconde, les chemins parcourus en 2, 3, 4, 5.... secondes seront représentés par 4, 9, 16, 25....

5° *Mouvement uniformément retardé.* — Les équations sont les mêmes que pour le mouvement accéléré, sauf le signe de γ. On a

[1] $V = V_0 - \gamma t,$

[2] $e = V_0 t - \frac{1}{2} \gamma t^2.$

6° *Réciproque de la loi des espaces* — *Tout mouvement dans lequel les espaces parcourus sont proportionnels aux carrés des temps employés à les parcourir, est uniformement accéléré*

En effet, si le temps t prend un accroissement très petit Δt, l'espace parcouru prend un accroissement très petit Δe, et la formule [2] devient

[3] $$e + \Delta e = \frac{1}{2}\gamma(t + \Delta t)^2.$$

Si de l'égalité [3] on retranche membre à membre l'égalité [2], on obtient

[4] $$\Delta e = \gamma t \Delta t + \frac{1}{2}\gamma \Delta t^2, \quad \text{d'où} \quad \frac{\Delta e}{\Delta t} = \gamma t + \frac{1}{2}\gamma \Delta t.$$

L'équation [4] exprime que les quantités $\dfrac{\Delta e}{\Delta t}$ et $\left(\gamma t + \dfrac{1}{2}\gamma\Delta t\right)$ sont égales quelque petit que soit Δt. Lorsque Δt tend vers zéro, chacune de ces quantités tend vers une limite, et l'égalité subsistera toujours jusqu'à la limite. Elle deviendra

$$\lim. \left(\frac{\Delta e}{\Delta t}\right) = \lim. \left(\gamma t + \frac{1}{2}\gamma\Delta t\right).$$

Or la limite du second membre c'est évidemment γt; quant à la limite du premier membre, nous avons vu qu'elle représente la vitesse V du mouvement varié à l'instant t. L'égalité [4] devient donc à la limite

$$V = \gamma t,$$

formule qui exprime la première loi du mouvement uniformément accéléré.

117. Mouvement curviligne. — Le mouvement curviligne peut être *uniforme* ou *varié*. Il convient d'étudier d'abord le cas général d'un mouvement varié; celui du mouvement uniforme s'en déduira ensuite comme un cas particulier.

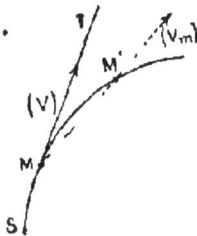

Fig. 151

I. MOUVEMENT CURVILIGNE VARIÉ. — Nous allons d'abord définir et exprimer successivement la *vitesse moyenne*, la *vitesse à un instant donné*.

1° *Vitesse moyenne*. — Soit un mobile parcourant la courbe S (fig. 151) d'un mouvement varié. Si M est sa position au temps t et M' sa position au temps t' (égal à $t + \Delta t$), on conçoit qu'on puisse amener le mobile de M en M' par un mouvement uniforme et rectiligne, suivant la corde MM' : la vitesse V_m de ce mouvement virtuel serait

$$V_m = \frac{\text{corde MM'}}{\Delta t} :$$

c'est ce qu'on appelle la *vitesse moyenne* du mouvement curviligne varié *pendant l'intervalle de temps* Δt *qui suit l'instant* t. Elle peut être représentée en grandeur et en direction par un vecteur issu du point M et dirigé suivant la corde MM' dans le sens du mouvement réel (fig. 152).151

2° *Vitesse à un instant donné.* — Si l'on fait tendre vers zéro l'intervalle de temps Δt, le point M' se rapproche alors indéfiniment du point M et la corde MM' tend simultanément vers zéro ; mais le rapport de ces deux quantités infiniment petites tend généralement vers une limite déterminée,

$$V = \lim. \left(\frac{\text{corde } MM'}{\Delta t} \right).$$

V est ce qu'on appelle *vitesse à l'instant* t du mouvement varié curviligne ; elle est dirigée suivant la tangente en M à la courbe, car cette direction est la limite de la direction de la corde MM'. Cette vitesse peut donc être représentée en grandeur et en direction par un vecteur issu du point M et dirigé suivant la tangente MV, dans le sens du mouvement (fig. 151)

REMARQUE. — On peut donner à la grandeur de la vitesse la même forme que dans le mouvement rectiligne, à savoir

$$V \quad \lim. \left(\frac{\Delta e}{\Delta t} \right) \quad \text{ou} \quad \lim. \left(\frac{\Delta s}{\Delta t} \right),$$

en désignant par Δs l'accroissement d'espace parcouru sur l'arc de courbe s En effet, on peut écrire l'égalité

$$\frac{\text{corde } MM'}{\Delta t} - \frac{\Delta s}{\Delta t} \times \frac{\text{corde } MM'}{\Delta s},$$

laquelle est une identité.

En passant à la limite, il vient

$$\lim. \left(\frac{\text{corde } MM'}{\Delta t} \right) = \lim. \left(\frac{\Delta s}{\Delta t} \right) \times \lim. \left(\frac{\text{corde } MM'}{\Delta s} \right).$$

Or le premier membre, c'est V par définition, et l'on sait que le 2° facteur du 2° membre est égal à l'unité. On a donc

$$V = \lim. \left(\frac{\Delta s}{\Delta t} \right).$$

3° *Calcul de* V. — Le calcul de la vitesse à l'instant t se fera donc ici comme pour le mouvement rectiligne varié. On voit en effet que $\lim \cdot \left(\dfrac{\Delta s}{\Delta t}\right)$ est *la dérivée de l'espace par rapport au temps.* Si donc on a, pour la loi du mouvement varié,

$$S = f(t),$$

on aura pour la vitesse

$$V = f'(t).$$

II. MOUVEMENT CURVILIGNE UNIFORME. — Dans le cas où le mouvement est uniforme, la fonction du temps qui représente l'espace parcouru se réduit à la forme simple

$$S = At,$$

A étant une constante; elle exprime la loi générale du mouvement uniforme : *l'espace parcouru est proportionnel au temps.* La vitesse de ce mouvement est égale *en grandeur* à la constante A, on a donc

$$V = A$$

comme dans un mouvement uniforme *rectiligne* ; mais ce qui caractérise le mouvement uniforme *curviligne*, c'est que la direction de cette vitesse change à mesure que le mobile se déplace sur sa trajectoire courbe : elle est à chaque instant dirigée suivant la tangente à la courbe au point M. Elle peut donc être représentée par un vecteur, de grandeur constante, mais de direction variable, toujours parallèle à la tangente à la courbe au point considéré.

118. Mouvement de rotation uniforme. — 1° *Définition.* — Un des mouvements curvilignes les plus fréquents dans la pratique est le mouvement d'un corps qui tourne uniformément autour d'un axe fixe : la plupart des pièces de machines, les meules de

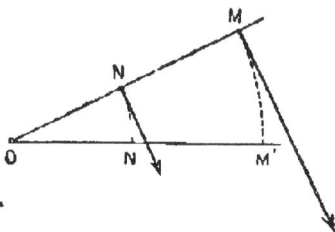

Fig. 152.

moulin, les roues hydrauliques, les volants de moteurs sont dans ce cas. On dit que le corps est animé d'un *mouvement de rotation uniforme.*

2° *Vitesse d'un point.* — Dans un mouvement de rotation, tous les points du corps mobile décrivent des circonférences dont les plans sont perpendiculaires à l'axe fixe, dit *axe de rotation.*

Soit O la projection de l'axe de rotation sur le plan de la figure (fig. 152), auquel nous supposons qu'il est perpendiculaire et considérons deux points du corps, M et N, situés dans le plan de la figure et sur une même droite issue du point O, aux distances r et r_1. Au bout du temps t ces deux points seront en M' et N', après avoir décrit avec les vitesses respectives v et v_1 deux arcs de cercle MM' et NN' ayant le même centre O. On a, d'une part,

$$\frac{\text{arc } MM'}{\text{arc } NN'} = \frac{r}{r_1},$$

et d'autre part

$$\frac{MM'}{NN'} = \frac{vt}{v_1 t} = \frac{v}{v_1}.$$

On en déduit

$$\frac{v}{v_1} = \frac{r}{r_1} :$$

donc, dans un mouvement de rotation uniforme, *les vitesses des points situés à diverses distances de l'axe sont proportionnelles à ces distances.*

3° *Vitesse angulaire.* — On pourrait étudier la vitesse d'un point du mobile tournant, mais comme cette vitesse varie avec le point considéré, il est plus simple de faire intervenir, au lieu de l'espace parcouru par ce point, l'angle parcouru pendant le même temps par le rayon qui y aboutit.

Supposons qu'on ait choisi le point N à la distance 1, et appelons ω sa vitesse. L'égalité précédente devient

$$\frac{v}{\omega} = \frac{r}{1},$$

d'où

$$v = r\omega.$$

La vitesse ω d'un point situé à l'unité de distance de l'axe est ce qu'on appelle la *vitesse angulaire* du mouvement de rotation.

On peut donc dire que *la vitesse de rotation d'un point situé à une distance r de l'axe est égale à la vitesse angulaire ω multipliée par sa distance à l'axe r.*

REMARQUES. — 1° La grandeur ω est justement appelée vitesse angulaire, puisqu'elle mesure l'angle au centre dont le rayon OM tourne pendant l'unité de temps; elle est la même pour tous les points du corps : c'est elle qui caractérise le mouvement de rotation.

2° Connaissant ω, on peut en déduire le nombre de tours exécutés par le corps en 1 seconde : on a évidemment

$$n = \frac{\cancel{\cancel{}}}{\cancel{}n} \cdot \frac{\omega}{2\pi}$$

Réciproquement, connaissant n, on peut en déduire ω.

119 Accélération dans un mouvement curviligne varié — Nous avons vu précédemment que la *vitesse moyenne* et la *vitesse a un instant donné*, dans un mouvement varié curviligne, se définissent, se calculent et se représentent comme dans un mouvement varié rectiligne , il n'en est pas de même de l'accélération

1° *Accélération moyenne.* — Soient M et M' les positions du mobile sur sa trajectoire (fig. 153, I) aux instants t et t' (égal à $t + \Delta t$), et soient V et V' les vitesses a ces deux instants, représentées par les deux vecteurs MV et M'V' Par un point O de l'espace, menons deux vecteurs Om et Om' respectivement égaux aux vecteurs V et V' (fig 150, II) Si nous joignons mm', nous pouvons considérer le vecteur Om' comme la *somme géométrique* des deux vecteurs Om et mm' Inversement le vecteur mm' peut être considéré comme la *différence géométrique* des deux vecteurs Om, Om', autrement dit des deux vitesses V et V' Si l'on prend le quotient $\frac{mm'}{\Delta t}$, on a ce qu'on appelle l'*accélération moyenne* γ_m du mouvement curviligne varié *pendant l'intervalle de temps* Δt et *a partir de l'instant t* : on a

$$\gamma_m = \frac{mm'}{\Delta t}.$$

2° *Accélération à un instant donné* Si l'on fait tendre Δt vers zéro, le vecteur mm' tend simultanément vers zéro ; mais le rapport $\frac{mm'}{\Delta t}$ tend généralement vers une limite déterminée : c'est cette limite qu'on appelle *accélération du mouvement curviligne varié a l'instant t* ; on a donc

$$\gamma = \lim \gamma_m = \lim \left(\frac{mm'}{\Delta t} \right).$$

La direction de γ est la *direction limite* du vecteur mm' elle est comprise dans la *position limite* du plan déterminé par la tangente en M à la trajectoire et par une parallèle menée par M a la tangente en M', et on sait que ce plan limite est ce qu'on appelle le *plan osculateur* de la courbe au point M[1].

3° *Représentation de l'accélération a un instant donné par une vitesse* — Supposons que le point O serve d'origine a un vecteur v qui reste constamment égal et parallèle a la vitesse du mobile en chaque point l'extrémité m de ce vecteur décrira une certaine trajectoire curviligne (fig 153, II). La vitesse avec laquelle l'extrémité du vecteur se déplace sur cette courbe est représentée en grandeur

(1) Rappelons aussi que si l'on prend le rapport $\frac{\text{angle } \alpha}{\text{arc MM'}}$ ou $\frac{\alpha}{\Delta s}$ et qu'on fasse tendre M' vers M, ce rapport tend vers une limite, qu'on appelle *courbure* de la courbe *au point* M. On pose $\lim \left(\frac{\alpha}{\Delta s} \right) = \frac{1}{\rho}$ et la grandeur ρ s'appelle *rayon de courbure au point* M : c'est le rayon d'un cercle qui serait dans le plan osculateur et toucherait la courbe au point M , on appelle ce cercle le *cercle osculateur*

au point m, ou à l'instant t, par lim. $\left(\dfrac{mm'}{\Delta t}\right)$, et en direction par la limite de la direction de la corde mm' c'est précisément l'accélération à l'instant t du mouvement curviligne donné Ainsi le vecteur qui représentera la vitesse du mouvement curviligne *auxiliaire* à l'instant t représentera également l'accélération à l'instant t du mouvement curviligne donné

4° *Calcul des deux composantes de l'accélération à un instant donné Accélération tangentielle et Accélération centripète.* — Prolongeons Om (fig 153, II) et abaissons la perpendiculaire $m'P$

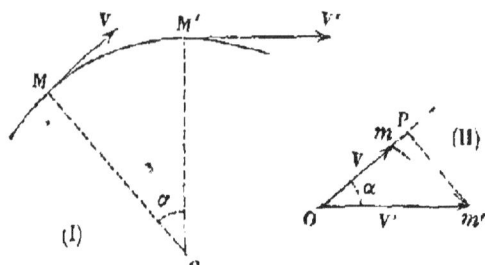

Fig 153.

le vecteur mm' peut être considéré comme la **somme géométrique** de deux autres vecteurs, l'un mP, dirigé suivant la tangente en M au mouvement curviligne donné, et l'autre $\overrightarrow{Pm'}$, dirigé suivant la normale Par suite on peut considérer que lim $\left(\dfrac{mm'}{\Delta t}\right)$ est la résultante de lim $\left(\dfrac{mP}{\Delta t}\right)$ et de lim $\left(\dfrac{Pm'}{\Delta t}\right)$. Autrement dit, ces deux limites sont les composantes de l'accélération, l'une suivant la tangente à la courbe et l'autre suivant la normale on appelle la première *accélération tangentielle*, et la seconde *accélération centripète*.

Accélération tangentielle — Dans le triangle $Om'P$, la perpendiculaire $m'P$ tend à se confondre avec l'arc décrit du point O comme centre avec Om' pour rayon; par conséquent, le segment mP tend vers la valeur limite $V' - V$ ou Δv On a donc, en désignant par T l'accélération tangentielle,

$$T \quad \lim \left(\frac{mP}{\Delta t}\right) - \lim \left(\frac{\Delta v}{\Delta t}\right).$$

Le deuxième membre est la dérivée de la vitesse à l'instant t prise par rapport au temps Si l'on a l'équation de l'espace

$$S = f(t),$$

on a

$$V \quad f'(t)$$

et par suite

$$T - f''(t)$$

On voit que l'accélération tangentielle, dans le mouvement curviligne varié, correspond à l'accélération à l'instant t dans un mouvement varié rectiligne

Accélération centripète Soit α l'angle des deux vitesses V et V' d'une part $m'P$ tend vers la valeur de l'arc $V'\alpha$; et, comme V' tend vers la valeur V lorsque Δt tend vers zéro, on peut dire que $m'P$ tend vers la valeur limite $V\alpha$ En appelant N la composante centripète de l'accélération, on a

$$N - \lim \left(\frac{m'P}{\Delta t}\right) \quad \lim \left(\frac{V\alpha}{\Delta t}\right) \quad V \lim \left(\frac{\alpha}{\Delta t}\right);$$

or nous savons que, si l'on appelle ϱ le rayon du cercle osculateur en M à la trajectoire, on a, par définition,

$$\lim. \frac{\alpha}{\Delta s} - \frac{1}{\varrho};$$

de là on déduit

$$\lim \left(\frac{\alpha}{\Delta t} \times \frac{\Delta t}{\Delta s} \right) = \frac{1}{\rho}$$

ou

$$\lim. \left(\frac{\alpha}{\Delta t} \right) - \frac{1}{\rho} \lim. \left(\frac{\Delta s}{\Delta t} \right) - \frac{V}{\rho},$$

on a donc enfin

$$N - \frac{V^2}{\rho}.$$

120 Calcul des éléments du mouvement circulaire uniforme — On peut employer deux procédés de calcul

1° *Application des formules generales.* — Le mouvement est défini par l'équation

$$S = At,$$

A étant une constante.

La vitesse à l'instant t est donnée par l'équation]

$$V = \lim \frac{\Delta S}{\Delta t} = A :$$

on voit qu'elle est indépendante du temps, par suite elle est *numeriquement* constante. La composante tangentielle de l'accélération est

$$T = \lim \left(\frac{\Delta V}{\Delta t} \right) - \text{zéro} :$$

l'accélération tangentielle est donc *nulle*; donc, s'il existe une accélération, elle est normale à la trajectoire en chaque point, elle est *centripete*; elle a pour valeur

$$\gamma - N = \frac{V^2}{\rho} = \frac{A^2}{R},$$

car le rayon de courbure se confond avec celui de la circonférence décrite et il est constant.

Enfin on a

$$\omega = \lim \left(\frac{\alpha}{\Delta t} \right) - \frac{V}{\rho} = \frac{A}{R} :$$

la *vitesse angulaire* est donc aussi constante. On peut exprimer γ en fonction de ω. On a en effet

$$A - \omega R, \qquad \text{d'où} \qquad \gamma \mathfrak{g} - \omega^2 R.$$

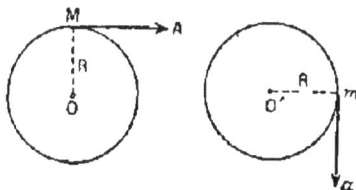

Fig 154

2° *Calcul direct* — Soit M la position à l'instant t d'un mobile qui tourne avec une vitesse angulaire constante ω, autour de l'axe qui se projette en O (fig. 154); soit R la distance du mobile à l'axe, la trajectoire est une circonférence de rayon R, et la vitesse constante du mobile est égale à ωR Par un point quelconque O' menons un vecteur qui représente à chaque instant la vitesse du mobile : l'extrémité m du vecteur décrira une circonférence de cercle, de rayon égal a ωR, avec une vitesse angulaire constante et égale a ω Or nous avons vu que la vitesse du point m représente a chaque instant, en grandeur et en direction, l'accélération γ du mobile M, au même instant t. Cette vitesse du point m est égale à $\omega \cdot \omega R$, c'est à dire à $\omega^2 R$, et, comme elle est dirigée suivant la tangente à la circonférence $O'm$, elle est perpendiculaire au rayon $O'm$, c'est-à-dire à la vitesse du mobile M . par suite elle est dirigée en chaque point vers le centre O de la première circonférence [1].

121 Théorème des projections cinématiques. — *Si l'on considère le mouvement d'un point sur sa trajectoire ainsi que le mouvement de la projection du mobile sur un axe quelconque, la vitesse et l'accélération de la projection sont respectivement égales, a chaque instant, aux projections de la vitesse et de l'accélération du mobile lui-même.* — En effet, considérons le cas simple d un mouvement rectiligne quelconque . soient M et M' (fig. 155, deux positions voisines du mobile sur sa trajectoire, et P et P' leurs projections sur un axe On a

$$\text{pour la vitesse moyenne du mobile} \qquad V_m \quad \frac{MM'}{\Delta t},$$

$$\text{pour la vitesse moyenne de la projection } v_m \quad \frac{PP'}{\Delta t}.$$

Or on a

$$PP' = MM' \cos \alpha ;$$

donc

$$v_m = V_m \cos \alpha.$$

Cette relation ne cesse pas d'être vraie lorsque Δt tend vers zéro et M' vers M et l'on a a la limite

$$v = V \cos \alpha,$$

c'est a dire que la *vitesse de la projection* est égale à la *projection de la vitesse*.

On ferait la même démonstration, pour les vitesses. dans le cas d'un mouvement curviligne (fig. 156), et on l'étendrait de même aux accélérations

---

CHAPITRE II

REPRÉSENTATION GRAPHIQUE DES LOIS DU MOUVEMENT.
DIAGRAMMES ET ENREGISTREURS.

122. Diagramme d'un mouvement. — Au lieu de représenter la loi d'un mouvement par une formule, on peut la représenter par une courbe : on appelle cette courbe le *diagramme* du mouvement.

1° *Cas du mouvement uniforme.* Considérons d'abord le cas du mouvement uniforme défini par l'équation $e = vt$.

---

1. La figure 154 correspond au cas particulier de $\omega = 1$.

Soit deux axes de coordonnées rectangulaires Ot et Oe (fig. 155).

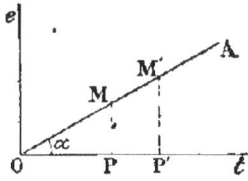

Sur l'axe horizontal (axe des temps), nous porterons en abscisses des longueurs OP et OP', *proportionnelles aux temps successifs* pendant lesquels le mobile aura été en mouvement, et, sur les perpendiculaires à Ot, élevées en ces points P et P', nous prendrons des longueurs PM et P'M', *proportionnelles aux espaces e* et *e'* respectivement

Fig. 155.

parcourus par le mobile pendant les temps t et t'. D'après la relation précédente on devra avoir

$$\frac{\text{MP}}{\text{OP}} = \frac{ke}{k't} = \frac{k}{k'}\, v. \qquad (1)$$

On a de même

$$\frac{\text{M'P'}}{\text{OP'}} = \frac{ke'}{k't'} = \frac{k}{k'}\, v = \frac{\text{MP}}{\text{OP}};$$

par conséquent tous les points M et M' seront en ligne droite avec l'origine : *le diagramme du mouvement uniforme est une ligne droite.*

Propriété du diagramme d'un mouvement uniforme. — Le diagramme OA fait avec l'axe des temps un angle α dont la tangente trigonométrique est *proportionnelle* à la vitesse du mouvement. En effet, on a

$$\tan \alpha = \frac{\text{MP}}{\text{PO}} = \frac{ke}{k't} = \frac{k}{k'}\, v = \text{K}v.$$

REMARQUES. — 1° On peut avoir $k = 1$, si l'on prend $k = k'$; alors $\tan \alpha = v$.

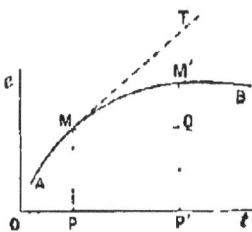

2° Il importe de ne pas confondre *le diagramme* du mouvement avec *la trajectoire* de ce mouvement. En effet, *que la trajectoire soit droite, brisée ou courbe,* si elle est parcourue d'un mouvement uniforme par le mobile considéré, *la loi* de ce mouvement uniforme sera toujours représentée graphiquement par la droite OA.

Fig 156

2° *Cas du mouvement varié.* L'espace parcouru dans un mouvement varié est représenté par une fonction quelconque du temps. Si donc nous prenons différentes abscisses OP, OP'.... (fig. 156), correspondant à des temps t, t',...., on aura une série de points M, M', qu'on peut supposer assez rapprochés pour pouvoir être reliés par une certaine courbe AMM'B, qui est le *diagramme* du mouvement.

Cette courbe *n'est pas la trajectoire décrite par le mobile*, mais elle représente graphiquement la loi suivant laquelle il parcourt cette trajectoire.

Propriété du diagramme. — Considérons deux points M, M' du diagramme, qui correspondent à deux instants successifs OP' et OP du mouvement. Nous avons vu que la vitesse moyenne est le rapport de l'accroissement de l'espace à l'accroissement du temps; on a donc

$$V_m = \frac{M'Q}{MQ} = \frac{k(e'-e)}{k'(t'-t)} = \frac{k}{k'}\, V_m = \text{tang}\ \widehat{M'MQ}.$$

Quand on fait tendre vers zéro l'accroissement de temps $(t'-t)$, la vitesse moyenne devient, à la limite, la *vitesse* V à l'*instant t*; mais alors le point M' sera infiniment voisin du point M; la corde MM' deviendra la tangente en M à la courbe AB et on aura

$$\text{tang}\ \alpha = \frac{k}{k'}\, V = KV,$$

α étant l'angle que fait cette tangente avec l'axe Ot [1]. Par conséquent

Dans le diagramme d'un mouvement varié, la tangente trigonométrique de l'angle que fait avec l'axe des temps la tangente a la courbe en un point M, est proportionnelle a la vitesse que possede le mobile au point correspondant de sa trajectoire.

REMARQUE. — On a tang $\alpha = V$, si l'on prend $k = k'$, c'est-à-dire K = 1.

Cas particulier. — Si la vitesse est constante, tang α est constante, et il en est de même de l'angle α. La courbe est donc telle que sa tangente en tous les points forme avec Ot un angle constant : c'est, par conséquent, la droite même qui fait avec Ot l'angle α; nous retrouvons ainsi le résultat auquel nous étions arrivés directement.

123. **Diagramme du mouvement uniformément accéléré.** — *Le diagramme du mouvement uniformément accéléré est une parabole.*

En effet, la loi du mouvement uniformément varié est exprimée, comme nous l'avons vu, par une relation du second degré en t, telle que

[1] $$e = a + bt + ct^2.$$

Le second membre est un trinôme du second degré dont la variation représente la variation de l'espace *e*. Si donc on cherche à
construire la courbe ayant comme abscisses *t* et comme ordonnées *e*, on retombe sur le problème d'algèbre classique : *étudier*

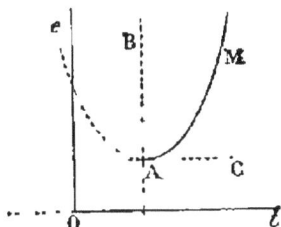

Fig. 157

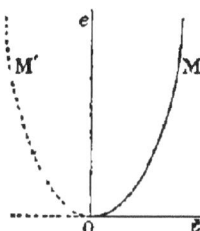

Fig 158.

la variation d'un trinôme du second degré; et l'on sait que cette
variation est représentée par une parabole.

Dans le cas général où le mobile possède une vitesse initiale, le
trinôme est complet et la parabole (fig. 157) ne passe pas par l'origine des coordonnées; si le mobile part du repos, le terme en *t*
disparaît du trinôme, qui est alors représenté par une parabole
tangente à l'axe horizontal O*t*. De plus, le point de contact est à
l'origine O (fig. 158), si l'origine des temps coïncide avec l'origine
des espaces.

124. **Diagramme d'un mouvement quelconque.** — Considérons le cas d'un mouvement quelconque, rectiligne ou curviligne,
par exemple celui d'un train de chemin de fer. Quelle que soit
la fonction *f(t)* qui exprime la loi du mouvement, elle peut être
représentée par une courbe dont les coordonnées seront le temps *t*
et l'espace *e*.

Il existe en effet pour chaque valeur du temps une valeur correspondante de l'espace
parcouru. En construisant
des points très rapprochés
et en les joignant, on aura
une courbe continue qui
sera le *diagramme du mouvement.*

Réciproquement, un dia-
gramme étant donné, on

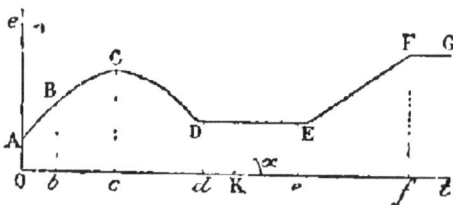

Fig. 159.

peut connaître le mouvement du mobile à chaque instant.

Soit ABCDEFG (fig. 159) un diagramme quelconque, destiné à
figurer la marche d'un mobile quelconque, par exemple d'un train
de chemin de fer, depuis le temps zéro jusqu'au temps *t*.

Fig. 160

DIAGRAMME RELATIF A LA MARCHE DES TRAINS

VOIE UNIQUE DE MÉZIDON A TROUVILLE-DEAUVILLE

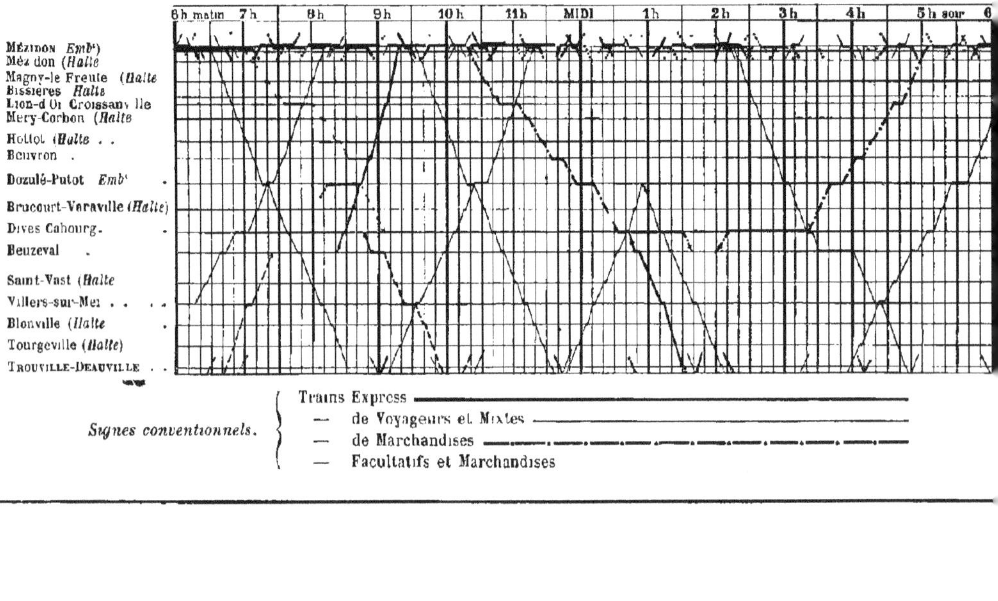

6 h matin	7 h	8 h	9 h	10 h	11 h	MIDI	1 h	2 h	3 h	4 h	5 h soir	6

Mézidon Emb¹)
Méz don (Halte
Magny-le Freule (Halte
Bissières Halte
Lion-d Oi Croissanville
Mery-Corbon (Halte

Hottot (Halte . .
Beuvron .

Dozulé-Putot Emb¹ .

Brucourt-Varaville (Halte)

Dives Cabourg . .

Beuzeval .

Saint-Vast (Halte

Villers-sur-Mer . . . .

Blonville (Halte .

Tourgeville (Halte)

TROUVILLE-DEAUVILLE . .

Signes conventionnels. {
Trains Express —————————
— de Voyageurs et Mixtes —————————
— de Marchandises —·—·—·—·—·—·—·—·—
— Facultatifs et Marchandises

La distance du train, au bout d'un temps t représenté par l'abscisse Ob, est représentée par l'ordonnée bB, et la vitesse du train au même instant par la tangente trigonométrique de l'angle que fait avec l'axe Ot la tangente à la courbe au point B. L'étude de ce graphique peut faire connaître à chaque instant l'allure du train.

Du temps zéro au temps Oc, on voit que le train avance, puisque les ordonnées vont en croissant; de plus, jusqu'à l'instant Ob, son mouvement est sensiblement uniforme, car la portion AB est sensiblement rectiligne; mais de B en C la tangente à la courbe fait avec l'axe Ot des angles de plus en plus petits : donc la vitesse diminue, pour devenir nulle en C où la tangente est parallèle à Ot. Donc le train s'arrête au bout d'un temps représenté par la longueur Oc.

De C en D, c'est-à-dire pendant l'intervalle de temps cd, le train est revenu en arrière, car, à mesure que le temps croît, il se trouve avoir parcouru un espace moins grand que tout à l'heure.

De D en E, pendant l'intervalle de temps de, le train s'arrête, puisque l'ordonnée reste constante; pendant le temps ef, il reprend sa marche en avant, et d'un mouvement uniforme, puisque le diagramme est une droite; enfin en F il y a un nouvel arrêt, et ainsi de suite.

125. Graphique des trains. — C'est par des diagrammes de ce genre que l'on représente la marche quotidienne des trains : c'est ce qu'on appelle le *graphique des trains*.

En réalité, on trace deux axes rectangulaires : sur l'axe horizontal, on prend des parties égales, qui représentent les diverses heures de la journée, chacune de ces parties étant divisée soit en 10 parties, soit en 6 parties (intervalles de 6 minutes ou de 10 minutes); sur l'axe vertical, on porte des longueurs égales (à l'échelle adoptée) aux distances qui séparent les stations successives de la ligne. Si l'on mène par les deux systèmes de points de division des parallèles aux axes, la feuille de papier se trouve quadrillée par des lignes qui représentent les heures et les distances.

Connaissant les heures du passage d'un train à deux stations consécutives, on obtient immédiatement, par l'intersection des lignes de coordonnées correspondantes, deux points du diagramme du mouvement du train. On joint ces deux points par une ligne droite, ce qui revient à substituer au mouvement réel du train, sur le tronçon de voie ferrée, un mouvement uniforme *de même vitesse moyenne*. Les temps d'arrêt sont représentés par des segments dirigés suivant l'axe des stations. Le diagramme correspondant au voyage complet se compose donc d'une ligne brisée (fig. 160.)

On adopte une écriture spéciale (traits pleins, tirets et points, pointillés, etc.) pour distinguer les diverses catégories de trains.

126. Appareils enregistreurs : Appareil du général Morin. — 1° *Définition.* — Dans certains cas, le diagramme de la loi du mouvement peut s'inscrire automatiquement sur une feuille de papier, à l'aide d'appareils spéciaux appelés *enregistreurs*. Le type de ces appareils, dont l'idée première est due à Poncelet, est l'appareil du général Morin, qui enregistre le diagramme du mouvement d'un corps tombant en chute libre.

2° *Description.* Un bâti fait de madriers (fig. 161 et 162) sert à maintenir verticalement un cylindre en bois M, très léger et pouvant tourner librement sur deux pivots. Avant chaque expérience, on recouvre la surface du cylindre d'une feuille de papier, quadrillé en carrés ou en rectangles (fig. 165). On colle le papier de manière que l'une des directions des côtés soit horizontale et, par suite, l'autre verticale. Les verticales serviront à mesurer l'espace parcouru par le corps qui tombe le long du cylindre, et les lignes horizontales à partager la durée de la chute en intervalles égaux.

Le mobile est une masse de fonte P, portant un crayon i qui est pressé contre le papier par un petit ressort (fig. 162). La masse est guidée dans sa chute par deux fils de fer bien tendus, qui passent dans deux couples d'oreilles symétriquement placées de chaque côté. Elle est munie, à sa partie supérieure, d'un mentonnet qui s'appuie sur l'extrémité d'un levier coudé AC; et lorsqu'on tire sur un cordeau K, attaché au levier, celui-ci lâche le mentonnet, et la masse commence sa chute.

La rotation du cylindre s'obtient à l'aide d'un poids Q suspendu à une corde qui s'enroule sur un treuil G. L'axe de celui-ci porte à un bout une roue dentée c qui mène deux *vis sans fin* a et b, dont la première fait tourner le cylindre et l'autre une couple d'ailettes x et x'. A l'autre bout du treuil est une *roue à rochet o* dans les dents de laquelle s'engage l'extrémité d'un *cliquet* B, qui empêche le treuil et tout le système de tourner. Mais en tirant sur un cordeau H, attaché au rochet, on rend libre la roue o, le poids Q descend et tout le système entre en mouvement. Le mouvement est d'abord accéléré, puisqu'il est produit par la chute d'un corps pesant; mais, l'air opposant aux ailettes une résistance qui croît beaucoup plus rapidement que la vitesse de rotation, l'accélération imprimée par la pesanteur finit par être annulée, et la rotation par devenir uniforme. L'expérience montre que ce résultat est sensiblement obtenu quand le poids Q a parcouru environ les trois quarts de sa course.

3° *Opération.* — Le mobile étant maintenu en haut de l'appareil, on laisse le crayon appuyer sur le papier pendant qu'on fait tourner à la main le cylindre : on trace ainsi un cercle, sur

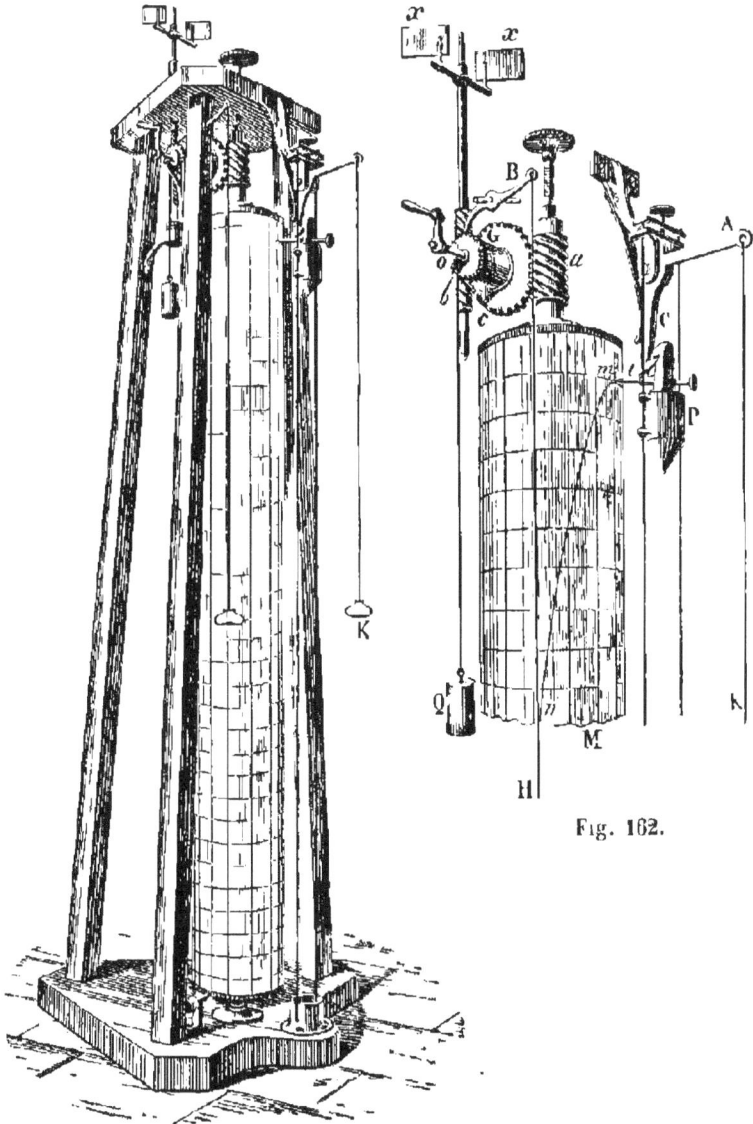

Fig. 162.

Fig 161

lequel se trouvera un point de départ du mobile. On retire alors le crayon en arrière, tout en laissant le mobile en place, et on lâche le poids moteur de manière à commencer le mouvement de rotation du cylindre. A l'instant où l'on juge que ce mouvement est devenu uniforme, on tire vivement sur le cordeau K, et la masse P tombe verticalement.

Si le cylindre était fixe, le crayon tracerait sur le papier une ligne droite qui serait une génératrice du cylindre; mais comme le cylindre tourne d'un mouvement uniforme, le crayon trace une courbe MN (fig. 163). Si l'on fend la feuille de papier suivant une génératrice, qu'on l'enlève du cylindre, qu'on la développe sur un plan, on peut alors étudier cette courbe. Cette courbe est le diagramme du mouvement de chute. Car d'une part les longueurs Ma, Ma', Ma'', comptées sur le cercle de départ, rectifié à partir de l'origine, sont proportionnelles aux temps 1, 2, 3... et peuvent représenter ces temps, et, d'autre part, les droites ac, $a'c'$, $a''c''$, représentent les espaces parcourus respectivement par le mobile pendant ces intervalles de temps.

4° *Vérification de la loi des espaces.* — Si l'on prend la distance Ma pour unité de temps, ac est l'espace parcouru au bout de la 1ʳᵉ unité de temps, ma' l'espace parcouru au bout du temps 2, ma'' au bout du temps 3, etc. : or on trouve que $a'c'$ vaut 4 ac, que $a''c'' = 9\,ac$, que $a'''c''' $ 16 ac, etc. Cela prouve que les espaces ac, $a'c'$, $a''c''$... croissent comme les carrés des temps, 1, 2, 3, 4.... On peut donc énoncer cette première loi de la chute des corps, dite *loi des espaces* :

Les espaces parcourus par un corps qui tombe librement dans le vide sont proportionnels aux carrés des temps employés à les parcourir.

REMARQUE. — On peut considérer la loi comme vérifiée pour un corps qui tomberait dans le vide. En effet, l'influence perturbatrice de l'air est éliminée par la faible durée de l'expérience : le mobile ne tombant que pendant une fraction de seconde, sa vitesse n'a pas le temps de devenir assez grande pour que la résistance de l'air puisse la retarder sensiblement.

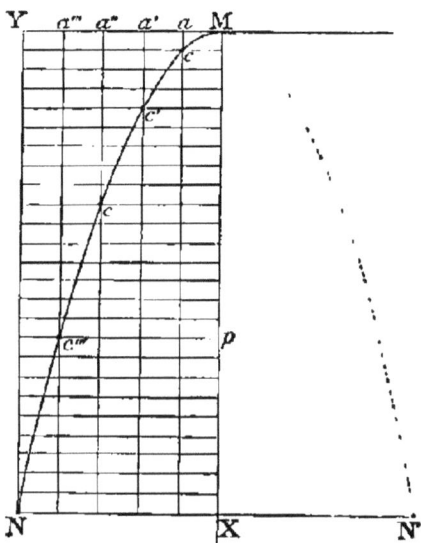

Fig. 163.

5° *Détermination graphique du sommet de la courbe* — La relation précédente peut s'exprimer comme il suit :

Les distances des points de la courbe a une perpendiculaire à l'axe menée par son sommet sont proportionnelles aux carrés des distances de ces mêmes points a l'axe lui-même.

Cette propriété géométrique caractérise la courbe appelée *parabole* Ainsi le *diagramme* de la chute est une *branche* de *parabole* le point M en est le sommet, la droite MX, direction du mouvement uniformément accéléré, en est l'axe, et la droite MY, direction du mouvement uniforme de rotation, en est la tangente au sommet

On profite de cette remarque pour déterminer avec précision le sommet de la courbe, lequel reste toujours incertain dans le graphique Pour cela, on applique l'une des propriétés géométriques de la parabole si l'on mène les tangentes en deux points c' et c'' (fig 164), et qu'on leur élève respectivement des perpendiculaires aux points t' et t'' où elles coupent la tangente au sommet, ces droites se coupent en un même point de l'axe, qui est le *foyer* de la parabole En abaissant de ce foyer, ainsi déterminé, une perpendiculaire sur la tangente au sommet, le point d'intersection sera exactement le sommet de la courbe et par suite l'origine des espaces

6° *Vérification de la loi des vitesses.* — On sait que, si l'on mène la tangente en M a la courbe, et qu'on cherche dans les tables la tangente trigonométrique de l'angle α (fig. 165), on aura une

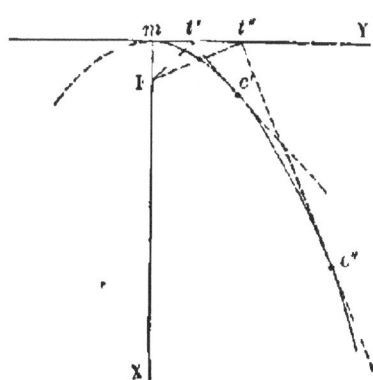
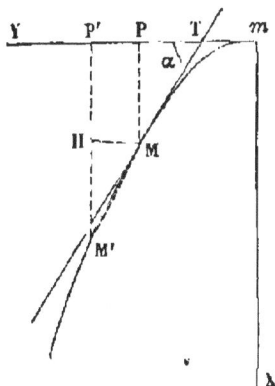

Fig 164   Fig 165

grandeur *proportionnelle* à la vitesse du mobile à l'instant t. De même, en faisant la même construction pour un autre point M' de la courbe, on aura une grandeur proportionnelle à la vitesse V' à l'instant t'. Or on vérifie l'égalité

$$\frac{\tan\alpha}{\tan\alpha'} = \frac{t}{t'};$$

d'où cette 2ᵉ loi de la chute des corps, dite *loi des vitesses* :

Les vitesses acquises par un corps qui tombe dans le vide sont proportionnelles aux temps écoulés depuis le commencement de la chute.

Remarque. — Ces deux lois sont, comme on sait, caractéristiques du *mouvement uniformément accéléré*.

7° *Vérification des principes de cinématique* — L'identité de ce diagramme avec une parabole démontre expérimentalement d'abord que le diagramme d'un mouvement uniformément accéléré est un *arc de parabole*. Cela vérifie ensuite une proposition que nous verrons ci-après relativement à la composition de deux mouvements rectilignes dans le cas où l'un est uniforme et l'autre uniformement varié sans vitesse initiale, on voit que le mouvement résultant a pour trajectoire une parabole orientée comme la courbe *mn*

127. Autres appareils enregistreurs. — 1° *Vibroscope de Duhamel.* — On peut, d'une manière analogue, enregistrer la loi

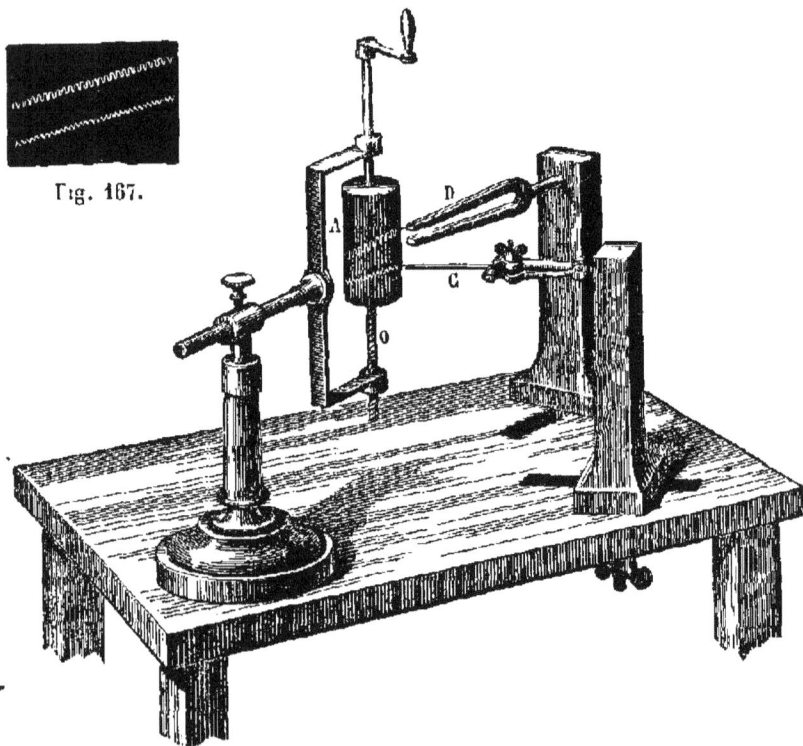

Fig. 167.

Fig. 166.

d'un mouvement quelconque, par exemple d'un mouvement vibratoire (diapason, corde, etc.) : tel est le cas du *vibroscope* de Duhamel (fig. 166). On enroule sur le cylindre A une feuille de papier glacé (fig. 167), puis on l'enduit de noir de fumée par un procédé quelconque. La tige vibrante C, dont on veut étudier le mouvement

vibratoire, est munie d'un style qui peut frôler, en vibrant, la
surface enfumée; il en est de même pour le diapason D, dont les
vibrations. enregistrées simultanément, servent à mesurer la durée
de l'expérience; enfin, on imprime au cylindre inscripteur un
double mouvement de rotation et de progression, soit à la main,

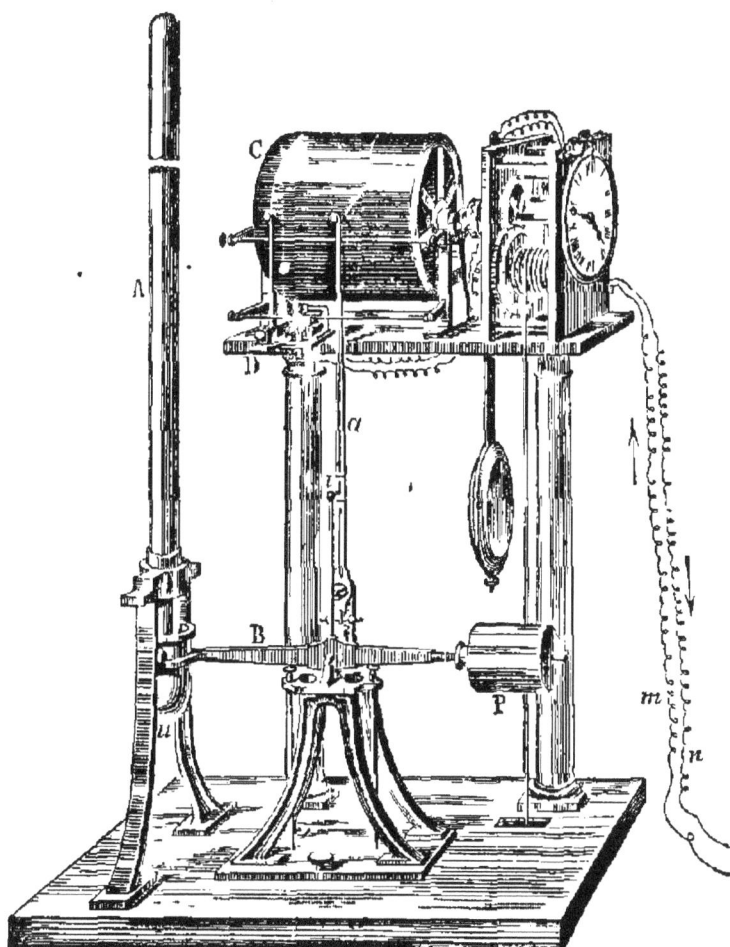

Fig. 168.

comme dans l'appareil primitif de Duhamel, soit à l'aide d'un
moteur mécanique, comme dans les appareils enregistreurs perfectionnés (enregistreur Marey, phonographe, etc.).

2° *Baromètre enregistreur ou barographe.* — Dans une foule de
cas, la courbe inscrite permet de mesurer ou de suivre les variations de la cause physique qui détermine le mouvement enregis-

tré : tel est le cas des baromètres, des thermomètres, des hygromètres, des ampèremètres, des voltmètres, etc., et autres instruments de mesure enregistreurs. Ainsi le *baromètre enregistreur* (ou *baromètre-balance*) enregistre sur un cylindre enfumé C les déplacements d'une aiguille *a*, qui est solidaire d'un fléau de balance B portant la cuvette mobile *u* d'un barographe (fig. 168). Le temps est enregistré simultanément et à l'aide d'un *pointeur* O, actionné par un petit électro-aimant, et qui pointe les heures.

3° *Enregistreur Marey*. — C'est grâce à l'emploi judicieux d'électro-aimants qu'on arrive à réaliser l'enregistrement de plusieurs

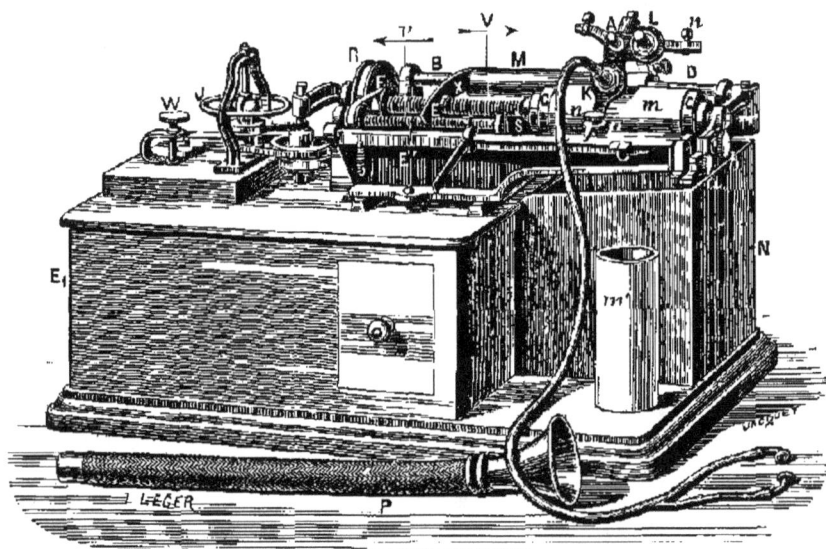

Fig. 169.

phénomènes successifs ou simultanés : tel est le cas de l'*enregistreur de Marey*.

4° *Enregistreurs photographiques*. — Souvent on remplace le style inscripteur par un petit miroir sur lequel on dirige un rayon lumineux. L'image formée est mise au point sur un papier photographique qu'on substitue au papier enfumé sur le cylindre tournant. Les mouvements du miroir communiquent à l'image des déplacements qui sont photographiés au fur et à mesure de leur production ; l'ensemble de ces images photographiques constitue le diagramme des mouvements à étudier.

5° *Enregistreurs réversibles*. — Enfin, dans certains cas, l'instrument enregistre le mouvement de telle manière qu'on puisse le reproduire intégralement. Cette sorte de réversibilité est réalisée merveilleusement soit dans le *phonographe d'Edison*[1] (fig. 169), soit, plus simplement, dans le *graphophone* de Tainter.

CHAPITRE III

COMPOSITION DES MOUVEMENTS.

128. Mouvement absolu, mouvement relatif, mouvement apparent. — Jusqu'à présent nous avons supposé que le mobile se déplaçait par rapport à un point fixe, l'*origine des espaces*, sur une trajectoire, droite ou courbe, dont tous les points étaient également *fixes*. Nous nous étions placé dans le cas du *mouvement absolu*, cas idéal, introuvable dans la nature, irréalisable dans la pratique.

Le cas ordinaire est celui où les points de repère, ainsi que tous les points de la trajectoire du mobile, sont emportés eux-mêmes d'un mouvement commun quelconque, qu'on appelle *mouvement d'entraînement*. Le mouvement que le mobile possède alors dans son propre système est un *mouvement relatif*. Tel est, par exemple, le mouvement des billes d'un billard qui serait installé dans un bateau en marche. Tel est le mouvement du bateau lui-même par rapport aux rives d'un fleuve; car celles-ci participent avec lui au double mouvement de la terre, qui tourne sur elle-même tout en se déplaçant sur son orbite autour du soleil.

En résumé, lorsqu'un mobile M se meut dans un système A, fixe ou supposé fixe, ce mobile a un *mouvement absolu*; mais quand le système A se déplace lui-même par rapport à un autre système B, supposé fixe, le mobile M a un mouvement *relatif* dans le système A et *absolu* dans le système B.

On confond souvent les expressions *mouvement relatif* et *mouvement apparent*, qui ne sont pourtant pas identiques. Le mouvement *apparent* du mobile M peut être, suivant la situation de l'observateur qui considère le mouvement, soit son mouvement relatif dans le système A, soit son mouvement absolu dans le

---

1 Voir la description de ces appareils dans la *Physique* Ganot-Maneuvrier, 21ᵉ édition.

système B. Si l'observateur fait partie du système A, le mouvement qu'il perçoit, qui est *apparent pour lui*, c'est le mouvement relatif de M dans A ; si l'observateur fait partie du système B, le seul mouvement qui soit *apparent pour lui*, c'est le mouvement absolu de M dans B.

129. Composition des mouvements. — La considération du mouvement relatif et du mouvement absolu conduit au problème général suivant :

Un mobile M est animé d'un mouvement relatif dans le système A ; ce système A est animé lui-même d'un mouvement d'entraînement dans le système B : connaissant ces deux mouvements, trouver le mouvement absolu du mobile M dans le système B.

C'est ce qu'on appelle le *problème de la composition des mouvements*, parce qu'on peut considérer le mouvement de M dans B comme un mouvement *composé* ou *résultant* des deux autres mouvements, lesquels en sont eux-mêmes les *mouvements composants*.

Ce problème a pour complément un problème inverse, celui de la *décomposition* des mouvements. On peut l'énoncer ainsi :

Étant donné le mouvement résultant et l'un des mouvements composants, trouver l'autre mouvement composant.

Nous traiterons ce double problème d'abord dans le cas le plus ordinaire, où le mouvement d'entraînement du système A est un *mouvement de translation*. :

On dit qu'un système A est animé d'un *mouvement de translation*, lorsque tous ses points ont, à chaque instant, des *vitesses égales et parallèles*. Si, en outre, tous les points *décrivent dans le même temps des droites égales et parallèles*, on dit que le système est animé d'un *mouvement de translation rectiligne*. Un mouvement de translation peut être uniforme ou varié.

150. Composition de deux mouvements rectilignes uniformes et de directions différentes. — *Lorsqu'un point matériel est animé de deux mouvements simultanés, rectilignes et uniformes, il prend un mouvement résultant qui est rectiligne et uniforme, dont la vitesse est déterminée par la règle du parallélogramme des vecteurs.*

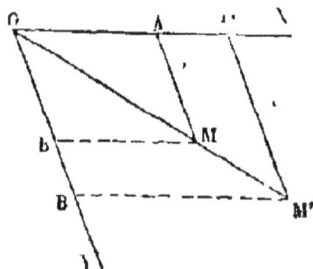

Fig 170.

Imaginons qu'un mobile se meuve d'un mouvement uniforme de vitesse V sur une droite OX (fig. 170), pendant que cette droite elle-même est animée d'un mouvement de *translation* uniforme, de vitesse V' parallèlement à une direction OY.

1° *Le mouvement résultant est rectiligne.* Supposons qu'au temps pris pour origine le mobile soit en O. Pendant le temps t le mobile a parcouru sur OX une longueur OA égale à vt et la droite OA est venue en BM, OB étant égal à $v't$: le point mobile A se trouve donc en M, BM étant égal et parallèle à OA. De même, en prenant sur OX une longueur OA′ égale à vt', et en menant parallèlement à OY une droite A′M′ égale à $v't'$, on aura la position M′ du mobile au temps t'.

Il résulte de cette construction même que la trajectoire, lieu du point M, est rectiligne. On a en effet

$$[3] \qquad \frac{OA}{OA'} = \frac{AM}{A'M'} = \frac{t}{t'}, \quad \text{d'où} \quad \frac{OA}{AM} = \frac{OA'}{A'M'} ;$$

si donc nous joignons le point O aux points M et M′, nous avons deux triangles OAM, OA′M′, qui ont les angles A et A′ égaux compris entre côtés proportionnels : ils sont donc semblables, l'angle AOM est égal à AOM′, et par suite les trois points O, M, M′ sont en ligne droite.

2° *Le mouvement résultant est uniforme.* En effet, les deux triangles semblables OAM, OA′M′ donnent

$$\frac{OM}{OM'} = \frac{t}{t'} :$$

donc les espaces parcourus sont proportionnels aux temps employés à les parcourir.

3° *Règle du parallélogramme des vitesses.* — *La vitesse du mouvement résultant est égale, en grandeur et en direction, à la diagonale du parallélogramme construit sur les deux vitesses des deux mouvements composants.*

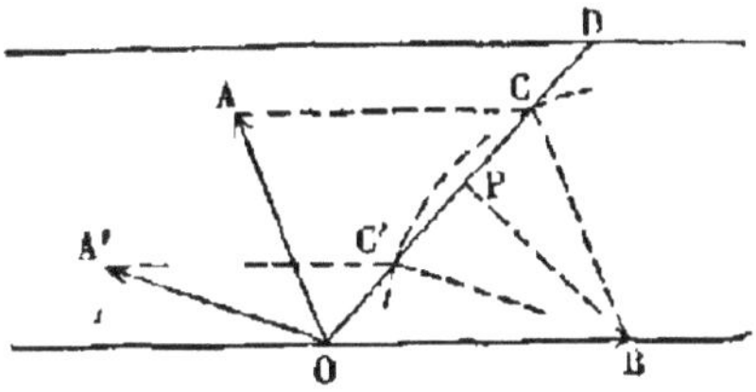

Fig 171

Supposons, en effet, que le temps t soit égal à l'unité; OA est alors l'espace parcouru par le mobile sur la droite OX pendant l'unité de temps : c'est donc la vitesse v; pour la même raison, AM sera la vitesse v' du mouvement de translation, et OM, étant aussi l'espace parcouru par le mobile pendant l'unité de temps, sera la vitesse du mouvement résultant.

REMARQUE. — On voit que la vitesse du mouvement résultant est un *vecteur egal à la somme geometrique des deux vecteurs* qui représentent les vitesses des deux mouvements composants La règle de la composition des vecteurs s'applique donc au cas des vitesses comme a celui des forces

131 Application — *Un nageur faisant 40 mètres a la minute veut traverser une rivière dont le courant a une vitesse de 50 mètres à la minute, en partant d'un point donné O pour atterrir en un point D de la rive opposée . dans quelle direction doit-il nager ?* (fig 171)

Soit OB le vecteur qui représente la vitesse du courant La direction inconnue OA doit être telle que, en portant sur cette direction une longueur égale à la vitesse du nageur et composant cette vitesse avec le segment OB qui représente la vitesse du courant, la diagonale du parallélogramme soit dirigée suivant OD Le problème revient donc à construire un triangle OBC, connaissant l'angle DOB, le côté OB et la grandeur du 3ᵉ côté

Du point B comme centre, avec une ouverture de compas BC, égale a la vitesse du nageur, décrivons une circonférence · elle coupe OD en deux points C et C'; prenons le point C, par exemple ; menons OA parallèle a BC, et CA parallèle a OB · OA sera la direction suivant laquelle le nageur devra se diriger au *départ* pour arriver en D par la ligne droite, c'est-a-dire par le plus court chemin

Il y a une deuxième solution, c'est OA' le nageur, parti suivant OA', atterrira aussi en D, mais après un temps plus long, car il luttera presque directement contre le courant,

Remarque — La même solution convient a la traversée d'un bateau (fig 172).

Fig 172.

On voit que, pour traverser une rivière en ligne droite, suivant une direction donnée OD, il ne faut pas se diriger au départ vers le point d'atterrissement D; il faut déterminer approximativement la direction BC, et à partir du point O nager parallèlement à cette direction

132. Composition de plusieurs mouvements rectilignes uniformes. — La règle de composition des vitesses a la même généralité que la règle de composition des vecteurs, et elle s'applique à un nombre quelconque de mouvements.

Lorsqu'un point matériel est animé de plusieurs mouvements simultanés, rectilignes et uniformes, il prend un mouvement résultant qui est rectiligne et uniforme et dont la vitesse est égale à la somme géométrique des vitesses composantes.

, · Ce cas se présente lorsque le mobile M se meut dans un système A, lequel est entraîné dans un système B, lequel est entraîné lui-même dans un système C, etc. : soit, par exemple, 4 mouvements uniformes et rectilignes de vitesse V, V', V" et V'''. D'un point O, pris comme centre (fig. 173), menons 4 vecteurs Oa, Ob, Oc, Od, représentant les vitesses des mouvements dirigés respectivement suivant OA, OB, OC et OD. En menant le vecteur ab' et joignant Ob', ce vecteur Ob' représente, d'après la règle précédente, la vitesse résultante des vitesses V et V'. En menant b'c' et joignant O à c', on a un vecteur Oc' qui représente la vitesse résultante de V, V' et V"; enfin en menant le vecteur c'd', et joignant O et d', le vecteur Od' représente la résultante totale des 4 vitesses composantes.

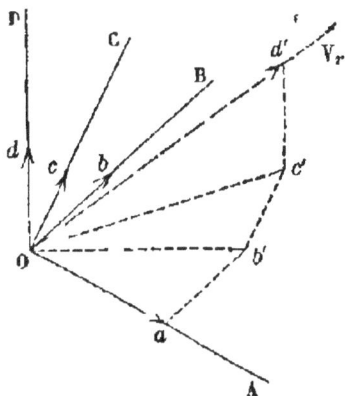

Fig 173.

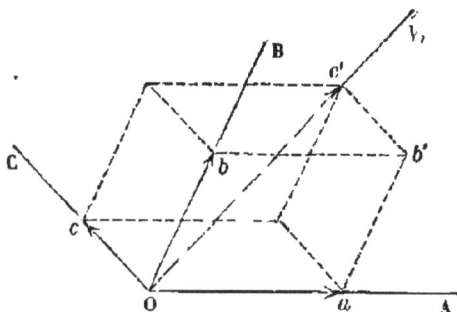

Fig. 174.

Polygone des vitesses. — On voit que la vitesse résultante V est le dernier côté d'un polygone gauche, constitué comme le polygone des forces : c'est le *polygone des vitesses.*

Parallélépipède des vitesses. — De même, pour trois mouvements dirigés suivant les trois arêtes OA, OB, OC d'un trièdre (fig. 174), la vitesse du mouvement résultant sera donnée par la règle du parallélépipède des vecteurs, : c'est ici le *parallélépipède des vitesses.*

155. Décomposition d'un mouvement rectiligne uniforme. — Une vitesse quelconque représentée par un vecteur AV (fig. 175) peut se décomposer soit en deux vitesses situées dans un même plan, par la règle du parallélo-

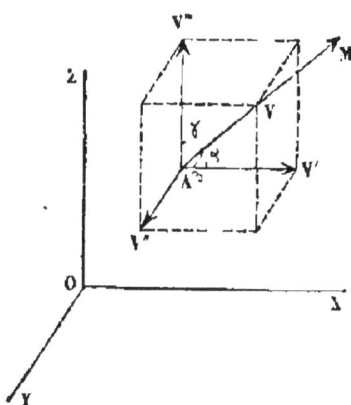

Fig 175.

gramme des vecteurs, soit en trois vitesses V, V', V'', non situées dans un même plan, par la règle du parallélépipède, soit enfin en un nombres quelconque de vitesses, par la règle du polygone des vecteurs.

Étant donné un *mouvement uniforme* suivant la droite AM (fig. 175), on peut le décomposer en un nombre quelconque de mouvements rectilignes et uniformes.

Dans le cas de trois mouvements composants suivant trois directions rectangulaires, on aura pour les vitesses composantes.

$$V' = V \cos \alpha, \qquad V'' = V \cos \beta, \qquad V''' = V \cos \gamma,$$

α, β et γ étant les angles que fait la direction du mouvement avec les trois axes.

134. Composition de deux mouvements rectilignes et uniformément variés. — *Lorsqu'un point matériel est animé de deux mouvements simultanés, rectilignes et uniformément variés, il prend un mouvement résultant qui est rectiligne et uniformément varié et dont l'accélération est déterminée par la règle du parallélogramme des vecteurs.*

Imaginons un point matériel parcourant la droite OX (fig. 176) d'un mouvement uniformément accéléré pendant que cette droite OD se déplace elle-même d'un mouvement de translation rectiligne et uniformément accéléré, parallèlement à la droite OY.

1° *Le mouvement résultant est rectiligne.*

Si au bout du temps t le mobile est arrivé en A sur la droite OX, comme celle-ci, pendant le même temps, est transportée en BM, le mobile sera en M,

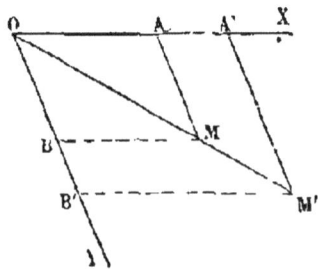

Fig 176.

a l'intersection des droites AM et BM. Soit de même M' sa position au temps t'. Les deux mouvements composants étant uniformément accélérés, on a, en appelant γ et γ' leurs accélérations,

[1]
$$\frac{OA}{OB} = \frac{\frac{1}{2}\gamma t^2}{\frac{1}{2}\gamma' t^2} = \frac{\gamma}{\gamma'} = \frac{BM}{AM}.$$

De même on a pour le point M',

[2]
$$\frac{OA'}{OB'} = \frac{B'M'}{A'M'} = \frac{\frac{1}{2}\gamma t'^2}{\frac{1}{2}\gamma' t'^2} = \frac{\gamma}{\gamma'};$$

d'où l'on déduit

$$\frac{BM}{AM} = \frac{B'M'}{A'M'} :$$

cette relation démontre que les trois points M, M' et O sont en ligne droite.

2° *Le mouvement résultant est uniformément accéléré.*

On a, dans les triangles semblables OMB et O'M'B',

$$\frac{OM}{OM'} = \frac{OB}{OB'} = \frac{\frac{1}{2}\gamma' t'^2}{\frac{1}{2}\gamma' t'^2} = \frac{t^2}{t'^2} ;$$

donc les espaces parcourus par le mobile M sur sa trajectoire sont proportionnels aux carrés des temps; le mouvement du point M est donc uniformément accéléré.

3° *Règle du parallélogramme des accélérations.* — *L'accélération du mouvement résultant est représentée, en grandeur et en direction, par la diagonale du parallélogramme construit sur les deux accélérations des mouvements composants.*

En effet, on a en désignant par G l'accélération du mouvement résultant,

$$OA = \frac{1}{2}\gamma t^2, \qquad OB = \frac{1}{2}\gamma' t^2, \qquad OM = \frac{1}{2}G t^2.$$

Si le temps t est pris égal à l'unité, il reste simplement

$$OA = \frac{1}{2}\gamma, \qquad OB = \frac{1}{2}\gamma', \qquad OM = \frac{1}{2}G :$$

donc si les deux côtés du parallélogramme OAMB sont les demi-accélérations γ et γ', la diagonale OM sera la demi-accélération G.

REMARQUES. — 1° On peut composer de même plusieurs mouvements rectilignes et uniformément accélérés en appliquant aux accélérations de ces mouvements la *règle du polygone des vecteurs* ou la *règle du parallélépipède des vecteurs.*

2° Il faut bien remarquer ici que ces règles ne peuvent s'appliquer à la composition des accélérations qu'autant que les mouvements d'entraînement des systèmes sont des *mouvements de translation.* Quand il s'agit des vitesses, les mouvements d'entraînement peuvent être quelconques.

135 Composition de deux mouvements rectilignes quelconques —
Quand on compose deux mouvements rectilignes quelconques, le mouvement résultant n'est généralement pas un mouvement rectiligne.

Supposons que le premier mouvement se fasse suivant une droite OX et soit défini par la relation $x - \varphi(t)$, et le second, suivant OY, par la relation $y - \psi(t)$.

En *éliminant* le temps entre ces deux équations on aura une relation $f(xy) - 0$, qui est l'équation de la trajectoire du mouvement résultant : en effet, les coordonnées x et y du mobile, dans chacune de ses positions successives, satisfont à cette équation. On voit qu'en général cette fonction ne représente une droite qu'autant qu'elle sera du premier degré en x et en y.

EXEMPLE — *Composition d'un mouvement rectiligne et uniforme avec un mouvement rectiligne et uniformément accéléré, perpendiculaire au premier.*

Prenons pour axes de coordonnées les deux droites rectangulaires suivant lesquelles sont dirigés les deux mouvements à composer (fig 177) Soit

[1] $y - vt$

le mouvement uniforme que nous supposons dirigé suivant OY, et soit

[2] $x \quad \frac{1}{2}\gamma t^2$

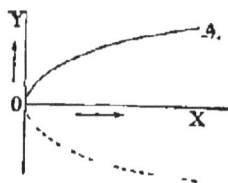

Fig 177.

le mouvement uniformément accéléré que nous supposons dirigé suivant OX

Elevons l'équation [1] au carré et divisons-la membre à membre par l'équation [2], il vient

$$\frac{y^2}{x} = \frac{2v^2}{\gamma},$$

ou. en multipliant par x,

$$y^2 - \frac{2v^2}{\gamma} x \quad \text{ou bien} \quad y^2 - 2px,$$

en posant $\dfrac{2v^2}{\gamma} - 2p$

Telle est l'équation de la trajectoire : c'est l'équation d'une parabole tangente à l'axe des y à l'origine, et qui a pour axe de symétrie l'axe des x.

Ce cas se présente dans l'étude du mouvement des projectiles.

156. Mouvement des projectiles dans le vide. — Il résulte des lois de la chute des corps qu'un point matériel *pesant*, tombant librement dans le vide, prend un mouvement rectiligne et uniformément accéléré. D'autre part, en vertu de l'inertie de la matière, un point matériel *non pesant*, qui serait lancé dans le vide, avec une certaine vitesse initiale, prendrait un mouvement rectiligne et uniforme. Par conséquent, un point matériel *pesant*, lancé dans le vide avec une certaine vitesse initiale, prendra le *mouvement résultant* de ces deux mouvements simples : tel est le cas d'un projectile qui sort d'une arme à feu.

En réalité, un projectile ne peut être lancé que dans l'air ; — mais, si l'on fait abstraction de la résistance de l'air, on peut étudier le mouvement du projectile *comme s'il était lancé dans le vide* : tel est le sens précis de l'énoncé du problème actuel.

Nous examinerons successivement trois cas.

I. *La vitesse initiale est dirigée verticalement et de haut en bas.*
— On démontre alors que *le mouvement résultant* est *rectiligne*
(*vertical*) et *uniformément accéléré.*

Soit O l'origine du mouvement, Oz la direction de la vitesse
initiale et V_0 sa grandeur (fig. 178, I).

On a donc, pour la vitesse résultante V,

[1] $$V = V_0 + gt.$$

En effet, il suffit d'appliquer à ce cas particulier les règles
générales de la composition des mouvements.
D'abord pour les vitesses, la somme géométrique devient une somme arithmétique, puisqu'on doit porter les deux vitesses composantes (V_0 et gt), à la suite l'une de l'autre, dans
la même direction et dans le même sens.

Il en est de même pour la détermination
des points de la trajectoire. La position du
mobile au temps t s'obtiendra en portant à
la suite l'un de l'autre, dans la même direction et dans le même sens, les deux déplacements composants $V_0 t$ et $\frac{1}{2} gt^2$. L'équation

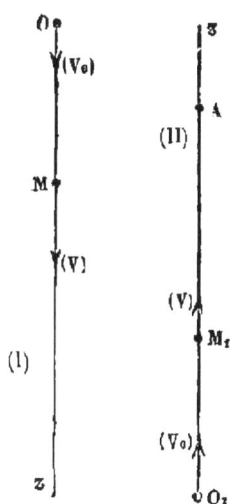

[2] $$z = V_0 t + \frac{1}{2} gt^2$$

Fig. 178.

exprime que le déplacement résultant est la
somme arithmétique des déplacements composants.

II. *La vitesse initiale est dirigée verticalement et de bas en haut.*
— C'est le cas où le projectile est lancé, de bas en haut, suivant
la verticale du point de départ. Il prend alors un mouvement
résultant, qui est *rectiligne* (*vertical*) et *uniformément retardé.* Ce
mouvement présente plusieurs particularités fort intéressantes.

Équations du mouvement. — Soit O_1 l'origine, $O_1 z$ la direction
de la vitesse initiale dont la grandeur est V_0 (fig. 178, II). En
appliquant la règle de la composition des vitesses, on voit que la
vitesse résultante au temps t est la somme algébrique des deux
vitesses V_0 et ($-gt$) : elle est donc représentée par l'équation

[1] $$V = V_0 - gt.$$

En composant de même les déplacements, on voit que la

position M du mobile, a l'instant t, est donnée par l'équation

$$[2] \qquad z = V_0 t - \frac{1}{2} g t^2,$$

z étant le déplacement total, compté positivement dans le sens de la vitesse initiale.

Durée du mouvement. — Dans le cas précédent, le mobile tombait indéfiniment, jusqu'à ce qu'il rencontrât le sol. Ici le mouvement d'ascension n'est pas indéfini, car la pesanteur agit sur le mobile, comme un frein, pour épuiser sa vitesse initiale. Ce mobile s'arrêtera donc au bout d'un temps θ qui sera donné par l'équation [1] si l'on y fait V égal à 0 :

$$0 = V_0 - g\theta, \qquad \text{d'où} \qquad \theta = \frac{V_0}{g}. \qquad [3]$$

Hauteur maximum du projectile. — Au moment où le projectile s'arrête, il est arrivé à son point d'élévation maximum sur sa trajectoire. Soit A cette position et h la distance $O_1 A$ (fig. 178). Elle sera donnée par l'équation [2], si l'on y fait $t = \theta$. On aura ainsi

$$[4] \qquad h = \frac{V_0^2}{2g}.$$

Retour du projectile. — A partir de l'instant θ, le projectile est dans le cas d'un corps pesant qu'on laisserait tomber de la hauteur h, sans vitesse initiale; il prendra donc, suivant la verticale AO, un mouvement rectiligne et uniformément accéléré, dont les équations sont

$$V_1 = gt,$$
$$l = \frac{1}{2} g t^2$$

(en choisissant le point A pour origine des espaces et l'instant θ pour origine des temps).

Durée de la descente. — Le mobile sera revenu au point de départ O_1 au bout d'un temps θ′, qui sera donné par l'équation des espaces, si l'on y fait l égal à h; on aura

$$\theta' = \sqrt{\frac{2h}{g}} = \frac{V_0}{g} = \theta;$$

On voit que *la durée de la descente est précisément égale à la durée de l'ascension.*

Vitesse pendant la descente. — Au départ, en A, la vitesse est nulle. Elle croît proportionnellement aux temps, d'après la loi des vitesses. A l'arrivée, c'est-à-dire en O_1, au bout du temps θ', on a

$$V = g\theta' = V_0.$$

Le mobile a donc regagné, en arrivant au sol, sa vitesse initiale de propulsion.

Remarque. — Ce résultat est général, *le projectile a toujours la même vitesse quand il traverse un même plan de niveau, soit en montant, soit en descendant.*

En effet, à l'instant où le mobile passe en M_1, on peut le considérer comme un projectile lancé à cet instant avec une vitesse initiale V_0', qui serait égale à $(V_0 \quad gt')$, t' étant déterminé par l'équation

$$O_1M_1 - V_0t' - \frac{1}{2}gt'^2.$$

Alors la vitesse V' du retour sera égale à la vitesse V_0' du départ, comme on l'a vu précédemment.

III. *La vitesse initiale est inclinée sous un angle* α. — C'est le cas ordinaire et pratique du mouvement des projectiles. Le point matériel pesant est alors animé de deux mouvements simultanés rectilignes, l'un uniforme, de vitesse V_0, dirigé suivant Oy, et l'autre uniformément accéléré, sans vitesse initiale, dirigé suivant la verticale Oz' (fig. 179). Nous avons vu que le mouvement résultant est *un mouvement varié curviligne : la trajectoire est une parabole qui est tangente à la direction du mouvement composant uniforme et a pour diamètre la direction du mouvement accéléré.*

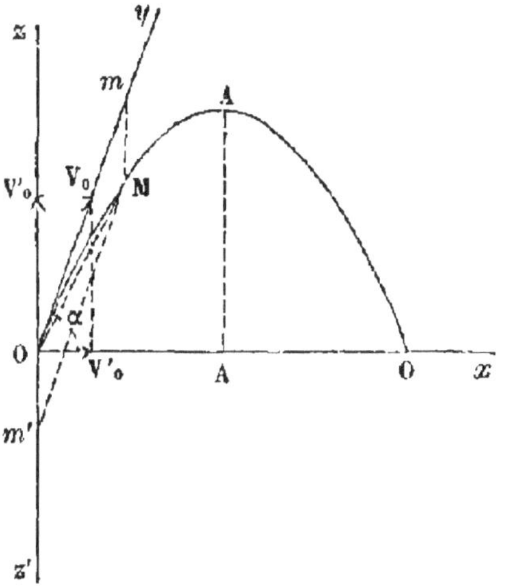

Fig 179

Construction de la trajectoire. — L'un quelconque des points de la trajectoire s'obtient en appliquant les règles relatives à la composition des mouvements. Si l'on prend sur Oy une longueur Om égale à V_0t, sur Oz' une longueur Om' égale à $\frac{1}{2}gt^2$, et qu'on construise le parallélogramme $mOm'M$, l'extrémité M de la diagonale $m'M$ sera la position du mobile au temps t : ce sera le point de la trajectoire correspondant à cet instant. En faisant varier t, et par suite Om et Om', on aura autant de points qu'on voudra de la parabole.

137   Étude analytique de la trajectoire d'un projectile dans le vide.
— 1° *Équation de la trajectoire (en coordonnées obliques)* — Si l'on pose $Om = y$ et $Om' = z$, ce qui revient à prendre pour axes de coordonnées les directions des deux mouvements composants, et pour origine le point de départ, on aura

$$y = V_0 t \quad \text{et} \quad z = \frac{1}{2} g t^2.$$

En éliminant t entre ces deux équations, il vient l'équation

$$y^2 = 2 \frac{V_0^2}{g} z,$$

qui représente une parabole, passant par l'origine des coordonnées, tangente à l'axe Oy et ayant son axe vertical (fig 179).

2° *Équation de la trajectoire (en coordonnées rectangulaires).* — Il est plus commode, pour étudier le mouvement parabolique, de rapporter la courbe à deux axes de coordonnées rectangulaires, qui sont la verticale Oz et l'horizontale Ox du point de départ

Pour cela, au lieu de composer directement le mouvement accéléré avec le mouvement uniforme, on commence par décomposer ce dernier en deux mouvements uniformes, dirigés suivant les nouveaux axes de coordonnées. Les vitesses de ces mouvements seront déterminées par le parallélogramme des vitesses, lequel, dans le cas actuel, est un rectangle (fig 179) et donne

$$V_0'' = V_0 \cos \alpha \quad \text{et} \quad V_0' = V_0 \sin \alpha.$$

Le mouvement composant, dirigé suivant Oz et ayant pour vitesse $V_0 \sin \alpha$, se compose avec le mouvement de la chute, dirigé suivant Oz', pour donner un mouvement rectiligne et uniformément retardé, analogue à celui que nous avons étudié précédemment Les équations de ce mouvement sont (en appelant V_1 la vitesse à l'instant t et z l'espace parcouru, compté positivement suivant Oz)

Équation des vitesses . . . $V_t = V_0 \sin \alpha - g t,$
— des espaces. . . $z = (V_0 \sin \alpha) \, t - \frac{1}{2} g t^2$ $\Big\}$ [1]

Quant au mouvement uniforme suivant l'horizontale Ox, il est défini par

Équation de la vitesse   . $V_0'' = V_0 \cos \alpha,$
— des espaces   . $x = (V_0 \cos \alpha) \, t$ $\Big\}$ [2]

En éliminant t entre les deux équations des espaces [1] et [2], on a une équation entre x et z, qui représente la trajectoire Elle est

[3] $$z = x \tang \alpha - \frac{g}{2 V_0^2 \cos^2 \alpha} x^2.$$

C'est une parabole dont l'axe est vertical

3° *Discussion de l'équation* — Toutes les particularités du mouvement parabolique se déduiront de la discussion de cette équation et cette discussion elle-même se fera aisément, si l'on remarque que le projectile est, en chaque point de sa trajectoire, animé d'une vitesse que l'on connaît par ses projections sur les axes des coordonnées. En effet, ces projections sont précisément les vitesses mêmes des deux mouvements composants, à savoir :

$$\text{sur l'axe des } z . \quad . \quad V_t = V_0 \sin \alpha - gt,$$
$$— \quad \text{des } x . . \quad . \quad V_0'' — V_0 \cos \alpha$$

4° *Durée de l'ascension.* — Le projectile s'élèvera évidemment aussi long temps que sa vitesse verticale ne sera pas nulle. Or celle-ci s'annulera au bout du temps θ, défini par l'équation

$$0 = V_0 \sin \alpha - g\theta, \quad \text{d'où} \quad \theta = \frac{V_0 \sin \alpha}{g}.$$

Remarquons que ce temps θ est égal à la durée d'ascension d'un projectile qui serait lancé verticalement avec la vitesse $V_0 \sin \alpha$.

5° *Sommet de la parabole* — On le déterminera aisément en faisant $t = \theta$ dans les équations qui expriment les coordonnées d'un point quelconque de la trajectoire, en fonction du temps. Soient a et c les coordonnées de ce sommet A, on aura

$$a = \frac{V_0^2 \sin \alpha \cos \alpha}{g} = \frac{V_0^2 \sin 2\alpha}{2g},$$
$$c = \frac{V_0^2 \sin^2 \alpha}{2g}.$$

Remarquons aussi que la coordonnée c, c'est-à-dire la hauteur du sommet, est précisément égale à la hauteur maximum qu'atteindrait un projectile qui serait lancé verticalement avec la vitesse $V_0 \sin \alpha$.

6° *Symétrie de la parabole.* — Une fois arrivé au sommet de sa trajectoire, le projectile ne s'arrête pas, quoique la composante verticale de sa vitesse soit annulée; il continue son mouvement, parce qu'il est entraîné par la composante horizontale de sa vitesse, composante constamment égale à $V_0 \cos \alpha$. Si le projectile n'était pas pesant, il prendrait alors un mouvement rectiligne et uniforme, suivant l'horizontale du sommet, laquelle est tangente à la parabole ; mais, comme il est pesant, il est soumis à l'action accélératrice de la pesanteur, et tombe suivant une branche de parabole.

Il est facile de démontrer que cette branche descendante est symétrique de la branche ascendante par rapport à la verticale AA' du sommet (fig. 179). Il suffit pour cela de montrer que la vitesse du projectile, pendant la descente, reprend aux mêmes distances du point A les mêmes valeurs *changées de signe* que pendant l'ascension. Or, d'une part, la composante horizontale de cette vitesse reste constante; d'autre part, sa composante verticale varie exactement de la même manière que la vitesse initiale d'un projectile lancé verticalement, et nous avons démontré que cette vitesse a les mêmes valeurs, au signe près, quand le projectile passe, en montant ou en descendant, par les mêmes niveaux.

7° *Portée du projectile ou amplitude du jet* — Il résulte de là que, lorsque le projectile retombe au niveau du point de départ, il possède la même vitesse (et par suite la même force vive) qu'au sortir de la bouche à feu. Il est important de connaître la distance horizontale de ce point d'arrivée 0' par rapport au point de départ O. C'est cette distance OO' (fig. 179) qu'on appelle soit la *portée du projectile*, soit l'*amplitude du jet* de la parabole.

On voit, à cause de la symétrie de la courbe, que la distance OO' est égale au double de la distance OA', laquelle est égale elle-même à la coordonnée a. En appelant A cette amplitude, on a

$$A = 2a = \frac{V_0^2 \sin 2\alpha}{g}.$$

8° *Amplitude maximum du jet* — L'amplitude A est donc une fonction de l'inclinaison α (lorsque la vitesse initiale est constante). Elle est maximum, lorsque

$$\sin 2\alpha = 1, \text{ et par suite } 2\alpha = 90° \text{ et } \alpha = 45°.$$

Cela prouve qu'il faut tirer *sous l'angle de 45°* pour lancer un projectile le plus loin possible avec une même vitesse initiale, et par suite avec la même force de projection.

9° *Parabole battante ou renversante et parabole écrasante* — On voit aussi que, pour une même valeur V_0, l'amplitude A a les mêmes valeurs lorsqu'on donne à α deux valeurs successives, l'une inférieure et l'autre supérieure à 45°, de la même quantité. En effet,

$$\text{pour } \alpha = 45° - \varphi \ldots \quad 2\alpha = 90° - 2\varphi,$$
$$\text{et pour } \alpha = 45° + \varphi \ldots \quad 2\alpha = 90° + 2\varphi$$

ces deux angles sont donc supplémentaires et leurs sinus sont égaux. Il en

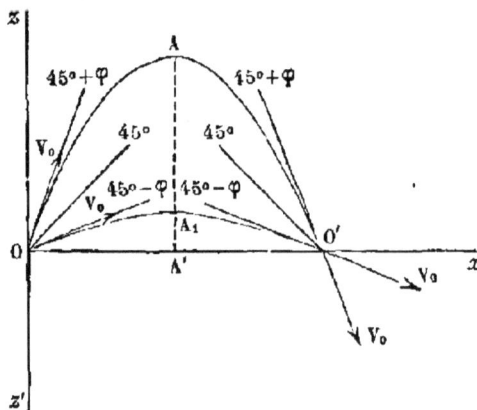

Fig. 180.

resulte que l'on pourra atteindre un point tel que O', situé sur le même niveau que le point de départ, en tirant avec la même force de projection sous deux inclinaisons différentes, qui sont symétriques par rapport à l'inclinaison de 45°.

A chacune de ces inclinaisons correspond une trajectoire distincte (fig. 180) : l'une a pour équation

$$[1] \qquad z = x \tan (45° - \varphi) - \frac{g}{2V_0^2 \cos^2(45° - \varphi)} x^2,$$

et l'autre

$$[2] \qquad z = x \tan (45° + \varphi) - \frac{g}{2V_0^2 \cos^2(45° + \varphi)} x^2$$

Elles ont deux points communs O et O', et leurs sommets A et A_1 sont sur la même verticale.

Quand le projectile atteindra le point O', sur l'une ou l'autre parabole, il possédera la même vitesse, en grandeur et en direction, qu'au point de départ sur la parabole A_1, cette vitesse sera V_0 et fera un angle $(45° - \varphi)$ avec l'horizontale, sur la parabole A la vitesse sera encore V_0, mais fera un angle plus grand $(45° + \varphi)$ Par conséquent, dans le premier cas, la composante horizontale de cette vitesse sera plus grande que la composante verticale; donc la force vive du projectile, et par suite sa puissance de destruction, sera plus grande dans le sens horizontal que dans le sens vertical Ce sera exactement le contraire dans le second cas C'est pourquoi l'on appelle la première trajectoire, parabole *renversante* ou *battante*, et la seconde, parabole *écrasante*

138. Problème du tir — On désigne sous ce nom la question suivante : *Sous quel angle faut il lancer un projectile, avec une vitesse initiale donnée, pour frapper un point déterminé ?*

La solution de ce problème est une application immédiate des considérations précédentes sur le mouvement des projectiles dans le vide

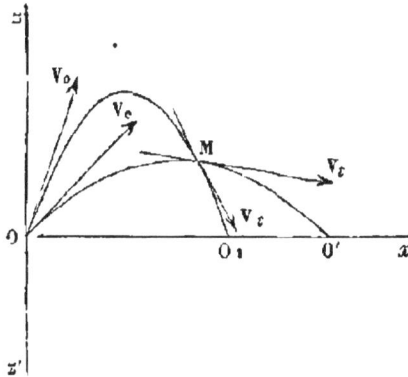

Fig 181

1° *Équation du problème* Soit O le point de départ du projectile et M le point a atteindre Supposons ce dernier déterminé par ses deux coordonnées x' et z', prises par rapport à deux axes rectangulaires : l'horizontale Ox et la verticale Oz du point O (fig 181) Supposons le problème résolu, et soit α l'inclinaison qu'il faut donner à la vitesse initiale V_0 dont on dispose, pour atteindre le point M L'équation de la trajectoire du projectile est alors

$$z = x \tan \alpha - \frac{g}{2V_0^2 \cos^2 \alpha} x^2.$$

En écrivant que les coordonnées (x', z') du point M satisfont à cette équation, on aura une équation de condition où $\tan \alpha$ sera l'inconnue, et qu'on pourra résoudre par rapport à $\tan \alpha$ Elle est

$$z' = x' \tan \alpha - \frac{g}{2V_0^2 \cos^2 \alpha} x'^2.$$

En remplaçant $\cos^2 \alpha$ par sa valeur en fonction de $\tan \alpha \left(\cos^2 \alpha = \frac{1}{1 + \tan^2 \alpha} \right)$, et en ordonnant le polynôme par rapport à $\tan \alpha$, il vient

$$\tan^2 \alpha - \frac{2V_0^2}{gx'} \tan \alpha + \frac{2V_0^2 z'}{gx'^2} + 1 = 0.$$

Cette équation est du second degré en $\tan \alpha$, et a deux racines fournies par la formule

$$\tan \alpha = \frac{V_0^2}{gx'} \pm \sqrt{\frac{V_0^4}{g^2 x'^2} - \left(\frac{2V_0^2 z'}{gx'^2} + 1 \right)}.$$

Ces deux racines seront réelles, pourvu que la quantité sous le radical soit positive, elles sont d'ailleurs positives l'une et l'autre et fournissent pour $\tan \alpha$, et par suite pour α, deux solutions inégales, parfaitement admissibles. Il y aura donc, en général, *deux inclinaisons inégales et deux paraboles différentes per-*

mettant d'atteindre un point déterminé, en tirant avec une vitesse initiale donnée. L'une de ces trajectoires correspond à la parabole renversante définie ci-dessus, et l'autre trajectoire à la parabole écrasante. L'une et l'autre atteindront le point M avec des vitesses et sous des angles différents.

2° *Courbe de sûreté.* — La quantité sous le radical n'étant pas un carré parfait, n'est pas nécessairement toujours positive. Il s'ensuit que *le problème du tir n'est pas possible dans tous les cas.* On ne pourra atteindre le point M qu'autant que ses coordonnées $(x'\ z')$ satisferont à l'inégalité de condition suivante :

$$\frac{V_0^4}{g^2 x'^2} - \frac{2V_0^2 z'}{g x^2} - 1 \geqslant 0$$

On peut interpréter géométriquement cette condition. En chassant les dénominateurs et faisant passer z' dans le second membre, on met l'inégalité sous la forme suivante :

$$z' \leqslant \frac{V_0^2}{2g} - \frac{g}{2V_0^2} x'^2.$$

Or, si l'on considère la courbe qui aurait pour équation

$$z \quad \frac{V_0^2}{2g} - \frac{g}{2V_0^2} x^2,$$

cette courbe est une parabole qui a son sommet H (fig. 182) sur l'axe Oz, et cette droite même pour axe de symétrie. On sait d'ailleurs qu'une courbe ayant pour équation possède

$$z - \frac{V_0^2}{2g} \quad \frac{g}{2V_0^2} x^2,$$

la propriété géométrique de séparer, dans le plan xOz, tous les points pour lesquels on a

$$z < \frac{V_0^2}{2g} - \frac{g}{2V_0^2} x^2,$$

de ceux pour lesquels on a

$$z > \frac{V_0^2}{2g} \quad \frac{g}{2V_0^2} x^2,$$

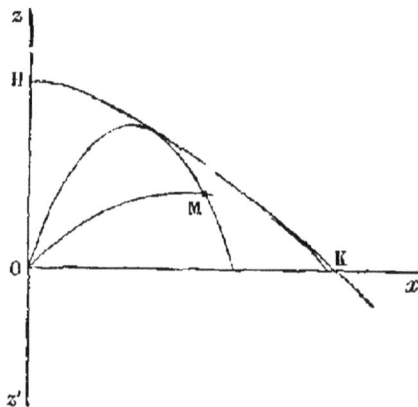

Fig. 182

les premiers étant à l'intérieur de la courbe et les autres à l'extérieur. Donc l'inégalité de condition ne sera satisfaite que pour les points (x', z') du plan qui sont situés soit en dedans de la courbe, soit sur la courbe elle-même. Pour les premiers, la quantité sous le radical est positive, et l'équation en tang α aura deux racines réelles : il y aura deux paraboles pouvant atteindre le point M; c'est là le cas général que nous avons examiné ci-dessus. Pour les autres points, la quantité sous le radical sera nulle, et l'équation en tang α n'aura qu'une racine. Cela veut dire que, dans ce dernier cas, il n'y aura qu'une seule manière d'atteindre le point $(x'\ z')$ avec un projectile de vitesse V_0 : il faudra le lancer sous l'inclinaison α définie par l'équation

$$\tan g\ \alpha = \frac{V_0^2}{g x'}.$$

Enfin, pour tous les points (x', z') situés en dehors de la courbe, la quantité sous le radical sera négative, et les racines de l'équation en tang a seront imaginaires, c'est-à-dire que le problème du tir sera insoluble pour tous ces points on ne pourra en atteindre aucun en lançant d'une manière quelconque un projectile de vitesse V_0 Par suite, la branche IIh de la courbe (fig. 182) est l'extrême limite des points où on pourra toucher tous les autres points du plan sont à l'abri du projectile C'est pourquoi l'on donne à cette parabole le nom de *parabole de sûreté.*

3° *Sommet de la parabole de sûreté* — Il est à une hauteur h qu'on obtient en faisant $x = 0$ dans l'équation de la courbe Il vient

$$h = \frac{V_0^2}{2g}.$$

On voit que c'est précisément la hauteur maximum qu'atteindrait le projectile si on le lançait verticalement suivant Oz avec la même vitesse initiale Il est évident *a priori* que ce point d'arrêt du mobile doit être un point de la courbe de sûreté

4° *Portée de la courbe de sûreté.* — En faisant $z = 0$, on a deux valeurs de x égales et de signe contraire Une seule nous intéresse c'est la racine positive, qui est située du côté où on lance le projectile Soit A cette racine, qui représente la longueur OK (fig 182), c'est-à-dire la *portée* de la parabole On a

$$A = \frac{V_0^2}{g}.$$

On voit que c'est précisément l'amplitude maximum qui correspond à la parabole définie par l'inclinaison de 45° Il est également évident *a priori* que ce point doit appartenir aussi à la courbe de sûreté

5° *Enveloppe des paraboles de tir* — Toutes les paraboles correspondantes à une même vitesse initiale V_0 ont précisément pour *enveloppe géométrique* la courbe de sûreté Cela résulte de ce que, lorsque le point M (x', z') est pris sur cette courbe, les deux paraboles de tir qui correspondent généralement à chaque point M se réduisent alors à une seule

On sait que *l'enveloppe géométrique* d'une série de courbes a la propriété d'être tangente à toutes les courbes enveloppées.

6° *Influence de la résistance de l'air* — Tous les résultats précédents sont

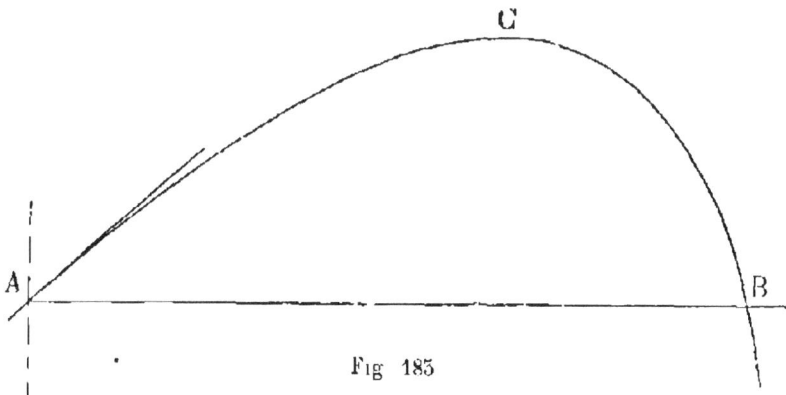

Fig 185

des résultats *théoriques*, obtenus en négligeant une circonstance importante du phénomène, la résistance de l'air L'air s'oppose au mouvement des projectiles, d'autant plus énergiquement que leur vitesse est plus grande, et il en résulte des perturbations plus ou moins grandes dans la trajectoire et dans les lois de ces mouvements Pour n'en citer qu'un exemple, la trajectoire *dans l'air* n'a pas la forme parabolique ni l'orientation que nous lui avons assignées *dans le vide* Les deux parties AC et CB de la courbe (fig 185) ne sont plus symétriques par rapport à la verticale du *point culminant* ou sommet, et la branche descendante, que le projectile parcourt dans la période de chute, se rapproche rapidement de la verticale

159. Composition des mouvements de rotation. — 1° *Représentation géométrique des mouvements de rotation uniformes.* — On représente un mouvement de rotation par une longueur OP. proportionnelle à la vitesse angulaire et portée, suivant l'axe de rotation (fig. 184), dans un sens tel qu'un observateur, placé les pieds en O et dressé suivant OP, voie le mouvement se faire *dans le sens des aiguilles d'une montre*. Si le mouvement avait lieu en sens contraire, on porterait la longueur qui représente la vitesse angulaire dans le sens OP', contraire à OP.

2° *Cas de deux axes de rotation concourants.* — Théo- Fig. 184
rème. — *Deux mouvements de rotation, autour de deux axes qui se rencontrent, se composent en un mouvement de rotation*

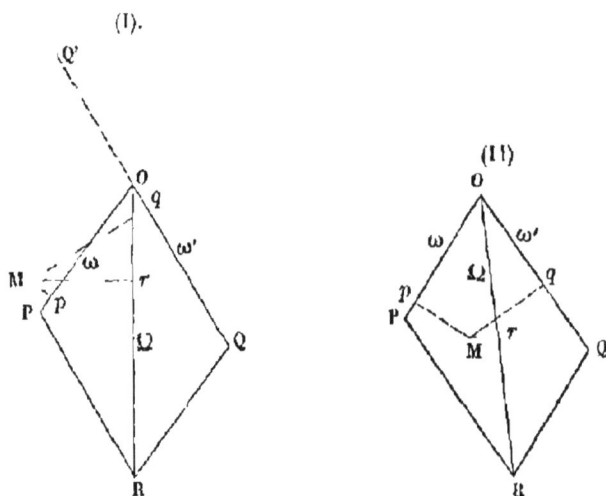

Fig 185.

résultant, qui a lieu autour d'un axe passant par le point de concours des deux premiers, et dont la vitesse angulaire Ω est représentée en grandeur et en direction par la diagonale du parallélogramme construit sur les vitesses angulaires ω et ω' des mouvements composants.

En effet, considérons un point M (fig. 185, I et II), qui est animé d'un mouvement de rotation autour de l'axe OP, pendant que tout le système¦ (M, OP) tourne lui même autour de l'axe OQ. Cherchons le mouvement résultant.

Prenons pour plan de la figure le plan des deux axes de rotation, et construisons le parallélogramme ayant pour côtés OP = ω et OQ = ω'; soit OR la résultante.

Si p et q représentent les distances respectives du point M à ces deux axes, il aura, par rapport à chacun d'eux, des vitesses égales à ωp et $\omega' q$; sa vitesse réelle V sera donc la somme de ces deux vitesses,

$$[1] \qquad\qquad \dot{V} = \omega p + \omega' q;$$

or, en appliquant le théorème des moments, on a la relation

$$OP \times p + OQ \times q = OR \times r,$$

ou bien

$$\omega p + \omega' q = OR \times r, \quad \text{d'où} \quad V = OR \times r.$$

On voit que la vitesse résultante du point M est équivalente à celle qui résulterait d'un mouvement de rotation autour de OR, de vitesse angulaire Ω, représentée par OR.

On voit, en outre, que si le point M était situé en O, il aurait une vitesse nulle, puisque ce point appartient aux deux axes ; il en serait de même s'il était en R, car il recevrait simultanément deux vitesses contraires et égales (chacune étant mesurée par la moitié de l'aire du parallélogramme). Ainsi la ligne OR est fixe dans le plan QOP, et le mouvement résultant est réellement un mouvement de rotation autour de cet axe.

5° *Cas de deux axes de rotation parallèles* — Théorème. — *Deux rotations parallèles et de même sens se composent en une rotation parallèle et de même sens égale à leur somme, et dont l'axe passerait par un point de la ligne qui joint deux points des axes des deux premières, ce point divisant cette ligne dans le rapport inverse des vitesses angulaires.*

Ce théorème se démontre d'une manière analogue, par comparaison avec la composition des forces parallèles.

CHAPITRE IV

MOUVEMENT D'UNE FIGURE PLANE DANS SON PLAN.

140. Mouvement continu d'une figure plane dans son plan.

Il est intéressant, au point de vue de la théorie de divers mécanismes, de savoir comment on peut suivre et étudier à chaque instant le mouvement d'un système *invariable* qui se déplace d'une manière continue. Nous nous bornerons au cas simple *d'une figure plane qui se meut dans son propre plan.*

Théorème. — *On peut, en opérant une rotation unique autour d'un point convenablement choisi, amener une figure plane d'une certaine position initiale à une autre position quelconque dans le même plan.*

Soit d'abord AB la position initiale d'un segment de droite appartenant à la figure plane (F) (fig. 186), et soit A'B' ce même segment dans la position finale (F') où nous voulons amener la même figure. Si nous donnons un *sens* à la droite AB, l'angle des deux directions AB, A'B' sera l'angle *obtus* α : c'est évidemment l'angle dont il faut faire tourner le segment AB pour qu'il se superpose exactement à A'B'.

Joignons A et A', B et B', et sur les milieux P et Q de ces deux droites élevons deux perpendiculaires : elles se coupent en un point O, tel qu'en faisant tourner AB d'un angle α autour de ce point, on pourra l'amener dans la position A'B'.

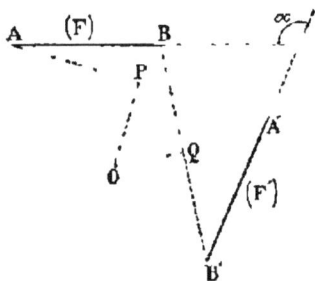
Fig 186.

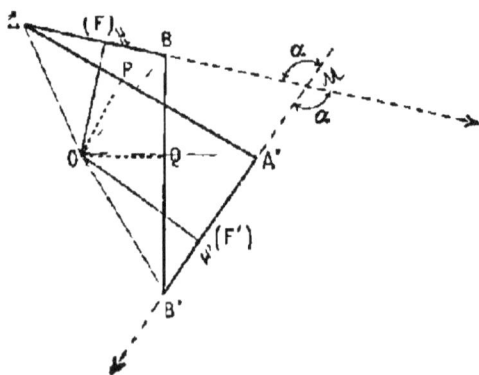
Fig 187.

En effet, si, du point O, on abaisse des perpendiculaires OH, OH' (fig. 187) sur les deux positions AB et A'B', ces perpendiculaires sont égales, font entre elles l'angle α, et tombent au même point de la droite mobile. Pour le démontrer, menons OA, OB, OA′, OB′. Les deux triangles AOB et A′OB′ sont égaux comme ayant leurs trois côtés égaux, a savoir AB = A′B′ par hypothèse, OA = OA′ parce que le point O est un point de la perpendiculaire élevée sur le milieu de AA′ et OB = OB′ pour la même raison : les hauteurs OH et OH′ sont donc égales et le segment AH est égal au segment A′H′ ; de plus, le quadrilatère MHOH′ étant inscriptible, l'angle HOH′ est précisément égal à l'angle α. Par conséquent, une rotation égale à α, autour du point O, amènera la droite AB en A′B′.

141. Centre de rotation. — Le point O se nomme *centre de rotation* relatif au déplacement AB, A′B′.

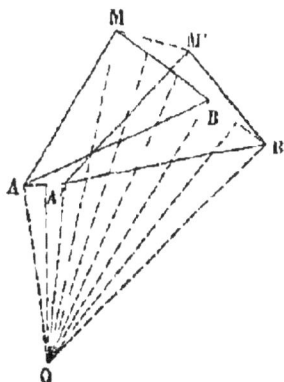

Fig. 188

On voit, d'après la construction, que ce centre de rotation O est unique en général, puisqu'il est déterminé par l'intersection de deux lignes droites ; de plus il est commun à tous les points de la figure mobile.

En effet, soit M un point quelconque du système (fig. 188). Après le déplacement AB, A′B′, le triangle AMB est en A′M′B′. Comme les triangles OAM, OA′M′ sont égaux (ils ont un angle égal A = A′ compris entre côtés égaux chacun à chacun OA = OA′, AM = A′M′), les deux lignes OM et OM′ sont égales. Donc on peut considérer le point M comme ayant passé, de M en M′, par une rotation autour de O.

142. Centre instantané de rotation. — 1° DÉFINITION. — Lorsque l'amplitude du déplacement A′OA tend vers zéro, le centre de rotation O tend vers une position limite qu'on appelle *centre instantané de rotation*.

Cette position, variable à chaque instant lorsque la figure est animée d'un mouvement continu dans son plan, dépend aussi des liaisons géométriques qui déterminent le déplacement de la figure.

2° PROPRIÉTÉS. — Le centre instantané de rotation possède des propriétés définies par les deux théorèmes suivants. :

Théorème I. — *Si, à un instant donné, on mène les normales aux trajectoires, aux positions occupées simultanément par les divers points de la figure, ces normales concourent au centre instantané de rotation.*

Soit (fig. 189) xx′ la trajectoire décrite par l'un quelconque des points de la figure mobile, le point A par exemple, et yy′ la trajectoire décrite simultanément par le point B. Les perpendiculaires élevées sur les milieux de AA′ et de BB′ se rencontrent en un point O qui est le centre de rotation relatif au déplacement considéré. Lorsque les points A′ et B′ se rapprochent de plus en plus des points A et B, les cordes AA′ et BB′ tendent à se confondre avec les tangentes menées en A et B aux trajectoires $xx′$ et $yy′$, de sorte que la position *limite* du point O est le point de rencontre des *normales* à $xx′$ et à $yy′$, aux points A et B.

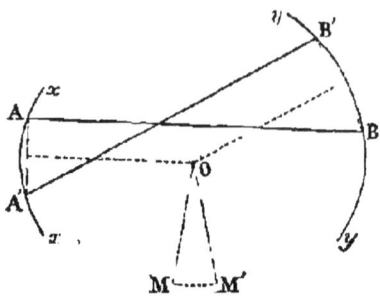

COROLLAIRE. — Soit Ω ce point : le rapport des distances $\overline{\Omega A}$ et et $\overline{\Omega B}$ est égal au rapport des vitesses à l'instant t des points A et B.

Fig. 189.

Théorème II. — *Pendant le mouvement continu d'une figure plane dans son plan, le centre instantané de rotation décrit deux courbes : l'une est constituée par l'ensemble des points du plan mobile qui sont successivement centres instantanés de rotation ; l'autre est le lieu des positions occupées par le centre instantané sur le plan fixe.*

En effet, soient deux positions successives A′ et B′ des points A et B sur leurs trajectoires x et y. On obtiendra le *centre instantané* O en construisant les deux normales en A et B, aux courbes x et y : elles se coupent en O. De même l'intersection des normales menées en A′ à la courbe x et en B′ à la courbe y fournira le centre instantané O′ correspondant à la position A′B′ (fig. 190).

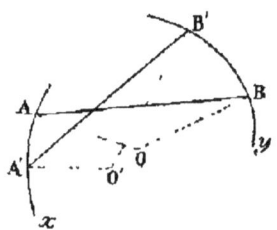

Si les positions A′ et B′ se rapprochent indéfiniment de A et B, le centre O′ se rapprochera indéfiniment du point O en occupant une série continue de positions qui définissent un arc de courbe sur le plan mobile.

Fig 190.

Chaque position du point O sur le plan mobile *coïncide* avec un point du plan fixe sur lequel est supposée se mouvoir la figure, de telle sorte qu'à l'arc de courbe OO′ du plan mobile correspond sur le plan fixe un *arc des points coïncidants*.

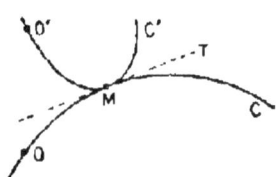

145. Roulement. — 1° DÉFINITION. — Soit une courbe C′ qui se déplace sur une courbe C en lui restant tangente (fig 191) : on dit qu'il y a *roulement* de la première courbe sur la deuxième, lorsque les

Fig 191.

arcs OM et O'M sont égaux, M étant le point de contact actuel, O et O' deux points fixes quelconques, antérieurement en contact.

Si les arcs OM et O'M cessaient d'être égaux, c'est que le *roulement* serait accompagné d'un *glissement*.

2e THÉORÈME. — *On peut ramener le mouvement continu d'une* ~~courbe~~ *plane dans son plan à celui d'une courbe du plan mobile qui roule sans glisser sur une autre courbe du plan fixe.*

En effet, soit une série discontinue de positions $F_1, F_2,...$ Fn occupées par la figure mobile; et soit O_1 le centre de rotation relatif aux deux positions F_1 et F_2, O_2 le centre de rotation relatif aux positions F_2 et F_3, etc. On sait qu'on peut amener F_1 sur F_2 par une rotation autour de O_1, F_2 sur F_3 par une rotation autour de O_2, etc. Soit C_1 le point du plan mobile qui coïncidait avec le centre O_1 : lorsqu'on amènera F_2 sur F_3, ce point viendra se placer en C_1 (fig. 192); de même lors-

qu'on amènera F_3 sur F_4, le point C_1 viendra en C'_1, tandis que le point du plan mobile qui coïncidait précédemment avec le centre O_2, viendra en C_2, et ainsi de suite.

Il résulte de là que les *segments mobiles* C_1O_2, C_2O_3, $C_3 O_4...$, etc., sont respectivement égaux aux *segments coïncidants* $O_1 O_2$, $O_2 O_3$, $O_3 O_4$, etc.;

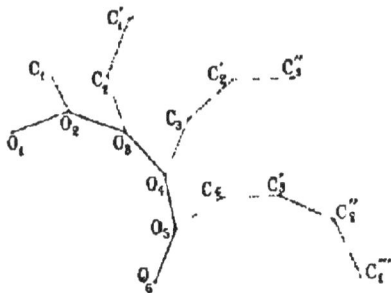

Fig. 192

de plus, les points C_1, C_2, $C_3...$, etc., sont les points du plan mobile qui deviennent successivement centres de rotation.

Ces conclusions sont vraies, quelque voisines qu'on prenne les positions F_1, F_2, F_3, etc.; elles le sont encore à la limite, lorsque les lignes polygonales $C'''_1 C''_2 C'_3,...$ et $O_1 O_2 O_3,....$ deviennent des courbes, *lieux des centres instantanés de rotation* sur la figure mobile et sur le plan fixe. Et comme les arcs $O_1 O_2$, $O_2 O_3$, etc., et $C''_1 C'_2$, $C'_2 C'_3$, etc., ne cessent pas d'être égaux deux à deux, il y a *roulement* de la courbe *lieu des points* C sur la courbe *lieu des points* O.

144. Base et roulette. — Iº DÉFINITION. — Ainsi, étant donné un mouvement quelconque, géométriquement défini, d'une figure plane dans son plan, on peut toujours y substituer, *au point de vue des positions successives de la figure mobile*, le *roulement* d'une courbe mobile, invariablement liée à la figure mobile sur une autre courbe fixe liée au plan fixe. Celle-ci, qui est le lieu des centres instantanés de rotation dans le plan fixe, est appelée *base*; l'autre, qui est le lieu des *points coïncidants* dans le plan mobile, est appelée *roulette*. Il y a lieu, dans chaque cas particulier, de déterminer la roulette et la base qui correspondent au mouvement défini.

2° PROPRIÉTÉ. — Ces deux courbes sont caractérisées par une propriété commune, a la fois mécanique et géométrique : *le point de contact de la base et de la roulette est, à chaque instant, le centre instantané de rotation du système, et par conséquent le point de concours des normales menées, à cet instant, aux trajectoires des divers points de la figure mobile.*

Nous allons indiquer quelques applications géométriques de cette propriété.

115 Génération de l'ellipse *Le mouvement d'un plan étant défini par une droite* AB, *de longueur constante* (fig 193), *qui s'appuie par ses deux extrémités sur deux droites fixes,* Ox, Oy,

1° *trouver la base et la roulette qui correspondent a ce mouvement.*

2° *trouver la courbe décrite par un point* M *du plan mobile*

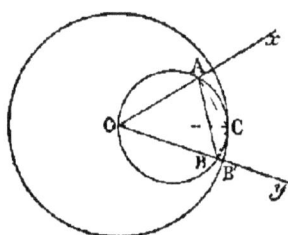

Fig 193

Soit, par exemple, une position AB de la droite mobile le centre instantané de rotation correspondant doit se trouver en C, intersection des normales en A et B élevées aux deux droites Ox, Oy L'angle ACB est supplémentaire de l'angle en O Il est donc constant, et le lieu de C est le segment capable de l'angle ACB décrit sur la droite AB, c'est à-dire le cercle circonscrit au quadrilatère inscriptible OACB, OC est un diamètre de ce cercle Le lieu du centre instantané C sur le plan mobile ou *roulette* est donc la circonférence ACBO.

En considérant le point C comme appartenant au plan fixe, on voit que ce point est a une distance constante du point fixe O, donc le lieu du point O sur le plan fixe est une circonférence de centre O et de rayon OC · c'est la *base*

Le 2° problème proposé est ainsi ramené au suivant *Une circonférence roule sans glisser sur l'intérieur d'une circonférence de rayon double, trouver le lieu d'un point* M *entraîné dans ce mouvement*

D'abord, si le point (fig 193) était un point de la circonférence mobile, B par exemple, le lieu cherché serait le rayon OBBy de la grande circonférence On aurait, en effet,

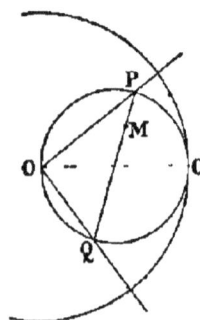

Fig 194.

arc BC = arc B'C,

parce que l'angle COB a pour mesure soit l'arc CB', comme angle au centre dans la grande circonférence, soit l'arc $\dfrac{CB}{2}$

comme angle inscrit dans la circonférence de rayon moitié moindre Donc, quand le point B décrira le rayon OB, le petit cercle roulera sans glisser sous le grand, puisqu'il y a roulement lorsque arc CB = arc CB'.

Si le point M est quelconque, menons par ce point (fig 194) un diamètre PQ de la petite circonférence. D'après ce que nous venons de dire, le point P décrit le rayon OP, et le point Q le rayon OQ, ces rayons sont d'ailleurs rectangulaires On peut donc considérer le point M comme un point d'une droite, de longueur constante, glissant sur deux droites rectangulaires, et nous avons ramené la question a celle-ci :

Trouver le lieu décrit par un point M d'une droite mobile, dont les extrémités sont assujetties a décrire deux droites rectangulaires

Menons par M une droite MN parallèle à Ox (fig. 195), achevons le rectangle OPCQ. Les deux triangles rectangles MBQ et NBO sont semblables, et donnent la relation

$$\frac{MB}{NB} = \frac{MQ}{ON};$$

mais MP est constant, puisque c'est un des deux segments déterminés par le point M sur la droite PQ; ON est aussi constant, parce que ON — PM, les deux triangles PAO, NAM étant isocèles donc le rapport $\frac{MB}{NB}$ des ordonnées des deux courbes,

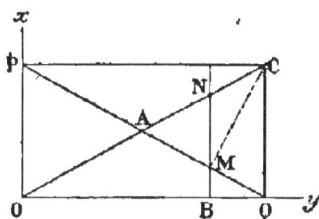

Fig 195

lieux de M et de N, est constant. On peut donc considérer la courbe lieu du point M comme la projection, sur un plan, de la courbe lieu du point N; or cette dernière est une circonférence : par suite, la courbe, lieu du point M, est la projection d'une circonférence sur un plan, c'est-à-dire *une ellipse.*

Tracé de la tangente — Le point C, intersection des perpendiculaires aux deux droites Ox et Oy, étant le centre instantané de rotation, CM est la normale à l'ellipse au point M

146. Génération d'autres courbes. — 1° *Cycloïde.* —

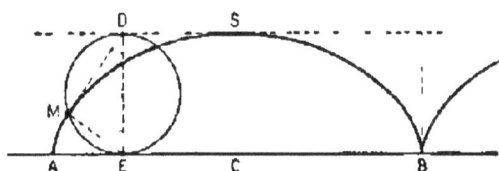

Fig 196

Lorsque la base est une *ligne droite* AB et la roulette une *circonférence* DE, un point M de la circonférence décrit une courbe ASB... que l'on nomme *cycloïde* (fig. 196). Le point E est un centre instantané de rotation; EM est la normale en M et MD la tangente.

2° *Épicycloïde.* — Si la base est une circonférence O et la roulette une autre circonférence O', un point P de la roulette décrit une courbe AP... qu'on appelle *épicycloïde* (fig. 197).

3° *Développante de cercle.* — Si la base est une *circonférence* O et la roulette une *ligne droite* NB'B; ou bien si l'on tire un fil enroulé sur une circonférence de manière qu'il lui reste tangent, un point B du fil (ou de la droite NB') décrit une courbe ABC qu'on nomme *développante de cercle* (fig. 198).

Remarque. — Ces courbes sont utilisées dans la construction des profils d'engrenages.

147. Problème du tracé des engrenages. — *Étant donnée une roue qui tourne autour de son axe O en entraînant une autre roue qui tourne autour d'un axe O′ parallèle au premier :*

1° *Déterminer le mouvement relatif de la roue O′ par rapport à la roue O* ;

2° *Construire l'enveloppe des positions successives d'une courbe D′ invariablement liée à la roue O′.*

1° Supposons un observateur placé sur la roue O (fig. 199) et, par suite, emporté dans son mouvement

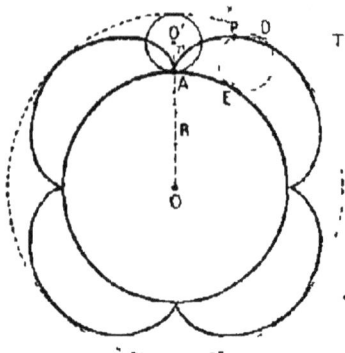

Fig 197

de rotation autour de l'axe O, avec une vitesse angulaire ω. Si la roue O′ est d'abord supposée fixe, tout se passera pour lui

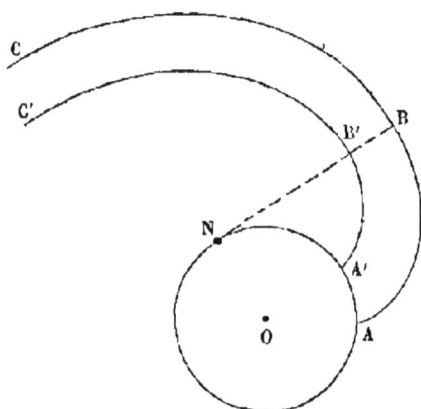

Fig 198.

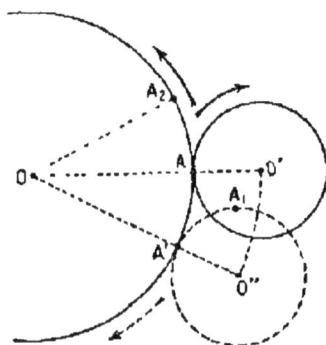

Fig. 199.

comme si la roue O′ tournait autour de l'axe O en sens contraire de la roue O et avec la même vitesse angulaire ω. Et dans ce mouvement, *le même point matériel* A de la roue O′ paraîtra décrire la circonférence de rayon OA.

Mais si la roue O′ tourne elle-même simultanément avec une vitesse angulaire ω′, pendant que, dans la rotation ω, le point de contact géométrique A décrit un certain arc AA′ de la circonférence OA, la circonférence O′A tourne du *même arc* A′A₁ autour de O′, si bien que, pour l'observateur, tout se passe comme si, la circonférence de rayon OA étant fixe, la circonférence de rayon O'A roulait sur OA. Le mouvement relatif de l'une des roues par rapport a l'autre est donc un *mouvement épicycloïdal*, puisqu'il est défini par le roulement d'une circonférence sur une autre circonférence.

2° Lorsque O' roule sur O (fig. 200), la courbe D' occupe sur le plan fixe O une suite de positions successives, dont l'enveloppe est une courbe D du plan fixe devant rester constamment tangente à D'. On peut tracer cette enveloppe par points. En effet, le point de contact de O et O' est à chaque instant le centre instantané

de rotation; donc si l'on abaisse des points de contact successifs A, C, etc. des normales à la courbe D', les pieds de ces normales dessineront sur le plan fixe une courbe à laquelle la courbe D' reste tangente : c'est donc la courbe D cherchée.

COROLLAIRE. — Il résulte du théorème précédent que si l'on commande le mouvement de la roue O', non plus au moyen de la roue O, mais par l'intermédiaire des courbes D et D', les deux roues seront animées

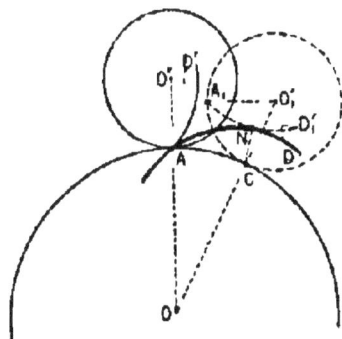

Fig. 200

du même mouvement, les liaisons restant les mêmes. On applique ces conclusions au tracé des engrenages.

148. Mouvement d'une figure autour d'un point quelconque.

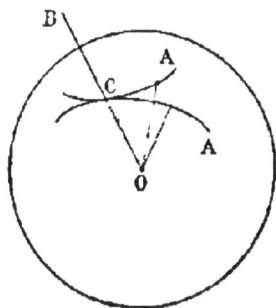

Fig. 201

— **Axe instantané de rotation.** — Quand une figure est assujettie à tourner autour d'un point fixe O (fig. 201), non situé dans son plan, on peut, de tous les points de la figure, mener des droites aboutissant à ce point O; on a ainsi des cônes ayant ce point O pour sommet, et si l'on décrit, avec l'unité pour rayon, une sphère ayant le point O comme centre, les surfaces de ces cônes couperont la sphère suivant des courbes; on sera donc ramené à étudier le mouvement d'une figure sphérique sur la sphère.

En remplaçant simplement, dans les raisonnements précédents, les mots *lignes droites* par les mots *arcs de grand cercle*, on démontrera de la même manière que *l'étude du mouvement d'une figure autour d'un point revient à faire rouler l'une sur l'autre sans glisser deux courbes* A *et* A' *tracées sur la sphère* (fig. 201). Ces courbes peuvent être considérées comme servant de directrices a des cônes dont le sommet serait en O. Donc tout revient à étudier le roulement sans glissement de ces deux cônes l'un sur l'autre.

La génératrice commune OC s'appelle *l'axe instantané de rotation.*

REMARQUE. — Ces considérations sont utilisées dans la construction des *engrenages coniques.*

149. Mouvement hélicoïdal. — 1° DÉFINITION. — Lorsqu'un corps est assujetti à tourner autour d'un axe tout en se déplaçant suivant cet axe et de manière que chacun de ses points décrive une *hélice,* le mouvement dont il est animé s'appelle *mouvement hélicoïdal.*

2° GÉNÉRATION ET PROPRIÉTÉS DE L'HÉLICE — L'hélice est une courbe, telle que AMNB (fig. 202), tracée à la surface d'un cylindre de révolution, et caractérisée par une propriété géométrique qui est une conséquence immédiate de son mode de génération

Les ordonnées MP, NQ, etc *, sont proportionnelles aux abscisses curvilignes, telles que l'arc* AP, *l'arc* AQ, etc

En effet, supposons la surface cylindrique développée sur le plan de la figure, suivant le rectangle AB_1B_1, traçons la diagonale AB_1 et enroulons de nouveau le rectangle autour du cylindre : l'hélice est engendrée par la diagonale AB_1, s'appliquant sur la surface directrice du

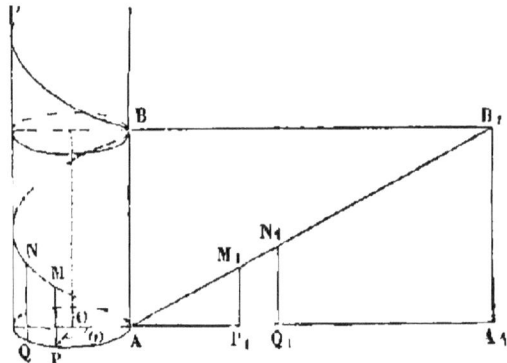

Fig 202

cylindre. Si donc on prend sur le côté AA_1 les longueurs AP_1 et AQ_1, respectivement égales aux arcs AP et AQ développés, les ordonnées P_1M_1 et Q_1N_1 seront respectivement égales aux ordonnées MP et QN

Or on a, dans les triangles semblables AM_1P_1 et AB_1A_1,

$$\frac{P_1M_1}{AP_1} = \frac{A_1B_1}{AA_1},$$

et, dans les triangles semblables AN_1Q et AB_1A_1

$$\frac{Q_1N_1}{AQ_1} = \frac{A_1B_1}{AA_1} ;$$

d'où l'on déduit

$$\frac{P_1M_1 \text{ ou } MP}{AP_1 \text{ ou arc } AP} = \frac{N_1Q_1 \text{ ou } NQ}{AQ_1 \text{ ou arc } AQ}.$$

La courbe peut se reproduire indéfiniment de la même manière, au-dessus de l'arc ANB, sur la surface du cylindre.

3° SPIRE ET PAS DE L'HÉLICE. — L'arc ANB, compris entre deux points consécutifs d'une même génératrice, détermine la courbe complètement . c'est une *spire* de l'hélice. La spire est elle-même complètement déterminée par les dimensions du rectangle générateur, c'est-à-dire par la base AA_1, qui est égale à la circonférence de la section droite du cylindre, et par la hauteur A_1B_1, ou AB qu'on appelle le *pas* de l'hélice

Soient h la longueur du pas et R le rayon de la section droite du cylindre directeur la relation précédente peut servir a définir un point quelconque M de la courbe Soient z l'ordonnée du point et x son abscisse curviligne, on aura

[1]
$$\frac{z}{x} = \frac{h}{2\pi R}.$$

On peut exprimer x en fonction de l'angle ω dont il faudrait tourner sur le cylindre pour passer du point A au point M, en suivant l'hélice On a en effet

$$x = \text{arc } AP = R\omega$$

En portant cette valeur dans l'équation [1], elle devient

[2]
$$z = \frac{h}{2\pi} \omega$$

REMARQUES — 1° Cette équation définit l'hélice aussi bien que l'équation [1] Sous cette forme elle montre nettement que si un mobile parcourt une spire d'hélice, son déplacement rectiligne z, parallèlement à l'axe du cylindre, est proportionnel a son déplacement angulaire ω C'est cette propriété qui caractérise le mouvement hélicoïdal et qui est utilisée dans le mécanisme appelé *vis*.

2° On voit, par ce mode de génération, que la tangente à l'hélice en un point quelconque fait un angle i constant avec la section droite du cylindre
On a

$$\tan i = \frac{h}{2\pi r}.$$

150. Mouvements usuels. — Machines et mécanismes.

Parmi les divers mouvements qu'on peut concevoir et étudier en cinématique, un petit nombre sont employés dans l'industrie : ce sont les plus simples[1]. Nous citerons en particulier :

1° Le *mouvement circulaire continu* (exemple : mouvement des *arbres de transmission*) ;

2° Le *mouvement circulaire alternatif* (exemple : mouvement du *balancier*) ;

3° Le *mouvement rectiligne alternatif* (exemple : mouvement d'un piston de moteur thermique ou autre);

4° Le *mouvement rectiligne continu* (exemple : mouvement de la crémaillère).

On a couramment besoin de transformer ces mouvements l'un dans l'autre, parce que la force motrice dont on dispose n'est pas, en général, directement utilisable. On ne peut en tirer parti qu'en employant des *machines*.

On peut définir *machine* un *système à liaisons complètes*

1 Voir le cours de M. H Poincaré : *Cinématique pure et Mécanismes.*

(c'est-a dire tel que le mouvement de l'un quelconque de ses points détermine *complètement* le mouvement de tous les autres points) *à l'aide duquel on peut changer la direction et la vitesse d'un mouvement donné.*

Toute machine comprend nécessairement trois parties principales :

1° Le *récepteur*, qui subit directement l'effet de la force motrice ;

2° L'*opérateur* ou *outil*, qui agit directement sur la résistance à vaincre ou la matière à mettre en œuvre ;

3° Le *mécanisme*, ensemble d'organes qui relient le récepteur à l'opérateur, et qui ont pour objet de transformer le mouvement initial du récepteur en divers mouvements que doit prendre l'opérateur.

Par exemple, dans la *machine à percer* (fig. 203), le *récepteur* est le système de poulies PP qui *reçoit*, directement ou par l'intermédiaire de courroies, la force du moteur ; l'*opérateur*, c'est le foret F, destiné à percer le métal, et le *mécanisme* est constitué par l'engrenage conique EE.

151. Classification des mécanismes. Monge classa les divers mécanismes en plusieurs catégories d'après les transformations de mouvement qu'ils permettent de réaliser.

I. TRANSFORMATION D'UN MOUVEMENT CIRCULAIRE CONTINU EN UN AUTRE MOUVENENT CIRCULAIRE CONTINU. Cette transformation peut être opérée dans trois cas particuliers :

1er CAS. *Les axes de rotation sont parallèles.* On emploie trois genres de mécanismes : 1° les *bielles d'accouplement* ; 2° les *courroies de transmission* et leurs variétés (câbles télédynamiques, chaînes de Vaucanson, etc.), 3° les *engrenages ordinaires*.

2° CAS. *Les axes sont concourants.* — On emploie deux genres de mécanismes : 1° les *engrenages coniques* ; 2° les *joints.*

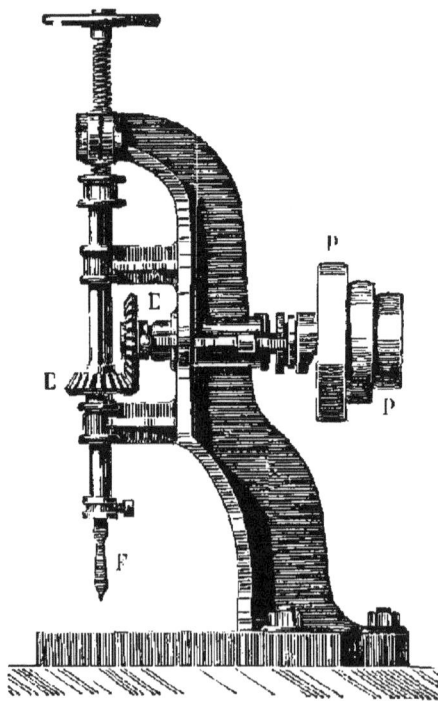

Fig 203

3ᵉ Cas. — *Les axes ne sont pas dans un même plan.* — On emploie trois genres de mécanismes : 1° les *courroies de transmission* ; 2° deux systèmes particuliers d'*engrenages coniques*.

II. Transformation d'un mouvement circulaire continu en un mouvement rectiligne continu. Cette transformation est réalisée au moyen de la *crémaillère*, du *treuil*, de la *vis*, etc.

III. Transformation d'un mouvement circulaire continu en mouvement rectiligne alternatif. Cette transformation se fait ordinairement à l'aide de deux mécanismes : 1° la *bielle à manivelle* ; 2° l'*excentrique circulaire*.

IV. Transformation d'un mouvement circulaire alternatif en mouvement rectiligne alternatif. — Cette transformation est réalisée soit d'une façon approchée par divers mécanismes : le *balancier*, le *contre-balancier* et le *parallélogramme de Watt*, soit d'une manière rigoureuse par l'*inverseur* ou *losange de Peaucellier*.

V. Mécanismes accessoires. Dans ces mécanismes de transformation ne sont pas compris certains mécanismes accessoires qui servent à des usages spéciaux, tantôt à changer au besoin le sens de marche de la machine (*coulisse de Stephenson*), tantôt à rendre la marche intermittente (*encliquetage*), tantôt à provoquer la marche ou à l'interrompre (*embrayage* et *débrayage*), etc.

Remarque : Classification de Willis. — La classification précédente est moins usitée qu'une autre classification due à Willis. Celle-ci est fondée sur la considération du rapport (constant ou variable) et du sens des vitesses transmises : elle comprend trois classes. Chacune d'elles se subdivise en trois genres, suivant que la transmission du mouvement a lieu :

1° *Par contact* : c'est le cas des *roues de friction*, des *engrenages*, etc. ;

2° *Par lien rigide* : c'est le cas des *bielles d'accouplement*, des *excentriques*, etc. ;

3° *Par lien flexible* : c'est le cas des *courroies*.

CHAPITRE V

TRANSFORMATION D'UN MOUVEMENT CIRCULAIRE CONTINU
EN UN AUTRE MOUVEMENT CIRCULAIRE CONTINU
(CAS DES AXES PARALLÈLES).

152. Bielle d'accouplement et Roues couplées. — On appelle *bielle d'accouplement* un mécanisme qui consiste en une pièce rigide AA' (fig. 204), de longueur égale à la distance OO' des deux axes parallèles (qui se projettent en O et O'), dont les extrémités sont articulées en A et A' avec celles de deux bras rigides égaux OA et O'A', calés sur les axes de rotation.

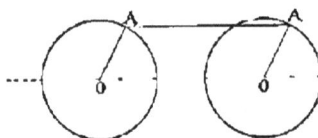

Fig 204

Il résulte de ce mode de liaison que la figure OAA'O' constitue un parallélogramme ayant un côté OO' fixe et des dimensions constantes. Si donc le point A décrit une circonférence de centre O, le point A' sera entraîné dans son mouvement et décrira une circonférence égale, de centre O' (car le côté O'A' du parallélogramme est constamment égal au côté OA) et il aura la même vitesse angulaire.

Ce mécanisme est utilisé dans les locomotives pour réunir deux à deux les paires de roues motrices : il sert à transmettre à la deuxième paire le mouvement de la première, laquelle est directement actionnée par les pistons.

Chaque couple de roues, ainsi liées par la bielle d'accouplement, constitue un système appelé aussi *roues couplées*.

153. Courroies de transmission. — La bielle d'accouplement n'est pas applicable dans le cas où les axes de rotation O et O' sont éloignés; on se sert alors, pour transmettre le mouvement, d'un mécanisme *à lien flexible*, appelé *courroie de transmission* Elle consiste

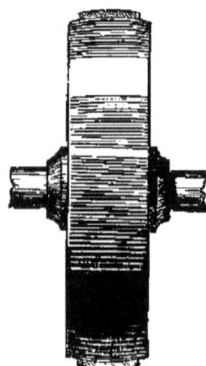

Fig 205

en une bande plus ou moins large et longue, généralement en cuir, dont les extrémités sont solidement reliées entre elles, et qui passe sur les jantes de deux tambours (fig. 205), calés sur les deux axes O et O' et improprement appelés *poulies*.

La courroie doit être flexible et inextensible, et, de plus, elle ne doit pas glisser sur les jantes des deux tambours. Si ces conditions sont réalisées, le système possède la propriété suivante :

Le rapport des vitesses angulaires des deux poulies est en raison inverse du rapport de leurs rayons.

En effet, a cause de l'inextensibilité de la courroie, chacun de ses points est animé de la même vitesse linéaire ; et à cause de l'absence de glissement, cette vitesse linéaire est la même en un point quelconque de la jante de chaque poulie. En désignant par ω et ω' les vitesses angulaires des deux poulies, on a, pour la vitesse périphérique V de la poulie de rayon R, V ωR ; pour la vitesse périphérique V' de la poulie de rayon R'. V' ω'R' ; il en résulte

$$\omega R = \omega' R', \quad \text{d'où} \quad \frac{\omega}{\omega'} = \frac{R'}{R}.$$

REMARQUES. — 1° *Poulie motrice et poulie conduite.* — Le tambour calé sur l'axe moteur s'appelle *roue motrice* ou *poulie motrice*. L'autre tambour est la *roue conduite* ou *poulie conduite*.

2° *Poulie folle.* — Souvent on monte sur les axes O et O' deux tambours égaux, dont l'un n'est pas calé sur l'axe (*poulie folle*), et l'on fait passer la courroie sur ce dernier lorsqu'on veut supprimer la transmission du mouvement à la machine, sans arrêter le moteur.

3° *Courroies croisées.* — Suivant qu'on veut entraîner la poulie conduite, dans le même sens que la poulie motrice ou en sens contraire, on fait passer la courroie directement d'une poulie à l'autre (fig. 206) ou l'on en croise les deux brins AB et CD (fig. 207).

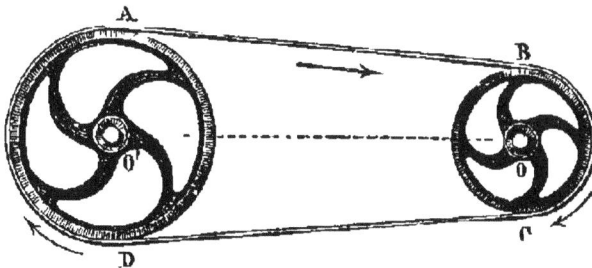

Fig. 206

On peut aisément calculer la longueur de la courroie, dans chaque cas, connaissant la distance des axes et les rayons des poulies.

4° *Poulies étagées.* Quand une même machine doit marcher à des vitesses diverses, on emploie des *poulies étagées* : ce sont

deux systèmes de poulies de rayons variables, juxtaposées sur le
même axe, et faisant corps entre elles, telles que les poulies PP
de la machine à percer (fig. 205). Les poulies qui se correspondent sur l'axe de la machine-outil (tour, machine à percer,
limer, etc.) et sur l'arbre moteur sont telles que la somme de leurs
rayons est constante.

154. Mécanismes similaires des courroies. — 1° Chaînes.
On substitue parfois à la courroie des *chaînes* métalliques à
mailles spéciales (fig. 208), où s'engagent successivement des

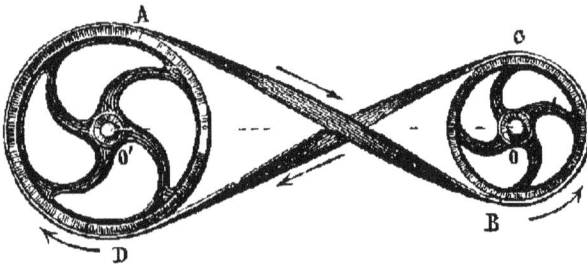

Fig 207.

dents dont sont munies les jantes libres des poulies. On emploie
soit la *chaîne à la Vaucanson* (I), soit la *chaîne de Galle* (II), soit
la *chaîne double* (III).

2° Câbles télédynamiques. — On emploie aussi, pour transmettre

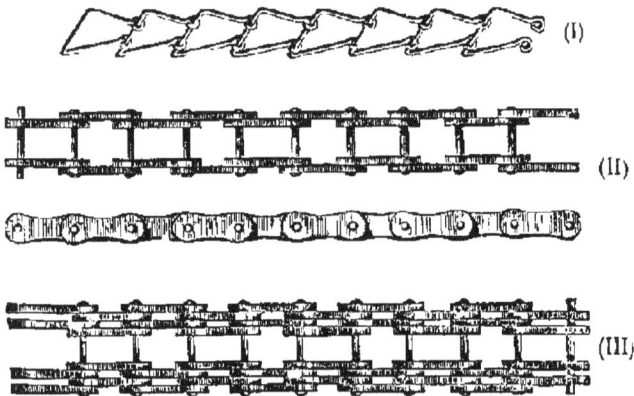

Fig 208.

le mouvement à des distances qui peuvent être très grandes (de
100 à 1500 mètres), des *câbles télédynamiques* : ce sont des câbles
en fils de fer non recuit, contournés en hélice, à âme en chanvre.
Dans ce cas, les poulies sont munies de gorges tapissées de cuir,

de manière à ce que le câble soit maintenu en place sur le plan médian. Le poids seul du câble suffit pour assurer l'adhérence sur les poulies intermédiaires qui le supportent de distance en distance.

155. Mécanisme accessoire des courroies : tendeurs. — Pour donner à la courroie une tension suffi-

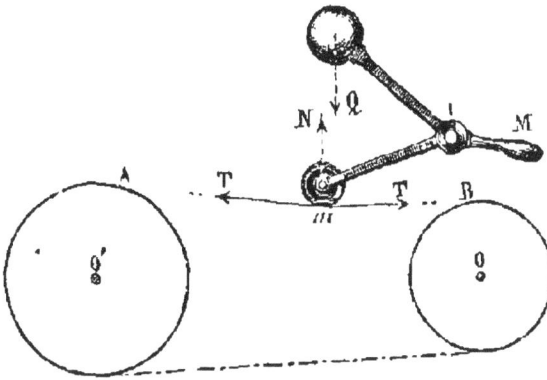

Fig 209.

sante et pour supprimer tout glissement, on emploie des méca-

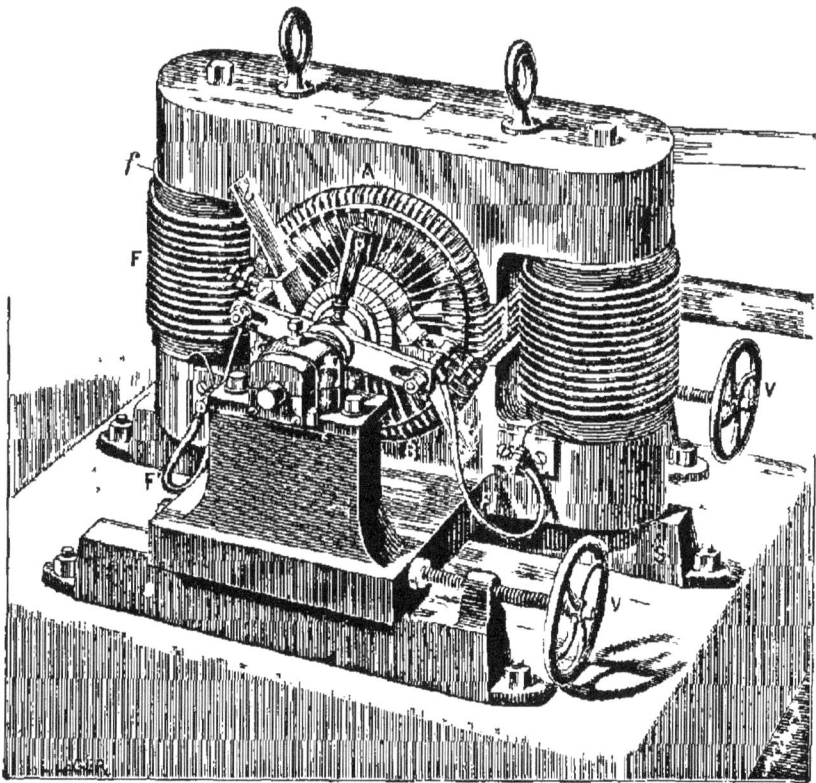

Fig 210

nismes de formes diverses, appelés *tendeurs*. La figure 209 en représente un modèle dont il est aisé de comprendre le fonctionnement.

Lorsqu'on peut déplacer l'axe de la roue conduite, l'un des procédés les plus employés actuellement consiste à placer la machine sur deux rails (fig. 210, de manière à pouvoir la faire déplacer dans le sens convenable à l'aide de vis de rappel VV. On emploie couramment ce dispositif pour les machines dynamo-électriques.

156. Cylindres de friction. — 1° *Définition.* — Deux cylindres tangents O et O' (fig. 211), qui peuvent s'entraîner par adhérence, permettent aussi de transformer un mouvement de rotation continu, s'effectuant autour d'un axe O, en un autre mouvement de rotation continu autour d'un axe O', parallèle au premier : c'est ce qu'on appelle *cylindres de friction.*

2° *Détermination du rapport des rayons.* — Supposons qu'on se donne, en même temps que les axes de rotation O et O', les vitesses angulaires ω et ω' des deux rotations. Soient O et O' les points où les axes de rotation rencontrent un plan perpen-

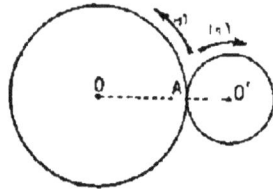

Fig. 211

diculaire à leur direction commune ; menons la ligne OO' et déterminons le point unique A, qui partage OO' en deux segments OA et O'A tels que l'on ait

$$\frac{OA}{O'A} = \frac{\omega'}{\omega} ;$$

enfin, décrivons, des points O et O' comme centres, deux circonférences ayant pour rayons respectifs OA et O'A. Si l'on prend ces deux circonférences comme sections de deux tambours cylindriques, respectivement solidaires des axes O et O', c'est-à-dire calés sur ces axes, la rotation du tambour OA dans le sens de la flèche (1) produira la rotation du tambour O'A dans le sens de la flèche (2), si l'adhérence est suffisante entre les surfaces qui sont en contact, et les deux vitesses de rotation seront dans le rapport donné.

En effet, par le point A passeront, dans un même temps, une même longueur d'arc des circonférences OA et O'A. Si ω_1 et ω_1' sont les deux vitesses angulaires de rotation, les arcs des deux circonférences qui passent par A, en une seconde, ont pour valeur $\omega_1 \times \overline{OA}$ et $\omega_1' \times \overline{O'A}$.

Par suite,

$$\omega_1 \times OA = \omega_1' \times \overline{O'A},$$

d'où

$$\frac{\omega'_1}{\omega_1} = \frac{OA}{O'A} = \frac{\omega}{\omega'}.$$

REMARQUES. — 1° Si la distance des deux axes O et O' est imposée, ainsi que le rapport des vitesses, le problème est complètement déterminé. On a, en désignant par d la distance OO', par x et y les rayons des deux cylindres,

$$x + y = d,$$
$$\frac{x}{y} = \alpha.$$

2° Comme on peut augmenter l'adhérence des deux tambours en les recouvrant de buffle, par exemple, ce système de tambours de friction est employé même lorsqu'on a à transmettre de O en O' des efforts notables, toutes les fois qu'il y a des chocs possibles.

157. Engrenages. — 1° *Définitions.* Toutefois, dans le cas général des grands efforts à transmettre, on a été amené a remplacer les tambours de friction par des tambours armés de dents, que l'on nomme *roues dentées*. On appelle *engrenage*, le système de deux roues dentées en transmission. La roue qui transmet le mouvement se nomme *roue menante*; celle qui reçoit le mouvement se nomme *roue menée* ou *roue conduite*. Quand les deux roues sont d'inégale grandeur, la plus petite porte le nom de *pignon*.

2° *Éléments d'une roue dentée.* — Les *dents* (ou *pleins*) sont régulièrement distribuées (fig 212) par rapport à la *circonférence primitive* CC du tambour de friction. Elles sont séparées par des *creux* ou *vides*.

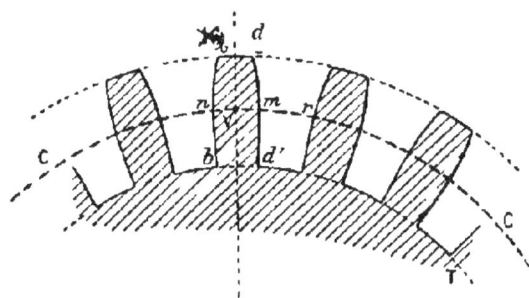

Fig 212

Chaque dent et chaque creux admettent un plan de symétrie passant par l'axe O de la roue. Tout plan perpendiculaire a cet axe coupe chaque dent suivant une même ligne que l'on nomme *profil* de la dent.

Il n'y a pas lieu de parler du profil du creux, puisqu'il est limité par deux dents consécutives. La portion $mnbd$ d'une dent, extérieure à la circonférence primitive CC, se nomme la *face* de la

dent. La portion $mnb'd'$, intérieure à la circonférence AC, se
nomme le *flanc* de la dent. L'arc de circonférence primitive mn,
intercepté par la dent, définit son *épaisseur*. La dimension de
la dent, comptée parallèlement à l'axe, définit la *largeur* de la
dent.

La portion mr de circonférence primitive, interceptée par le
creux, se nomme *intervalle*; md est la *profondeur* du creux;
bn est la *saillie* de la dent. La portion nr de circonférence primitive, occupée par une dent et un creux, est le *pas* de l'engrenage.

L'effort transmis est réparti tout le long de la génératrice de
contact de deux dents des roues formant engrenage. On s'ar-
range de façon qu'il y ait toujours deux paires de dents en contact. Pendant que deux dents sont en prise, suivant la ligne des
centres, les deux dents placées en avant cessent d'être en contact et les deux dents placées au delà ont déjà commencé (fig. 213)
a se toucher.

Dans un engrenage en action, la face de la dent conductrice
presse sur le flanc de la
dent conduite.

5° *Nombre des dents à
donner aux deux roues.* —
Admettons tout d'abord que
les deux roues dentées O et
O' fonctionnent comme
deux cylindres de friction
et cherchons les nombres
de dents, n et n', dont il
faut munir les deux roues.

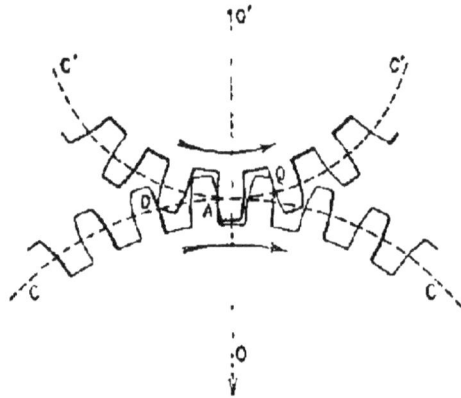

Fig 213

Dans l'engrenage en mar-
che, lorsque la dent *ac-
tuellement* conductrice cesse de presser sur la dent
actuellement conduite, ce sont deux dents consécutives aux premières qui entrent en jeu. En d'autres termes, lorsqu'il passe une
dent de la roue menante par la ligne des centres OO', il en passe
aussi une de la roue menée. Si donc la première roue tourne
d'un arc égal à *un pas*, c'est-à-dire de l'angle $\dfrac{2\pi}{n}$, la deuxième
roue tournera dans le même temps d'un arc égal à un pas,
c'est-à-dire de l'angle $\dfrac{2\pi}{n'}$. Or ces angles sont entre eux dans le
même rapport que les vitesses angulaires ω et ω' des deux roues.

On a donc par suite

$$\frac{\frac{2\pi}{n}}{\frac{2\pi}{n'}} = \frac{\omega}{\omega'},$$

d'où

$$\frac{n'}{n} = \frac{\omega}{\omega'}.$$

Il est évident d'autre part, que l'intervalle devra être déterminé de manière qu'il puisse contenir l'épaisseur de la dent, sans quoi celle-ci ne pourrait s'engager dans le creux et l'engrenage ne pourrait pas fonctionner.

EXEMPLE. Si la roue menée doit tourner 50 fois plus vite que la roue menante, on aura

$$\frac{n'}{n} = \frac{\omega}{\omega'} = \frac{1}{50},$$

d'où

$$n = 50\,n'.$$

La roue menante devra donc porter 50 *fois plus de dents* que la roue menée.

4° *Égalité des pas de deux roues dentées formant engrenage.* — *Détermination pratique des dents.* Soient p et p' les pas des deux roues, a et a' les épaisseurs des dents, b et b' les intervalles dans l'une et l'autre roue ; on a alors

$$p = a + b,$$
$$p' = a' + b'.$$

Si les roues menante et menée portent respectivement n et n' dents, elles comprennent n et n' pas. On a donc, en désignant par R et R' les rayons des circonférences primitives,

$$2\pi R = np \quad \text{et} \quad 2\pi R' = n'p'.$$

Ces deux équations donnent

$$\frac{R}{R'} = \frac{np}{n'p'};$$

mais on a en général

$$\omega R = \omega' R', \text{ d'où } \frac{R}{R'} = \frac{\omega'}{\omega} = \frac{n}{n'}.$$

On en conclut

$$\frac{p}{p'} \quad 1.$$

Ainsi les pas des deux roues dentées O et O' sont égaux. Toutefois on peut partager les pas p et p' entre la dent et le creux, dans un rapport différent pour les deux roues. La condition précédente revient en effet à la suivante :

$$a + b = a' + b'.$$

De plus, comme la dent de la roue O doit se loger dans le creux de la roue O', il faut que l'on ait

$$a \leqslant b'.$$

Puisque la dent de la roue O' doit se loger dans le creux de la roue O, on doit avoir aussi

$$a' \leqslant b.$$

REMARQUE. — Si l'engrenage était *parfaitement exécuté* et *parfaitement monté*, on pourrait choisir le cas de l'égalité, c'est-à-dire prendre l'intervalle relatif à cette roue égal à l'épaisseur des dents de la roue O et réciproquement. Mais si l'on est tenu à laisser un certain jeu j, on prendra

[1] $\qquad\qquad a - b'(1 - j),$
[2] $\qquad\qquad a' = b(1 - j);$

(j varie ordinairement de $\frac{1}{10}$ à $\frac{1}{20}$ du pas).

Les égalités [1] et [2] donnent

$$a + a' = (b + b')(1 - j).$$

Rien ne s'oppose à ce que l'on prenne

$$a - a' \quad \text{et} \quad b - b',$$

c'est-à-dire à ce que les dents des deux roues aient même épaisseur et les creux même intervalle. C'est ce que l'on fait généralement, car les dents des deux roues présentent alors la même résistance à la rupture, si elles sont faites de la même matière.

5° *Engrenages réciproques.* — On appelle engrenages *réciproques* ou *à retour* ceux qui peuvent *indifféremment* fonctionner dans les deux sens, c'est-à-dire tels que la roue menée puisse être prise comme roue menante.

158. Choix du profil des dents. — Engrenages usuels. — Le choix du profil est déterminé par la condition générale suivante :

Il faut établir les dents des deux roues de telle manière que le mouvement se transmette de la roue dentée O à la roue dentée O' comme si la circonférence primitive O entraînait par friction la circonférence primitive O'.

On a vu précédemment que cette condition est réalisée si, prenant arbitrairement le profil D' des dents de la roue O', on prend comme profil des dents de la roue O l'enveloppe des positions successives que prend la courbe D' lorsque la circonférence primitive O' roule sur la circonférence primitive O. Il y a donc une infinité de formes d'engrenages possibles ; mais on n'en emploie pratiquement que trois :

Les engrenages a lanterne ;
        a flancs ;
        a développantes de cercle.

159. Engrenages à lanterne ou à fuseaux. — Le profil le

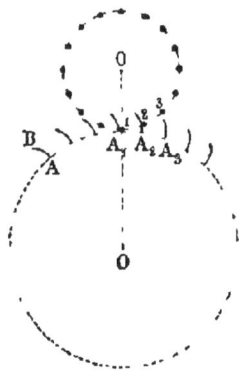

Fig 214

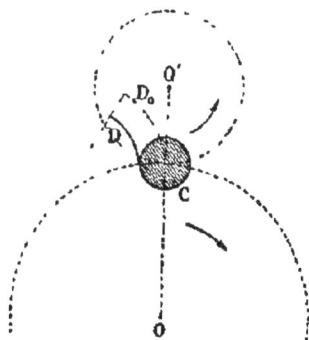

Fig 215.

plus simple que l'on puisse se donner est un *point.* D'après ce qui précède, le profil qui s'harmonise avec ce point, c'est la courbe décrite par ce point dans le *mouvement de roulement* de O' sur O : c'est donc un *arc d'épicycloïde.*

Pour les engrenages à lanterne, on prend le point comme profil de la dent de la roue conduite : le profil de la dent de la roue menante est alors un arc d'épicycloïde (fig. 214).

Pour réaliser la construction de l'engrenage, on plante sur le pourtour de la circonférence O', non des points, mais de petits cylindres régulièrement distribués et dont les axes coïncident avec les points théoriques (fig. 214 et 215). Mais alors, au lieu de prendre pour profil de la dent l'arc d'épicycloïde théorique D_0 (fig. 214), on prend cet arc transporté parallèlement à lui-même en D, a une distance égale au rayon de la tige cylindrique.

On voit (fig. 216) un engrenage a lanterne tel qu'on le construit pratiquement. La forme de la roue menée rappelle vaguement une lanterne : d'ou le nom donné à l'engrenage. Les cylindres qui forment dents se nomment *fuseaux* : d'où l'autre nom d'engrenage *à fuseaux*. Quant à la grande roue, elle se nomme *rouet*, pour continuer l'analogie du fuseau, et ses dents *alluchons*.

Cet engrenage est généralement construit en bois; on le trouve surtout dans les machines agricoles grossières, les manèges rustiques, les moulins a vent, etc.

160. Engrenages à flancs.

Après le point, le profil le plus simple qu'on puisse choisir est un *segment de droite*.

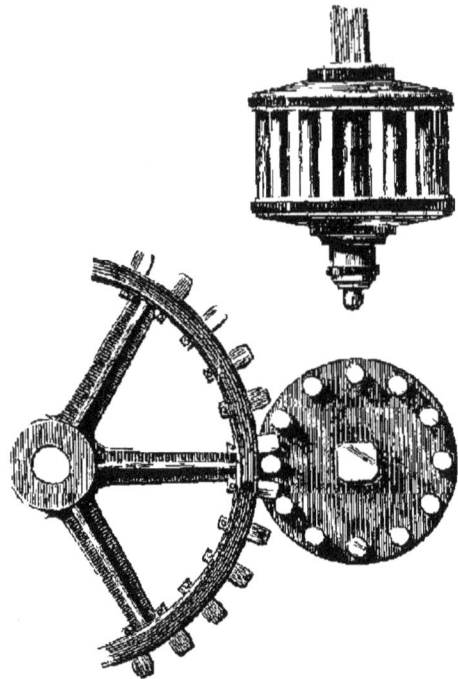

Fig 216

Le segment de droite choisi est une portion O'A (fig. 217) du rayon de la circonférence primitive O'. D'après le théorème général, pour déterminer le profil conjugué de O'A, on peut faire rouler O' sur O et chercher l'enveloppe des positions successives du rayon O'A. Cette enveloppe se construira par points, en abaissant des centres instantanés de rotation A, A'... des normales aux positions correspondantes du rayon mobile O'A.

Supposons, par exemple, deux positions successives O' et O'' de la roulette. Le rayon, qui était d'abord en O'A, est venu en O''A'',

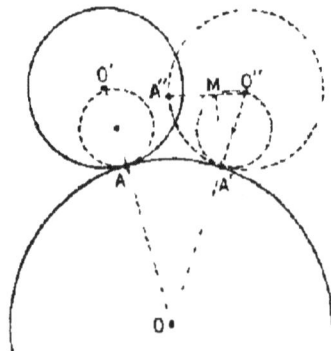

Fig 217

dans une position telle que l'on ait

$$\text{arc } AA' = \text{arc } A''A'.$$

Pour obtenir un point M de l'enveloppe cherchée, on sait qu'il faut abaisser de A′ ~~une perpendiculaire sur O″A″~~, centre instantané de rotation, ~~une perpendiculaire sur O″A″~~.

Le triangle O″MA′ est rectangle en M : donc le sommet M est ~~aussi~~ sur la circonférence qui a pour diamètre O″A′, c'est à dire le rayon de la circonférence primitive de la roue conduite. De plus, l'arc A′M est égal à l'arc A′A″ ; en effet, l'arc A′A″ mesure l'angle au centre O″ et la moitié de l'arc A′M mesure le même angle O″ : donc l'arc A′M correspond à un nombre de degrés double de l'arc A′A″ ; mais comme il appartient à une circonférence de rayon moitié, il a même longueur que A′A″. De même l'arc A′M = l'arc AA′ ; par suite, on peut considérer la circonférence A′O″ comme roulant sur la circonférence O : le point fixe M décrira alors l'enveloppe cherchée et cette enveloppe est un *arc d'épicycloïde ordinaire*.

On voit dans la figure 218 la section principale d'un engrenage de cette forme.

REMARQUES. — 1° Lorsqu'on veut rendre l'engrenage réciproque, on modifie comme il suit les profils des dents.

On prolonge chaque dent RS à profil épicycloïdal de la roue O (fig. 219) par une portion de droite ST ; on prolonge aussi chaque

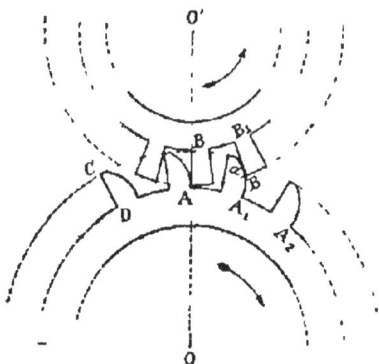

Fig. 218.

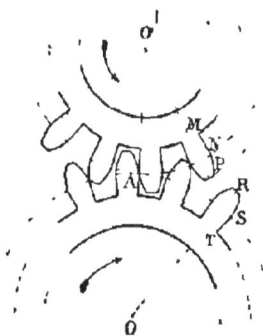

Fig 219

dent de la roue O′ par une portion d'épicycloïde NP ; de plus, on construit les dents symétriques par rapport au rayon dans les deux roues. De cette façon l'engrenage peut fonctionner dans les deux sens indistinctement, et l'une quelconque des roues peut indifféremment mener l'autre.

2° Considérons deux dents, l'une en avant, l'autre en arrière de la ligne des centres. Si l'on ne donnait des flancs qu'à la roue conductrice, le contact n'aurait lieu qu'en avant de la ligne des centres, ce qui occasionnerait des arc-boutements. Pour obvier a cela, on donne des flancs et des faces à l'une et à l'autre roue, de manière que le contact ait lieu après la ligne des centres.

161. Engrenages à développante de cercle. — Au lieu de prendre comme profil arbitraire le *point* ou la *ligne droite*, on peut choisir un *arc de développante de cercle*, ce cercle étant concentrique à la circonférence primitive de la roue menée. Cherchons la forme du profil conjugué.

Soient O et O' les deux circonférences primitives, tangentes en A, soient O'B' le rayon de la circonférence. C'D' l'arc de développante de cette circonférence, choisi comme profil arbitraire (fig. 220).

Dans le mouvement relatif du système, A est le centre instantané de rotation : donc en abaissant du point A une normale à l'arc D', le pied de la normale sera un point de l'enveloppe, c'est à-dire du profil D; en outre, cette normale est tangente a la circonférence O'B' (cela résulte de la génération de la développante).

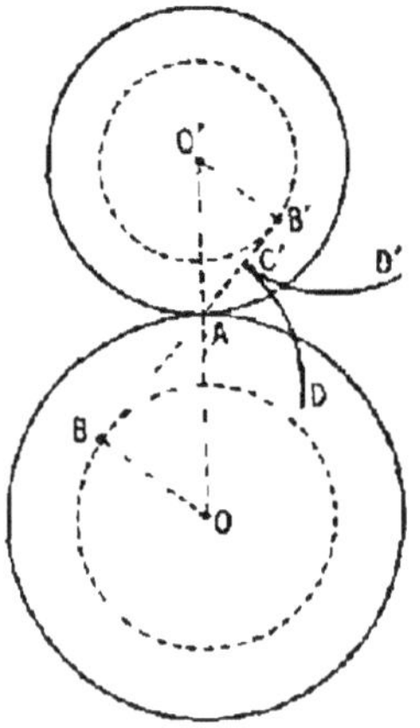

Prolongeons la ligne AB' et du point O abaissons une perpendiculaire OB sur AB' : les triangles ABO et AB'O' sont semblables; on en déduit

$$\frac{OB}{O'B'} = \frac{OA}{O'A} = \frac{R}{R'} = \frac{\omega'}{\omega}.$$

Fig. 220

OB est donc une grandeur constante, quel que soit l'état particulier de la figure que l'on considère, et le lieu du point B qui correspond a B' est une circonférence de rayon OB.

Dans le mouvement de roulement de O' sur O la ligne AB' reste constamment tangente a la circonférence fixe de rayon OB; de plus elle passe par le point de contact de D et de D', et elle est normale a D : par suite D est un arc de développante de la circonférence OB.

Ainsi le profil conjugué D de l'arc D' est un arc de développante.

162. Transformation d'un mouvement circulaire en un autre mouvement circulaire de même sens. — Soit un mouvement circulaire continu qui s'effectue autour de l'axe O; on peut

le transformer en un mouvement circulaire continu *de même sens*
s'effectuant autour d'un axe O', parallèle au premier, à l'aide de
deux procédés.

1° *Emploi de roues parasites.* — On résout le problème en utilisant un certain nombre de roues dentées, au moins trois
(fig. 221). Les roues intermédiaires sont parfois appelées *roues*

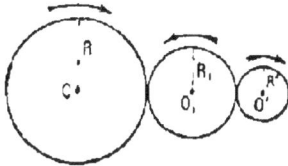

Fig. 221.

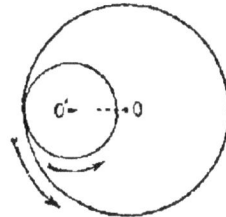

Fig. 222.

parasites. Elles ne modifient en rien le rapport des vitesses angulaires des roues extrêmes.

On a en effet, en désignant par ω, ω_1 et ω' les vitesses angulaires
respectives des roues de rayon R, R_1 et R',

$$\omega R = \omega_1 R_1 = \omega' R' ;$$

d'où

$$\frac{\omega}{\omega'} = \frac{R'}{R}.$$

Tout se passe comme si les roues extrêmes étaient directement

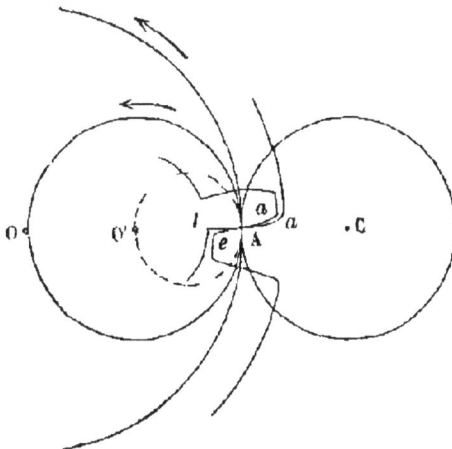

Fig. 223

en prise, et cela est évidemment vrai quel que soit le
nombre des roues parasites.

REMARQUE. — Ce dispo-
sitif permet d'éviter le cou-
plage de deux roues de diamètres trop différents.

2° *Emploi des engrenages
intérieurs.* — On peut employer pour le même usage
un *engrenage intérieur*; la
grande roue est constituée
par un anneau, denté intérieurement, et qui embrasse
le *pignon* (fig. 222).

La théorie des engrenages
intérieurs s'établit comme celle des engrenages ordinaires. On

est conduit à donner à la petite roue O' (fig. 225) des flancs droits et des faces épicycloïdales : alors le profil de la dent de la grande roue est formé d'un arc d'épicycloïde convexe Ae et d'un arc d'épicycloïde concave Aa, conjugués respectivement du flanc et de la face de la petite roue.

REMARQUES. — 1° On peut réaliser un engrenage intérieur à développantes de cercle : dans ce cas les deux arcs *s'embrassent*, la dent de la grande roue est concave et celle de la petite roue est convexe.

2° Les engrenages intérieurs sont peu employés.

163. Équipage de roues dentées ou Train d'engrenages. — On sait que les nombres de dents des roues d'un engrenage sont en raison inverse des vitesses angulaires de ces roues. Il est donc toujours possible de construire un engrenage qui puisse réaliser une transformation de mouvement donnée.

On a

$$\frac{n}{n'} = \frac{\omega'}{\omega}.$$

Si le rapport $\frac{\omega'}{\omega}$ est irréductible, on prendra simplement

$$n = \omega' \quad \text{avec} \quad n' = \omega,$$

et, en donnant n dents à l'une des roues, n' à l'autre, on aura un engrenage satisfaisant à la question.

Toutefois il y a à faire certaines réserves, qui résultent d'observations fournies par la pratique. Ainsi, on a constaté qu'il n'est guère possible de donner à une roue d'engrenage moins de 8 *dents*, et que, si le nombre des dents était trop grand, l'engrenage serait impossible à exécuter.

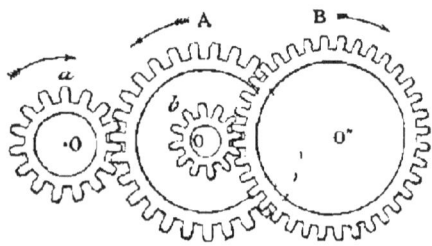

Fig. 224.

Dès lors, si l'un des termes du rapport irréductible est un nombre inférieur à 8, on multiplie les deux termes du rapport par un facteur tel que le nombre des dents de la petite roue soit égal à 8 ou un peu supérieur; mais il arrive souvent que celui de la grande roue devient alors trop considérable.

On est ainsi conduit à employer dans le cas des grandes multiplications, non plus deux roues, mais un système de plusieurs roues, qu'on appelle *équipages de roues dentées* ou *trains d'engrenages.*

Considérons un premier axe O (fig. 224) muni d'un *pignon* portant n dents.

Sur le second axe O' est une *roue*, engrenant avec le premier pignon et portant N dents. Cette roue entraîne dans son mouvement un second pignon, calé sur le même axe, et tournant, par conséquent, avec la même vitesse angulaire : ce pignon porte n' dents, et engrène avec une deuxième roue O'' portant N' dents.

Soient ω, ω', ω'' les vitesses angulaires respectives des axes O, O'; O''. Nous aurons

$$\frac{\omega'}{\omega} = \frac{n}{N},$$

et

$$\frac{\omega''}{\omega'} = \frac{n'}{N}.$$

En multipliant ces deux inégalités membre à membre, il vient

$$\frac{\omega''}{\omega} = \frac{nn'}{NN'}.$$

On peut donc réaliser un rapport donné de vitesses angulaires, en employant un engrenage intermédiaire, formé de roues dont les nombres de dents sont compris entre deux limites déterminées.

Raison de l'équipage. En prenant un nombre plus grand d'engrenages intermédiaires, dont les pignons auraient respectivement n, n', n'', n''' dents... et les roues N, N', N'', N'''... dents, on aurait, pour le rapport final des vitesses angulaires, l'expression

$$\frac{\Omega}{\omega} \quad \frac{n \; n'.n''.n'''\dots}{N.N'.N''.N'''\dots};$$

ce rapport se nomme la *raison* de l'équipage entier.

REMARQUE. En horlogerie on donne jusqu'à six dents aux roues d'engrenage employées. Les vitesses angulaires propres aux divers groupes d'engrenages sont

$$\frac{6}{45} \quad \text{et} \quad \frac{6}{48} \quad \text{ou} \quad \frac{1}{7 + \frac{5}{6}} \quad \text{et} \quad \frac{1}{8}.$$

Ces rapports sont acceptables; ils le seraient jusqu'à $\frac{1}{12}$.

La limite inférieure s'élève jusqu'à $\frac{1}{5}$ dans les autres applications.

164 Application numérique — *On demande d'établir un train d'engrenages comportant trois axes, dont la raison soit égale a* $\frac{1}{60}$.

On établira les roues et les pignons de manière que les nombres de leurs dents n, n', N et N' satisfassent à la condition

$$\frac{1}{60} = \frac{n \cdot n'}{N \cdot N'}.$$

On peut multiplier les deux termes du rapport $\frac{1}{60}$ par un nombre quelconque, 36 par exemple. Il vient alors

$$\frac{36}{60 \times 36} = \frac{n \; n'}{N \cdot N'},$$

ou

$$\frac{6 \; 6}{45 \; 48} = \frac{n \; n'}{N \; N'}.$$

On répondra donc à la question en prenant pour les diverses roues de l'équipage

$$n \quad 6, \qquad n' = 6,$$
$$N - 45, \qquad N' \quad 48.$$

165. Conditions d'équilibre d'un train d'engrenages. — Treuil à engrenages. — Les engrenages sont des multiplicateurs de force. Nous allons le démontrer en établissant les conditions d'équilibre d'un équipage a trois axes O, O', O'' (fig. 225). La roue B entraîne un cylindre de *treuil* O'', de rayon r_0, sur lequel est enroulé un cordon sollicité par une force F; une force f tend, d autre part, à faire tourner le pignon a par l'intermédiaire d'une manivelle dont le *bras* OM a une longueur l. Soient r, r', R, R', les rayons respectifs des quatre roues dentées composant l'équipage.

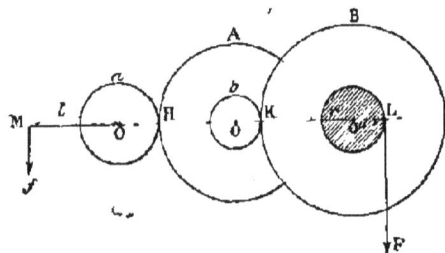

Fig 225

Le pignon étant invariablement lié à la manivelle M se comporte comme un treuil: de sorte que, pour faire équilibre a la force f, agissant au bout du bras du levier OM, il faudrait appliquer en H, tangentiellement a ce pignon, une force dont l'intensité φ serait

donnée par la relation

[1] $$lf = r\varphi.$$

Cette force φ agit en H sur la roue A; celle ci étant reliée d'une façon invariable au pignon b, le système de cette roue et de ce pignon agit encore comme un treuil : il faudra donc, pour équilibrer la force φ, appliquer tangentiellement en K une force φ', déterminée par la relation

[2] $$\varphi R - \varphi'r'$$

De même, si r_1 est le rayon du treuil, lié à la roue B, on aura, entre les forces φ' et F, la relation

[3] $$\varphi'R' = Fr_1.$$

En multipliant membre à membre les équations [1], [2], [3] et en simplifiant, on obtient

$$f.l.R.R' = r.r'.r_1.F;$$

d'ou l'on tire

[4] $$f = F \times \frac{r_1}{l} \times \frac{rr'}{RR'}.$$

Remarque. — On voit que la force f, qui agit comme puissance, n'est qu'une fraction de la force F qui agit comme résistance. Si la manivelle OM était directement appliquée au treuil L (fig. 225), il faudrait pour équilibrer F faire agir une puissance f' déterminée par la relation

$$f' - F\frac{r_1}{l} :$$

la force f, par l'intermédiaire des engrenages, est donc multipliée par le rapport $\frac{RR'}{rr'}$, c'est-à-dire par l'inverse de la raison de l'équipage denté.

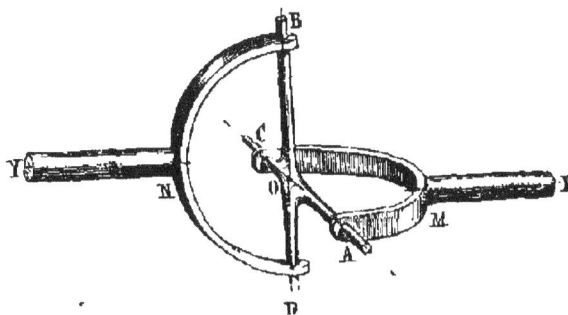

Fig 226

Un tel système se nomme *treuil à engrenages*.

166 Joint de Oldham Lorsque les axes parallèles MX et NY ne sont pas en regard l'un de l'autre, mais sont très voisins, ou même dans le prolongement l'un de l'autre, on peut effectuer la transformation d'un mouvement de rotation MX en un autre mouvement de rotation NY, en employant le mécanisme appelé *joint de Oldham* (fig. 226).

Ce joint se compose d'un croisillon O dont les extrémités, arrondies en tourillons, s'engagent respectivement dans les orifices A, C et B, D, appelés *œilletons*, que portent les deux *fourches* M et N, solidaires des axes de rotation.

Il est évident que les deux axes tournent d'un même angle dans un même temps, en d'autres termes, la vitesse angulaire des deux axes est la même

---

CHAPITRE VI

TRANSFORMATION D'UN MOUVEMENT CIRCULAIRE CONTINU
EN UN AUTRE MOUVEMENT CIRCULAIRE CONTINU
(CAS DES AXES NON PARALLÈLES).
DIVERS AUTRES MODES DE TRANSFORMATION.

187. Engrenages coniques ou Roues d'angle On arrive à établir des *engrenages coniques* au moyen de considérations analogues à celles qui ont servi pour les engrenages ordinaires cylindriques

Le problème que l'on a à résoudre dans ce cas peut se formuler ainsi

« *Étant donné un mouvement de rotation qu'effectue un systeme S autour d'un axe OA* (fig. 227), *avec une vitesse angulaire ω, on veut le transformer en un mouvement de sens contraire qu'effectuerait un systeme S' autour d'un axe OB, incliné sur le premier, avec une vitesse angulaire ω', et de telle façon que le rapport des vitesses reste constant pendant la durée du mouvement*

1° *Mouvement relatif de* (S) *par rapport à* (S) Pour déterminer ce mouvement, donnons à tout le systeme une rotation égale et contraire à ω' (S) sera alors en repos, et le mouvement absolu de (S) sera le mouvement résultant de deux rotations l'une suivant OA, de vitesse angulaire ω, l'autre suivant OB, de vitesse angulaire égale et contraire à ω Le mouvement résultant sera donc

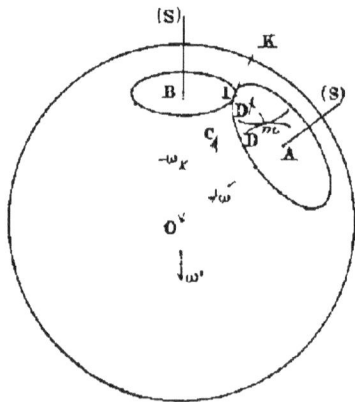

Fig 227

une rotation autour de l'axe OK, avec une vitesse angulaire représentée par la diagonale OC du parallélogramme des deux vitesses angulaires composantes

Les angles COA, COB sont donc constants; par conséquent, nous pourrons réaliser le mouvement en faisant rouler l'un sur l'autre les deux cônes IOB et IOA (que l'on peut appeler *cônes de friction*), l'axe instantané de rotation étant la droite OC, génératrice de contact. Ces deux cônes se touchent tou-

jours, et le mouvement de l'un entraînera celui de l'autre si l'on munit
leurs surfaces latérales de *dents* dont les intersections avec une sphère de
centre O sont représentées en D et D'

2° *Construction des dents* — Pour construire ces dents, on circonscrit à la
sphère deux cônes ayant pour bases les deux petits cercles A et B ; on développe
ces cônes sur un plan (fig 228), on munit les sections ainsi formées de dents, ce
qui donne les deux contours dentés représentés figure 229 ; après quoi on

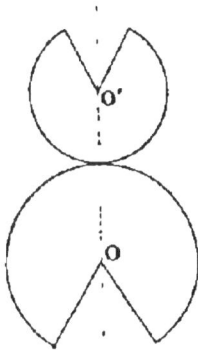

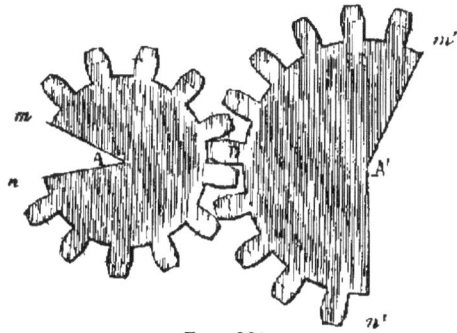

Fig 228.   Fig 229

reporte ces secteurs sur la sphère en reformant les cônes dont ils sont les
développements ; on prend alors les dents pour bases de] surfaces coniques

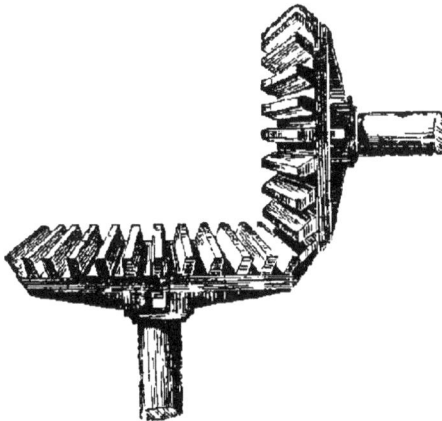

Fig 250   Fig. 251

ayant pour sommet le point O ; ces surfaces sont les dents de l'engrenage
cherché Le pas doit être une partie aliquote des arcs mn et $m'n'$

3° *Cas des axes rectangulaires.* — Le plus souvent, les axes sont rectangu
laires ; on a alors l'engrenage représenté par la figure 250

4° *Formes diverses des engrenages coniques* — Il est clair qu'on peut prendre pour les engrenages coniques tous les systèmes de dents en usage dans les engrenages plans. On peut, par exemple, construire des engrenages coniques a *fuseaux* et a *lanterne* (fig 251); seulement les *alluchons* au lieu d'être diriges suivant les rayons de la roue, sont implantes sur sa circonference, perpendiculairement a son plan

168 Joint universel — Le mécanisme appelé *joint universel* permet de transmettre le mouvement de rotation d'un arbre OX a un autre arbre OY faisant avec le premier un angle tres obtus

Il se compose, comme le joint de Oldham, d'un croisillon (fig 232) dont les branches AC et BD sont a angle droit et dont les extrémités sont respectivement articulees aux extrémités de deux fourches montees sur les deux arbres Le centre O du croisillon coincide avec le point de concours des axes des deux

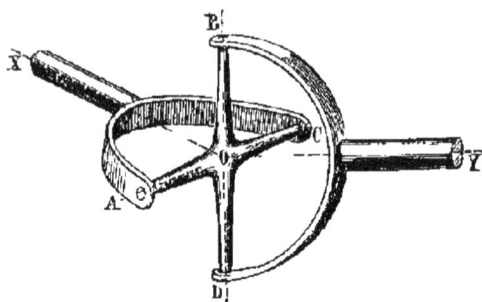

Fig 232

arbres On peut faire varier l'angle des axes, mais le joint n'est d'un bon emploi qu'autant que l'angle XOY des axes n'est pas inférieur à 135° Ce joint sert surtout pour les mouvements a la main ou pour les mouvements lents

REMARQUE On démontre que le rapport des vitesses de rotation des deux arbres n'est pas constant : il varie de cos φ a $\dfrac{1}{\cos \varphi}$, φ désignant le supplément de l'angle des axes.

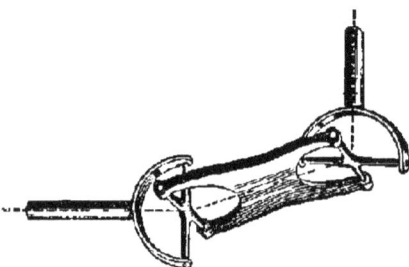

Fig 233

169 Double joint de Hooke — Le joint appele *double joint de Hooke* (fig 233) permet de transmettre le mouvement entre *deux axes qui ne sont pas dans un même plan, qui font entre eux un angle inférieur a 135° et dont les extrémités sont trop voisines pour qu'on puisse employer un axe intermédiaire*

En realite, le double joint n'est autre chose que l'axe intermediaire reduit aux fourches qui le terminent On dispose ordinairement la double fourche de telle sorte que son axe fasse des angles égaux avec les deux autres Le mouvement se transmet alors avec un rapport *constant* des vitesses angulaires

170 Engrenages hyperboliques. — On emploie aussi dans ce cas, comme solution directe, des engrenages *hyperboliques*, ou bien encore de simples surfaces hyperboloides portant des stries dirigees suivant les generatrices (fig 254). Les surfaces primitives sont des hyperboloides

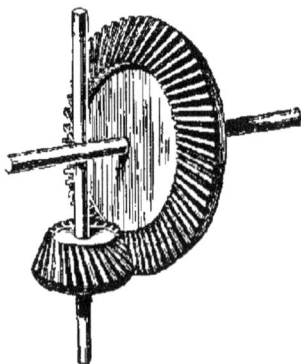

Fig 234

REMARQUES — 1° *Emploi d'un axe intermediaire* — On peut aussi ramener le probleme au cas precedent par l'emploi d'un axe intermédiaire rencontrant les deux premiers, ou rencontrant l'un d'eux et parallèle à l'autre

2° *Emploi de courroies* — Enfin on peut, pour resoudre le même problème, faire usage des] courroies de transmission, comme dans le dispositif de la figure 235.

171. **Vis sans fin** — 1° *Génération et propriétés de la vis* — Soit une hélice à spires serrées, tracée sur un cylindre, appelé *cylindre directeur*; imaginons qu'un petit rectangle *a b c d* (fig. 256) se meuve à la surface du cylindre, en étant assujetti aux conditions géométriques suivantes

Son plan est constamment normal au cylindre, c'est a dire que, dans

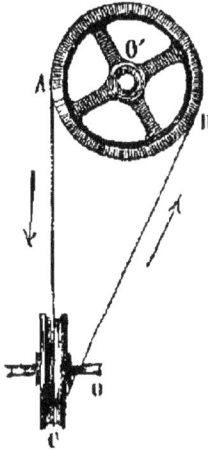

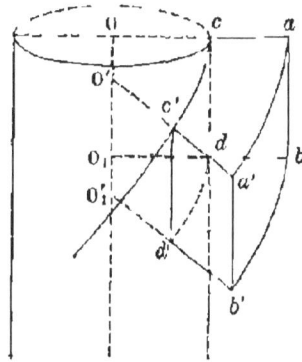

Fig. 235   Fig 236

toutes ses positions, ses côtes *a c* et *b d* prolongés iraient couper l'axe du cylindre et qu'une droite quelconque, tracée dans son plan, va toujours couper une génératrice du cylindre

Le sommet *c* du rectangle décrit l'hélice directrice.

Dans ce mouvement tous les points du rectangle décrivent évidemment des hélices de même pas que l'hélice directrice

Le lieu de toutes ces hélices est un volume de forme hélicoïdale, qu'on appelle *filet de vis*, et la vis elle-même est constituée par l'ensemble du filet et du cylindre directeur

Le plan normal à la surface cylindrique, qui contient le rectangle générateur, est ce qu'on appelle un *plan de profil*, ou simplement un *profil* De la figure du profil dépend la forme du filet

Dans le cas actuel, la vis est *a filet rectangulaire*. Le profil pourrait être un triangle ou un carré, et la vis serait *a filet triangulaire* ou bien *a filet carré*

On appelle *pas de la vis* le pas de l'une quelconque des hélices décrites par les divers points du rectangle générateur

2° *Construction de la vis ordinaire*   On réalise pratiquement la vis en taillant d'une part le filet sur un cylindre de metal (bronze, fer ou acier), et d'autre part un *ecrou*, pièce métallique E E' (fig. 257), qui présente en creux le relief du filet

3° *Fonctionnement de la vis.* — Lorsqu'on engage la vis O O' dans l'écrou, si celui ci est fixe, en imprimant un mouvement de rotation à l'extrémité antérieure de la vis A' O' B', appelée *tête de vis*, on la fait avancer dans son écrou parallèlement à l'axe du cylindre directeur La loi de ce déplacement est une conséquence de la propriété fondamentale de l'hélice : le déplacement longitudinal de chaque point de la vis est proportionnel à l'angle de rotation de la tête de la vis.

On peut *inversement fixer la vis* : alors c'est l'écrou qui se déplace, d'après la même loi, lorsqu'on agit sur la tête de vis AOB (fig. 237)

4° *Cas de la vis micrométrique.* — La vis micrométrique est une vis travaillée avec beaucoup de soin et dont le pas est très petit, égal à un demi-millimètre ou à 1 millimètre au plus, et très régulier On la taille sur le contour d'un cylindre bien homogène de bronze ou d'acier fondu, au moyen de procédés mécaniques très perfectionnés

On voit, d'après ce qui précède, que si la vis tourne dans un écrou fixe, elle avance, à chaque fraction de tour, d'une longueur égale à la même fraction du pas. Par conséquent, si le pas est de $\frac{1}{2}$ millimètre et si le limbe porte 500 divisions, à un mouvement angulaire de une division correspond alors un déplacement longitudinal de $\frac{1}{1000}$ de millimetre.

Dans la plupart des vis des instruments de précision, le filet est triangulaire : il est engendré par un profil qui est un triangle à peu près isocèle, dont la base est précisément égale au pas de l'hélice et

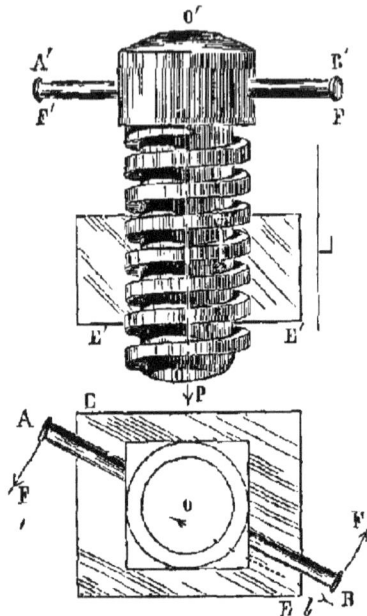

Fig 237

il en résulte que la surface du cylindre directeur est complètement couverte par le filet

5° *Emploi de la vis sans fin.* — Lorsqu'on veut transformer un mouvement

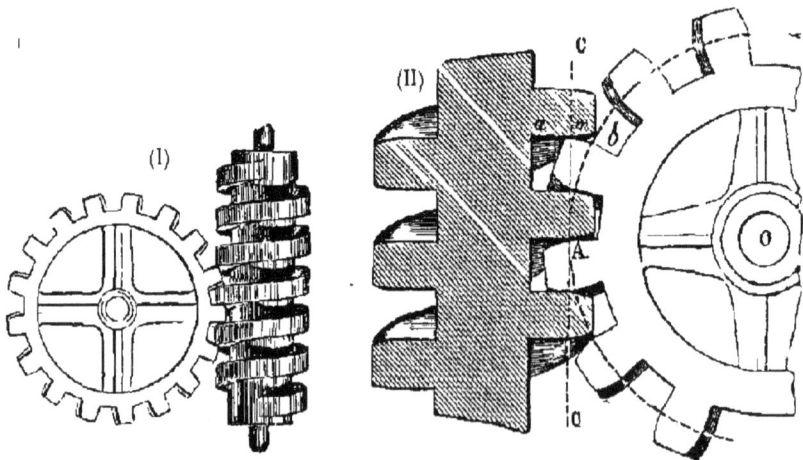

Fig 238.

circulaire continu s'effectuant autour d'un axe, en un mouvement circulaire continu s'effectuant autour d'un axe perpendiculaire au premier, on monte

sur l'un des axes une vis à filet carré (fig. 258, I) et sur l'autre axe une
roue dentée qui engrène avec la vis   ce mécanisme constitue la *vis sans fin*.

Le contact a lieu en *m* (fig. 258, II) dans le plan méridien de la vis, perpendiculaire à l'axe O de la roue Lorsque la vis tourne, bien qu'elle ne subisse
pas de translation, son profil se déplace régulièrement dans le plan méridien considéré (propriété de l'hélice) et la roue dentée tourne Pour qu'il en
soit ainsi, il faut

D'abord *que le profil des dents de la roue dans le plan méridien soit un arc
de développante de cercle.*

De plus, *que le plan tangent au point de contact soit commun aux deux sur
faces*

Soient *i* l'angle que fait l'hélice, de pas *h*, avec la section droite du cylindre
de rayon *r*, sur lequel elle est tracée, R le rayon de la circonférence primitive
de la roue dentée et ω, ω' les vitesses angulaires respectives de la vis et de la
roue, on a

$$\frac{\omega'}{\omega} = \frac{r}{R} tg\, i$$

En effet, la vitesse linéaire ω'R de la roue est égale à la vitesse de progression
$\frac{h\omega}{2\pi}$ du profil de la vis, on sait d'autre part que dans une hélice on a tang $i = \frac{h}{2\pi r}$.

REMARQUE. — Comme la vis ne subit pas de translation, elle peut entraîner
indéfiniment la roue dentée d'où le nom de *vis sans fin* donné a ce mécanisme

---

CHAPITRE VII

TRANSFORMATION D'UN MOUVEMENT CIRCULAIRE CONTINU
SOIT EN MOUVEMENT RECTILIGNE CONTINU,
SOIT EN MOUVEMENT RECTILIGNE ALTERNATIF.

172. Engrenage à crémaillère. — Le treuil nous a déjà fourni
un exemple de mécanisme permettant de transformer un mouvement circulaire continu en un mouvement rectiligne continu. Ce
problème et le problème inverse peuvent également être résolus à
l'aide de deux mécanismes simples, l'*engrenage à crémaillère* et
les *rouleaux*.

Le mécanisme appelé *Engrenage à crémaillère* (fig. 259) est le
cas particulier d'un engrenage cylindrique dans lequel le rayon
de l'une des deux roues deviendrait infini. Dans la pratique on
emploie l'engrenage à flanc : les profils conjugués des flancs du
pignon, c'est-à-dire les faces de la crémaillère, sont des *arcs de
développante de cercle*. Quant aux faces du pignon, ce sont des
arcs de cycloïde, puisqu'on les obtient en faisant rouler une cir-

conférence sur une ligne droite. Lorsqu'on agit sur le pignon,
celui-ci communique un mouvement
rectiligne a la crémaillère, et *inversement*.

173 Rouleaux. — Les rouleaux sont
deux cylindres résistants O, O' (fig. 240),
disposés parallèlement, sur lesquels on
pose commodément un fardeau consi
dérable P qu'il s'agit de déplacer.

Si les cylindres sont mobiles, ils roulent sur le sol lorsqu'on pousse le far
deau ; chaque rouleau se déplace rectilignement, par rapport a sa position
initiale, d'une longueur $2\pi r$ égale a
sa circonférence pour chaque tour ; et
comme le fardeau se déplace aussi de
$2\pi r$ par rapport au rouleau, il s'ensuit
qu'il avance de $4\pi r$.

Si les rouleaux guides étaient fixes,
le déplacement serait seulement égal à
$2\pi r$.

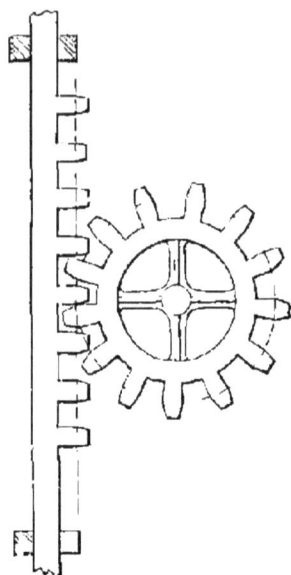

Fig 239

174. Bielle à manivelle.   On opère la transformation du
mouvement circu-
laire continu en
rectiligne alternatif
ou la transforma-
tion inverse en
employant la *bielle
à manivelle*.

1° *Principe et
fonctionnement.*
On monte sur l'axe
O, autour duquel

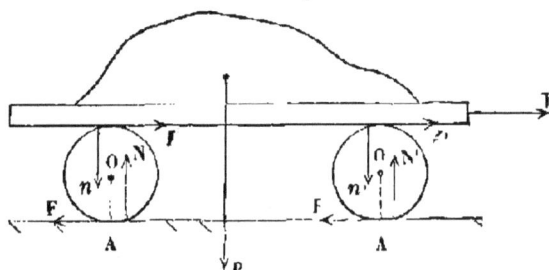

Fig 240

s'opère la rotation (fig. 241), une pièce rigide OM, appelée *manivelle*, à laquelle s'articule une seconde pièce rigide MB, appelée
bielle. En B la bielle est solidaire d'une tige BA guidée en *gg*, suivant la ligne droite XX. Lorsque le point M se déplace de M' en M''
dans le sens de la flèche (1), le point B va de B' en B'' ; et lorsque
le point M poursuit sa rotation de M'' en M' dans le sens de la
flèche (2), le point B revient de B'' en B'. Réciproquement le mouvement rectiligne alternatif (B'B'', B''B') est transformé par le
même mécanisme en un mouvement continu de rotation autour
de l'axe O

2° *Points morts.* — Il est à remarquer que, dans les positions

M' et M" du point M, la bielle se trouve en ligne droite avec la manivelle et ne peut transmettre à celle-ci aucun effort moteur. Pour cette raison les points M' et M" sont appelés *points morts*. La manivelle ne dépasse les points morts qu'en raison de la vitesse acquise par les organes solidaires de l'axe O. Il est évident que

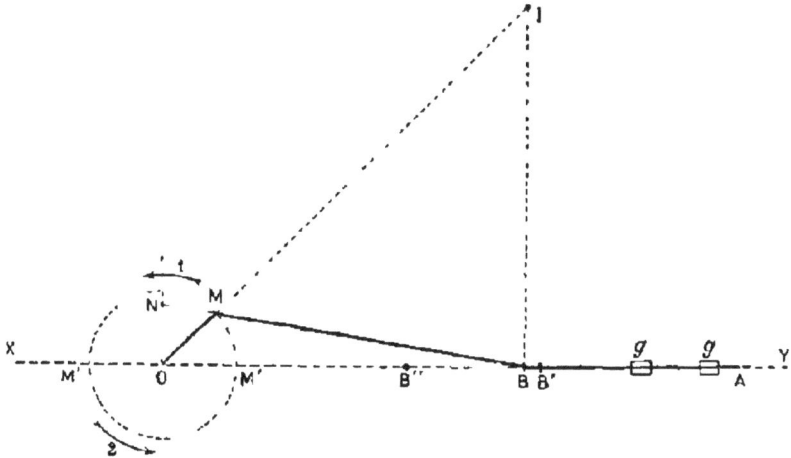

Fig 241

l'amplitude de la course rectiligne du point B, et par suite d'un point quelconque de BA est égale au double de la longueur OM (— r) de la manivelle.

REMARQUE. — On emploie quelquefois pour supprimer l'effet des points morts les *manivelles multiples*, soit deux manivelles par exemple qu'on cale sur le même axe, *à angle droit*, de façon que les points morts de l'une correspondent pour l'autre au maximum d'effort moteur.

3° *Vitesse de translation du piston.* — Remarquons qu'à un instant déterminé on peut considérer la bielle BM comme tournant autour du centre instantané I de rotation. Ce centre est au point de concours actuel des normales OM et BI aux trajectoires connues des points B et M. On a donc, pour les vitesses de ces deux points :

$$V_M = \omega'.IM, \qquad V_B = \omega'.IB,$$

ω' étant la vitesse angulaire à l'instant considéré, et par suite

$$\frac{V_B}{V_M} = \frac{IB}{IM}.$$

En élevant au point O une perpendiculaire a XY et prolongeant la direction BM de la bielle jusqu'à son point de rencontre N avec cette perpendiculaire, on forme un triangle OMN, qui est semblable au triangle IMB. On en tire

$$\frac{IB}{IM} = \frac{ON}{OM},$$

d'où

$$V_B = V_M \cdot \frac{ON}{OM} = V_M \cdot \frac{ON}{r}.$$

Si ω est la vitesse angulaire de rotation de la manivelle,

$$V_M = \omega r \quad \text{et, par suite,} \quad V_B = \omega . ON.$$

La vitesse du piston B varie donc proportionnellement à la longueur ON : elle est *nulle* aux points morts M′ et M″ et *maximum* pour les positions dans lesquelles l'angle OMB est droit.

4° *Description.* — *La bielle*, représentée fig. 242 de face et de profil, porte à son extrémité supérieure une fourchette A par laquelle elle s'articule, par exemple

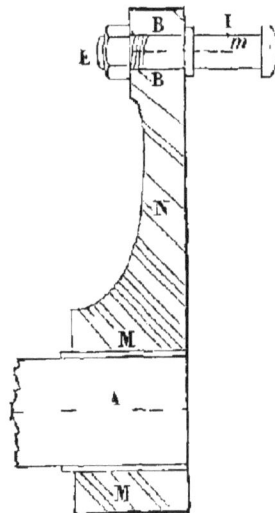
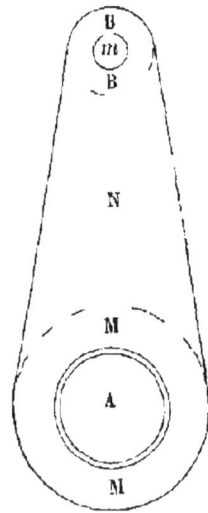

Fig 242

Fig 243

à la tête d'un piston (fig. 242); un système de coussinets C′, placé à sa partie inférieure, lui permet de s'articuler d'autre part au bouton de la manivelle. La bielle a, tantôt une section (en forme de croix, ce qui l'allège tout en la maintenant très résistante, tantôt une section circulaire. Son profil est également calculé de façon qu'elle ait en tous ses points une égale résistance à la flexion.

La *manivelle* est aussi représentée de face et de profil par la figure 243. Son contour est formé d'arcs de cercle, réunis par deux tangentes communes; MN est le corps de la manivelle ; BB en est le *bouton, m* le *maneton* sur lequel agit la bielle, A est l'*arbre de couche* de la machine.

175. Excentriques. On appelle *excentriques* des mécanismes qu'on emploie pour transformer un mouvement de rotation en un mouvement rectiligne alternatif, par exemple pour manœuvrer des pièces de machines qui n'exigent pas une grande

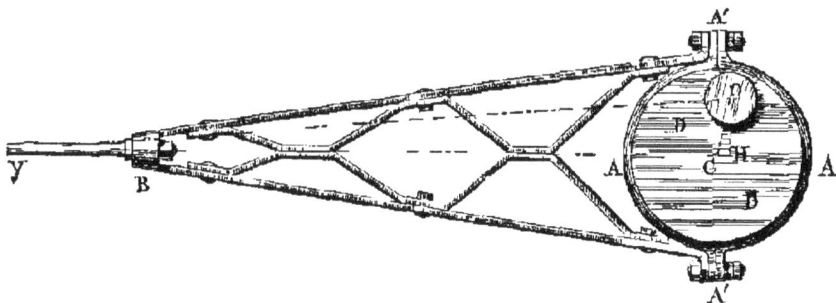

Fig 244

force, soupapes, tiroirs, etc. Les principaux excentriques sont : l'excentrique circulaire à collier, l'excentrique circulaire à cadre et l'excentrique triangulaire.

1° *Excentrique circulaire à collier.* — L'*excentrique circulaire à collier* se compose d'un *disque* DD (fig. 244), plein ou partiellement évidé, monté perpendiculairement à un axe O qui ne passe pas par son centre C, d'où le nom d'*excentrique* : on donne à la distance CO le nom d'*excentricité*. Le disque est embrassé par un collier AA, appelé *bague*, formé de deux parties boulonnées l'une à l'autre en A′ A′ et à l'intérieur duquel le disque peut tourner à frottement doux. Le collier est relié par des *barres entretoisées* à l'extrémité B de la tige qui doit effectuer un mouvement alternatif suivant la droite AY. On remarquera que le point B se meut comme s'il était commandé par la bielle BC et la manivelle CO.

On peut encore considérer l'excentrique comme une manivelle dont le bouton M (fig. 241) prendrait un développement suffisant pour embrasser l'arbre O lui-même.

Remarque.   Ce mécanisme présente l'avantage de pouvoir être calé en un point quelconque d'un axe. Si l'on voulait, dans ces mêmes conditions, conduire une tige à l'aide d'une manivelle, il serait indispensable de couder l'axe de façon qu'il livre passage à la bielle pendant la rotation.

2° *Excentrique circulaire à cadre.* — L'*excentrique circulaire à cadre* se compose d'un disque C (fig. 245), monté excentriquement sur un axe O, auquel est circonscrit un cadre rectangulaire ABA'B'. Les tiges guidées sont fixées au cadre en I et I'. Lorsque le disque tourne, il pousse devant lui le côté AB du cadre jusqu'à ce que la ligne OC vienne coïncider avec la ligne OI : le côté A'B' est alors en IIII. Lorsque OC coïncide avec OI', c'est le côté AB qui occupe la position IIII. Il résulte de là que l'amplitude de la course du cadre est égale au double de l'excentricité, c'est-à-dire à 2 OC.

Si on désigne par θ l'angle COP, on a dans le triangle CPO

$$CP = OC \sin \theta.$$

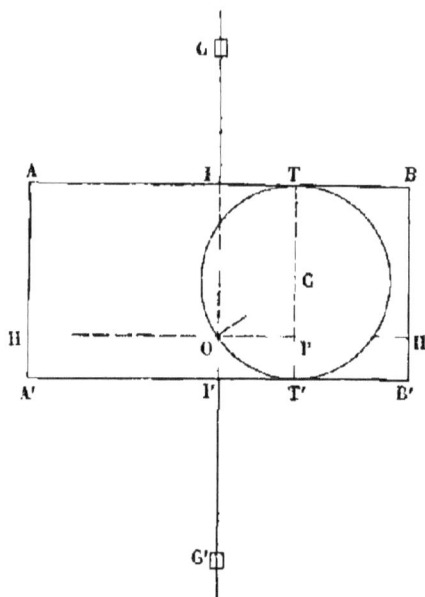

Fig. 245

A chaque instant t la position de AB est donnée par la valeur de TP :

$$TP = OC + OC \sin \theta = OC(1 + \sin \theta).$$

Le déplacement rectiligne alternatif est donc rigoureusement sinusoïdal si le disque est animé d'un mouvement de rotation uniforme.

3° *Excentrique triangulaire.* — L'*excentrique triangulaire* permet d'obtenir un mouvement rectiligne alternatif intermittent au moyen d'un mouvement de rotation continu.

Il se compose d'un cadre *ab a'b'* (fig. 246) à l'intérieur duquel tourne, autour d'un axe O, une pièce dont la section est obtenue en décrivant des trois sommets d'un triangle équilatéral des arcs OA, AB, BO ayant le côté pour rayon. L'axe O coïncide avec l'un des sommets de ce triangle curviligne. Lorsque l'excentrique décrit un tour complet, le mouvement se décompose en six phases : deux phases où le cadre reste immobile, deux où il se déplace

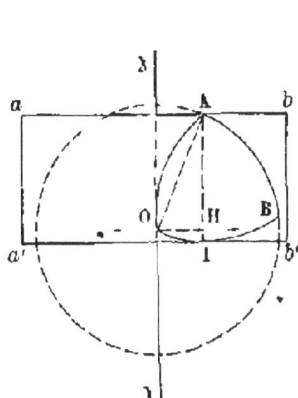

Fig. 246.

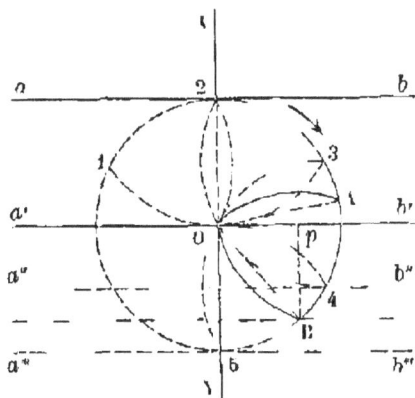

Fig. 247.

dans le sens OX et deux dans lequel il se déplace dans le sens OY (fig. 247).

176. Excentriques à galet ou **cames à galet.** — Un *excen-trique à galet* se compose essentiellement d'une tige rigide AB (fig. 248), dont l'extrémité B s'appuie constamment sur la périphérie d'une plaque métal-lique pouvant tourner *excentriquement* autour d'un axe O. La barre étant guidée dans son mouvement par deux glissières GG, ne peut que se déplacer dans le sens de sa longueur ; de sorte que, toutes les fois que le rayon OB de l'excentrique croîtra, la barre sera sou-levée. Ainsi, quand le rayon OB' sera venu dans la direction AB, le déplacement sera égal à la différence des *rayons vecteurs* (OB' — OB). On termine générale-ment la barre AB par une roulette ou *galet*, qui forme le contact.

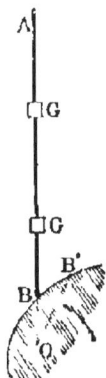

Fig. 248.

La plaque se nomme quelquefois *came* et le méca-nisme lui-même *came à galet*

C'est la nature du contour de la plaque tournante qui détermi-nera la nature du mouvement rectiligne dont la barre sera animée. Le problème des excentriques revient donc à déterminer ce contour de façon à réaliser un mouvement de la barre obéis-sant à une loi donnée. Nous allons en étudier plusieurs cas inté-ressants.

177 Excentriques a mouvement uniforme . excentrique à cœur —
On se propose de construire un *profil* d'excentrique tel, qu'en tournant d'un mouvement *uniforme* autour d'un axe projete en O, l'excentrique communique a une tige XY un mouvement rectiligne, alternatif et *uniforme*, d'amplitude AB (fig. 249)

Il faut et il suffit *que le rayon vecteur ρ du profil, estime a partir de O, varie proportionnellement a l'angle θ qu'il fait avec la direction fixe XY*

Tracé du profil — Pour tracer le profil on décrira donc du point O comme centre une demi circonference BB' que l'on divisera en un certain nombre de parties égales, 6 par exemple, on joindra les points de division au point O, ce qui donne cinq rayons indefinis suivant des angles egaux ; on divisera ensuite l'amplitude AB de la course en un même nombre de parties

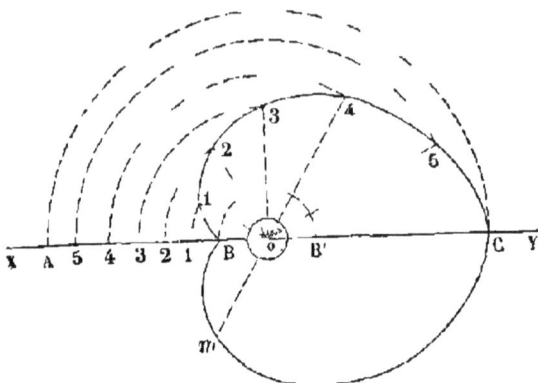

Fig 249

egales par les points 1, 2, 3, 4, 5 ; en reportant ces points sur les rayons et les joignant par une courbe continue B, 1, 2, 3, 4, 5, C, on obtiendra le profil cherche. On complètera le profil par un arc BmC, symetrique du premier par rapport à XY La forme de l'excentrique ainsi etabli lui fait souvent donner le nom d'*excentrique a cœur*

Demonstration. La courbe BJC est le profil demande, car elle est un arc de *spirale d'Archimede* Cette spirale est en effet engendree par un point M (fig 250) qui se meut uniformément le long d'une droite OM, pendant que cette droite tourne elle-même

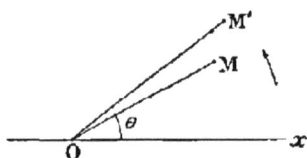

Fig 250

uniformement autour d'un axe O En designant par θ l'angle MOX et OM par r, on a

$$r = K\theta$$

et par suite

$$r = K\omega t, \quad si \quad \theta = \omega t$$

La vitesse de déplacement du point B est donc egale à Kω.

REMARQUES — 1° Si l'on trace une secante quelconque telle que mo4, elle a une longueur egale a BC, car

$$O4 = OB + B4$$

et

$$Om = O2 = OB + B2,$$

d'où

$$Om + O4 = 2OB + B4 + B2 = BB' + AB = BC$$

Grâce a cette propriété, l'excentrique n cœur peut commander deux tiges BX, CY, liées de maniere que leur distance reste constante

2° L'excentrique a cœur a l'inconvenient de donner lieu a des chocs, puisqu'il doit passer brusquement d'une vitesse finie a une vitesse nulle, et inversement.

3° Comme le galet ne se réduit pas à un point, mais est un cylindre de rayon fini, il faut tenir compte de son rayon. Pour cela, sur chaque normale à la spirale, on porte vers l'intérieur une longueur égale au rayon du galet; on a ainsi le profil de la figure 251, au lieu du profil en pointillé qui correspondrait au cas où le galet se réduirait à un point.

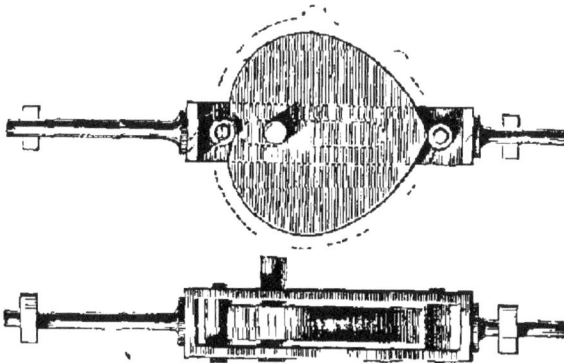

Fig 251.

Cette figure représente la disposition pratique de l'appareil : il y a deux galets au lieu d'un seul. Ces galets sont solidaires d'un châssis qui entoure l'excentrique et auquel sont fixées les tiges à mouvoir.

178 Excentrique à intermittences. — On peut établir cet excentrique de telle façon que la barre peut, à un moment donné, ne plus progresser du tout pendant un certain temps: dans ce cas l'excentrique est dit *à intermittences*.

Il suffit, pour cela, qu'un arc de cercle, ayant son centre sur l'axe, fasse partie du profil, qui aura alors la forme représentée sur la figure 252. BC et DE sont deux droites rectangulaires; dans l'angle BOD est un arc de spirale d'Archimède; de D en C, un arc de cercle ayant son centre en O, de C en E, un arc de spirale, symétrique du premier par rapport à la bissectrice de l'angle DOC, et enfin de E en B, un arc de cercle ayant, comme le premier, son centre en O.

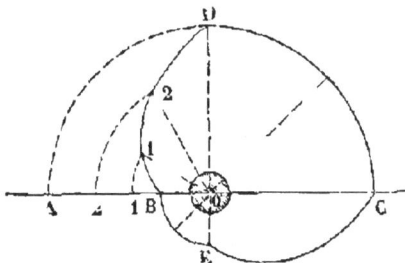

Fig 252

Supposons que la figure représente l'excentrique *au repos*. Pendant le premier quart de sa révolution, c'est l'arc de spirale BD qui pousse la barre d'un mouvement uniforme: après le premier quart de rotation, c'est l'arc de cercle DC qui est en contact avec le galet et celui-ci, demeurant à la même distance de l'axe O, n'avance pas et reste stationnaire; pendant le troisième quart de la rotation, le galet revient en arrière d'un mouvement uniforme, puisqu'il est en contact avec l'arc de spirale CE; enfin, pendant le quatrième quart, il reste stationnaire, puisqu'il est en contact avec l'arc de cercle EB.

179 Excentriques à mouvement uniformément varié came du général Morin. — On doit au général Morin la construction d'un excentrique dans lequel la barre guidée progresse d'un mouvement uniformément varié ce mouvement est accéléré pendant la moitié de la course et retardé pendant l'autre moitié. Le mouvement a donc une vitesse nulle à l'instant du changement de sens: il fait supprimer les chocs et donne au mécanisme toute la douceur possible. Le profil en est facile à tracer.

De l'axe O comme centre (fig. 253), on décrit une circonférence ayant un rayon OA égal à la plus petite épaisseur à donner à la came. On divise cette circonférence, ou seulement la moitié, en un certain nombre de parties égales

On développe ensuite la demi circonférence divisée le long d'une ligne droite (fig. 254) en AB En B, on élève une perpendiculaire BC, égale à la course à pro-

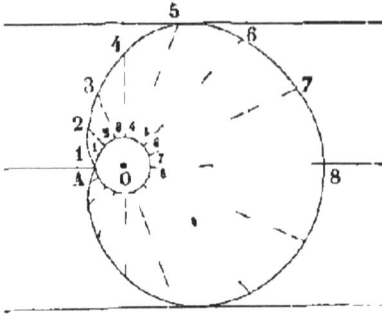

Fig 253

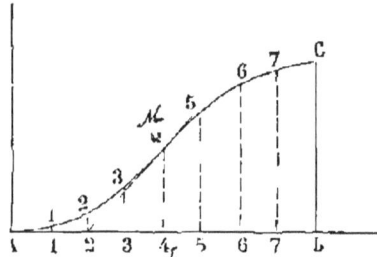

Fig 254

duite, et, au milieu de AB, une ordonnée égale à la moitié de BC. On raccorde les points obtenus par des arcs de *parabole* AM et MC. L'arc AM a son sommet en A et a pour tangente AB, l'arc MC est l'arc AM retourné

En menant les ordonnées des points de division qui se trouvent sur AB, et les portant ensuite sur les rayons correspondants de la circonférence OA et à partir de cette circonférence, on obtient les points qui, reliés par une courbe continue, donnent le profil de la came de Morin.

En effet, si un point se meut d'un mouvement uniforme le long de AB, l'extrémité de l'ordonnée correspondante se meut suivant BC, d'un mouvement uniformement varié, qui est accéléré pendant la moitié de la courbe AM (rotation d'un quart de circonférence) et retardé pendant la seconde moitié MC. La courbe est complétée par un arc symétrique.

REMARQUE — On peut imaginer d'autres cames répondant aux exigences d'un mecanisme ou d'une machine outil quelconque

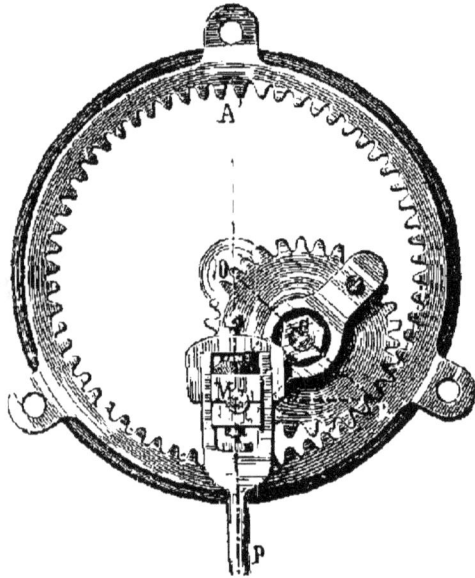

Fig 255

180 **Engrenage de Lahire** — On peut encore transformer un mouvement *circulaire continu* en un mouvement *rectiligne alternatif* à l'aide d'un *engrenage interieur* qu'on appelle *engrenage de Lahire* La roue fixe AA' (fig. 255) a un diamètre double du diamètre OC du pignon Celui-ci est commandé par un bras OC, mobile autour d'un axe O passant par le centre de l'anneau denté AA'. Une tige MP est articulée en un point M de la circonférence primitive du pignon

Cherchons la trajectoire du point M lorsque le pignon roule sur l'anneau. Soit A le point de contact dans la position initiale, M coïncide alors avec A Pendant le roulement, le point M reste sur AA' En effet, les arcs MR et AR sont égaux, car l'angle au centre MCR est double de l'angle au centre AOR, et le rayon OR est égal à deux fois OC donc, pour un tour de pignon, le point M s'élève de AA', puis redescend de A' en A ; il en résulte pour la tige MP un mouvement rectiligne alternatif, d'amplitude AA'

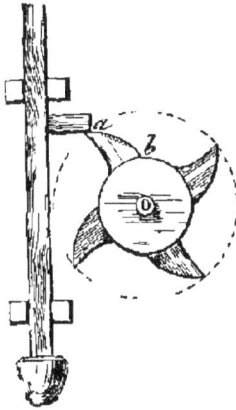

181 Cames — On donne aussi communément le nom de *cames* à des saillies curvilignes, établies à la périphérie d'un arbre tournant, et qui, en venant buter contre des saillies correspondantes ou *mentonnets*, établies le long d'une barre glissante, servent a transformer le mouvement circulaire *continu* en un mouvement rectiligne, alternatif et *discontinu*.

Par exemple, la came Oab (fig 256) est destinée a soulever un pilon Si le mouvement doit être uniforme, le profil de la came *ab* sera déterminé par les mêmes considérations que celui d'une dent d'engrenage, mais cette condition n'est généralement pas nécessaire, et le profil de la came est une courbe convexe quelconque On règle les dimensions et le nombre des cames de manière que le pilon ait le temps de retomber complètement avant d'être saisi de nouveau par la came suivante.

Fig 256

CHAPITRE VIII

TRANSFORMATION D'UN MOUVEMENT CIRCULAIRE ALTERNATIF
SOIT EN MOUVEMENT CIRCULAIRE CONTINU,
SOIT EN MOUVEMENT RECTILIGNE ALTERNATIF,
SOIT EN MOUVEMENT CIRCULAIRE INTERMITTENT.

182. Balancier-bielle-manivelle. — Quand on veut transformer *un mouvement circulaire alternatif* en *un mouvement de rotation continu* destiné à transmettre des effets considérables, on a recours, non plus aux mécanismes précédents où la transmission se fait *par contact*, mais à d'autres mécanismes où la transmission se fait par *lien rigide*, par exemple au système *balancier-bielle-manivelle*.

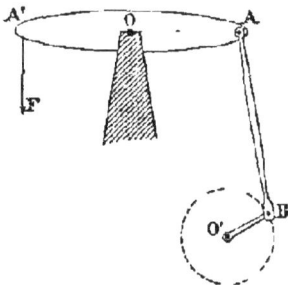

Fig 257.

1° *Description*. — Ce mécanisme se compose essentiellement d'une barre rigide AA' (fig. 257), qui est le *balancier*, pouvant osciller autour d'un axe horizontal O, porté par un support solide; à l'une de ses extrémités agit la force F qui lui imprime un mouvement circulaire alternatif autour du point O; l'autre extrémité est liée à un second axe O' par une bielle BA et une manivelle O'B.

2° *Fonctionnement.* — Lorsque le balancier décrit un arc ayant O comme centre et OA comme rayon, la bielle AB entraîne le bouton de la manivelle, laquelle entraîne l'axe O' . celui-ci tourne d'un mouvement continu, tandis que le balancier oscille autour du point O en décrivant un arc de cercle dont la *corde* HH' est égale *à deux fois* le rayon O'K de la manivelle.

Supposons, en effet, que le balancier OA (fig. 258) descende : il poussera la manivelle O'B jusqu'en O'K' et viendra lui-même jusqu'à la position OH', qu'il ne pourra pas dépasser, à cause de la rigidité des trois organes. Mais si, au moment où il se relève, la manivelle dépasse la position K', *en vertu de la vitesse dont elle est animée*, le mouvement de rotation continuera dans le sens

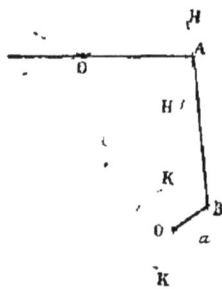

Fig 258

commencé. Tout se passera de la même manière lorsque la manivelle aura été amenée en OK.

REMARQUE. Les points K et K' sont les *points morts*. Si une machine était arrêtée au *point mort*, on s'exposerait à en briser les pièces en essayant de la remettre en marche.

3° *Rapport des vitesses de la manivelle et du balancier.* — Remarquons d'abord que le centre instantané de rotation du système est au point I, où se rencontrent les directions prolongées du balancier et de la manivelle. Par conséquent, les vitesses élémentaires des points A et B, à l'instant considéré, seront proportionnelles aux longueurs IA et IB.

Soient donc ω la vitesse angulaire de la manivelle et r la longueur de son bras; soient v la vitesse du point A du balancier, l la longueur OA; on aura

$$\frac{\omega r}{v} = \frac{IB}{IA}. \qquad (1)$$

Prolongeons la direction de la bielle jusqu'à sa rencontre en a avec une parallèle au balancier menée par le point O' : les triangles semblables IAB, BO'a donnent

$$\frac{IA}{IB} = \frac{O'a}{O'B} - \frac{O'a}{r}. \qquad (2)$$

En comparant [1] et [2], il vient

$$\frac{\omega r}{v} - \frac{r}{O'a}; \qquad \text{d'où} \qquad v - \omega \times \overline{O'a}.$$

4° *Disposition pratique des balanciers*. — Le *balancier*, — dont une moitié est représentée (fig. 259) en élévation et en projection,

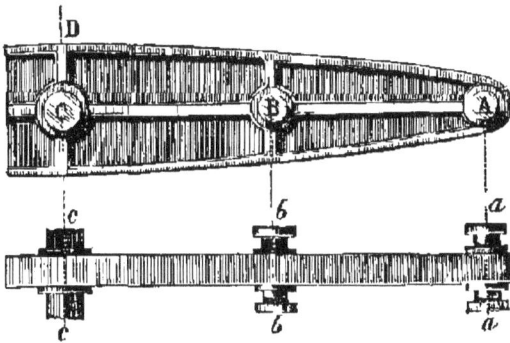

Fig 259

— est généralement en fonte. Il oscille autour d'un axe C qui doit être très résistant, car le balancier est un levier du premier genre, et la charge du point d'appui est la somme des charges des deux bras; la bielle s'articule au *bouton* A. projeté horizontalement en a.

5° *Usages.* Indépendamment des grandes applications industrielles des balanciers aux *machines à vapeur*, aux *machines soufflantes*, etc., il convient d'en citer des applications courantes, employées depuis très longtemps, par exemple la pédale de la meule des rémouleurs.

185. Losange du général Peaucellier. — La transformation du mouvement *circulaire alternatif* en mouvement *rectiligne alternatif* peut se réaliser d'une manière rigoureuse au moyen du *losange de Peaucellier*.

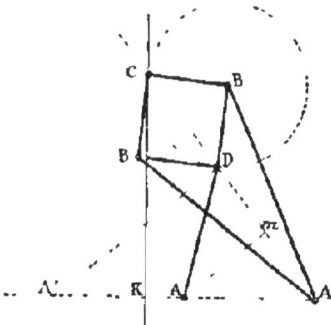

Fig 260.

1° *Description.* Soit A (fig. 260) la trace d'un axe de rotation perpendiculaire au plan de la figure, et soient AB et AB' deux barres égales indépendantes l'une de l'autre et pouvant tourner autour du point A; en B et en B' sont articulés deux des sommets d'un *losange articulé* BCDB'; de plus, le point D est relié à un point fixe A′ situé sur la perpendiculaire A′m au milieu m de la droite AD.

2° *Théorie*. — *Lorsque la droite AB tourne autour du point A, le point C décrit une droite CK perpendiculaire à AA′.*

En effet, du point B comme centre, avec BD pour rayon, décrivons une circonférence, nous aurons (fig. 260), en appliquant le théorème des sécantes,

$$\overline{AC} \times \overline{AD} - (\overline{AB} + BD)\,(\overline{AB} - BD)$$

ou

[1] $$\overline{AC} \times \overline{AD} = \overline{AB}^2 - \overline{BD}^2.$$

Cela posé, élevons au point D une perpendiculaire DA″ à la droite AD qui est un axe de symétrie pour la figure ABCB′. Les deux triangles rectangles ADA″ et ACK sont semblables et donnent

$$\frac{AD}{AK} = \frac{AA''}{AC};$$

d'où

$$\overline{AK} \quad \frac{\overline{AD} \times \overline{AC}}{\overline{AA''}} = \frac{\overline{AB}^2}{\overline{AA''}} \quad \frac{\overline{BD}^2}{\overline{AA''}}.$$

Or $\overline{AA''}$ est une grandeur constante, puisqu'elle est égale à 2AA′ : donc la longueur AK est constante, et par suite le lieu du point C est la perpendiculaire CK à la droite AA′. En conséquence, lorsque le point D va et vient sur un arc de circonférence de centre A′ et de rayon A′D, le point C, et par suite la tige CK, se déplacent d'un mouvement rectiligne alternatif.

REMARQUE. Cette élégante solution du général Peaucellier a l'inconvénient d'exiger l'emploi de sept tiges articulées et par suite de donner lieu à un dispositif encombrant : aussi est-elle rarement employée.

184. Balancier et contre-balancier. — Watt a employé, pour transformer un mouvement *rectiligne alternatif* en mouvement *circulaire alternatif*, une autre solution fort ingénieuse, n'exigeant l'emploi que de trois tiges articulées, mais qui n'est qu'une solution *approchée*.

Soit OA (fig. 261) un balancier dont l'axe d'oscillation, perpendiculaire au plan du tableau, se projette en O. Considérons un autre balancier CB, oscillant autour de C, et appelé *contre-balancier*, et imaginons que ces deux balanciers soient reliés l'un à l'autre par une *bielle* de longueur invariable AB. On démontre

qu'un point M de cette bielle décrira une certaine courbe,
ayant la forme d'un 8 très allongé, qu'on appelle *courbe à longue
inflexion* : le point de croisement ω se trouve situé sur la droite OC

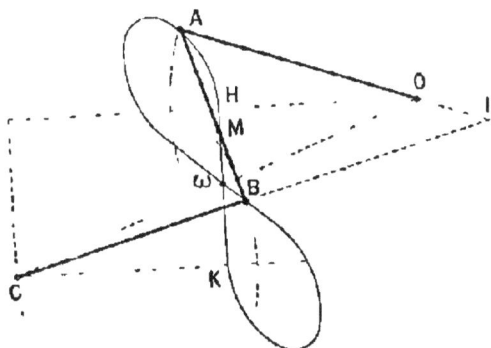

qui joint les deux axes
d'oscillation, et la portion
HK en est *sensiblement
rectiligne*. Si donc on attache en M la tige d'un
piston, elle sera *guidée*
suivant une ligne pres-
que droite par le système
du balancier et contre-
balancier.

Fig 261

REMARQUE. Le centre
instantané de rotation
s'obtient facilement : il
suffit de remarquer que la normale a la trajectoire du point A,
qui est un arc de cercle, est précisément la droite OA, et que la
normale a la trajectoire du point B est, pour la même raison, la
droite CB. Le centre instantané sera donc en I. Par suite, IM serait la normale a la courbe a longue inflexion. On peut donc connaître la tangente à cette courbe en chaque point.

185. **Parallélogramme articulé de Watt.** — Watt appliqua à

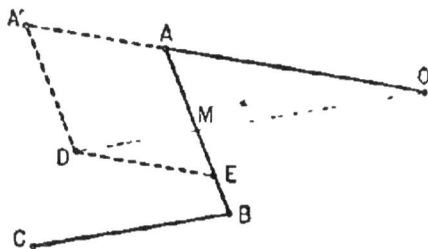

sa machine à balancier un
mécanisme dérivé du précédent et destiné au même
usage : c'est le *parallélogramme articulé*.

Imaginons que l'on pro
longe le balancier OA d'une certaine longueur AA′ (fig. 262)
et qu'on mène par le point A′
une parallele a la bielle AB

Fig 262.

jusqu'à sa rencontre avec la droite OM prolongée : on obtient un
parallélogramme articulé AA′DE.

Les triangles semblables OAM, OA′D, donnent la relation

$$\frac{OM}{OD} = \frac{OA}{OA'} = \text{constante},$$

car, OA et OA′ étant deux longueurs constantes, leur rapport est
aussi constant : donc, si le point M décrit une certaine courbe, le
point D décrira une courbe homothétique, le centre de similitude étant en O. Or le point M, faisant partie d'un système balan-

cier et contre balancier, décrit la partie presque rectiligne d'une courbe à longue inflexion; le point D aura donc aussi un mouvement sensiblement rectiligne.

REMARQUES. 1° Généralement, on prend AA′ OA (fig. 263); on a alors A′D ─ AB, et c'est le point B lui-même, sommet du parallélogramme, qui est en même temps l'extrémité du contre balancier BC. Le point M est *guide* rectilignement, ainsi que le point D.

2° La figure 264 représente le dispositif même adopté par James Watt pour sa machine à vapeur. On peut fixer une tige destinée à être guidée rectilignement, soit en D, soit en F, soit en ces deux points à la fois.

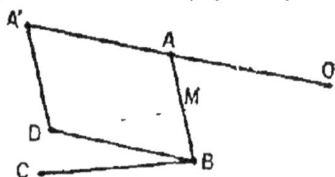

Fig 263

186. **Encliquetages.** — D'une manière générale, on appelle

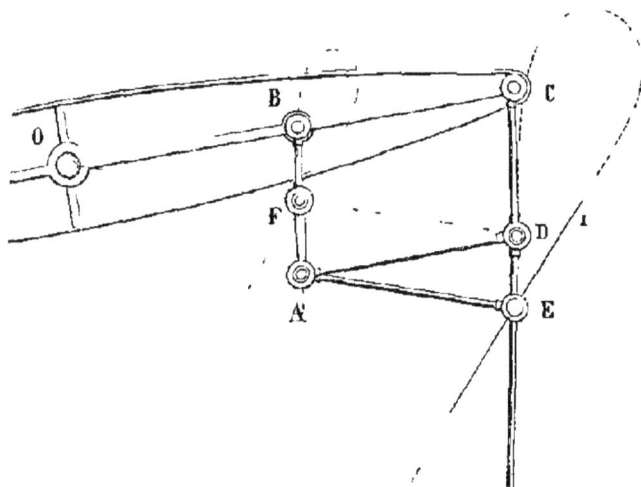

Fig 264

encliquetages des mécanismes qui permettent de transformer un mouvement *circulaire alternatif* en un mouvement *circulaire intermittent*, mais toujours *de même sens*. On emploie plusieurs formes d'encliquetage

1° *Encliquetage simple.* — Les treuils en général, et les cabestans dans tous les cas, sont munis d'un appareil de sûreté qui est destiné à empêcher le système de tourner en sens inverse, sous l'action de la résistance devenue maîtresse, si, à un instant donné,

la force motrice venait à faiblir ou même à manquer. Ce mécanisme est un *encliquetage simple*.

Il se compose d'une roue dentée (fig. 265) faisant corps avec le
cylindre, et d'une pièce d'acier *d*,
appelée *linguet* ou *cliquet*, qui est
portée par un axe O, très solide et
parallèle à l'axe du treuil. Cette pièce
tend toujours à pénétrer entre deux
dents, grâce à un ressort *r* qui l'y
pousse. Quand le treuil tourne dans
le sens convenable, chaque dent soulève le cliquet, échappe en faisant
fléchir le ressort, et le mouvement
continue ; mais le mouvement inverse
est impossible, car alors les dents viennent buter contre le cliquet et ne peuvent pas le soulever à cause de leur orientation. Le
cliquet doit évidemment être assez résistant pour ne pas se briser

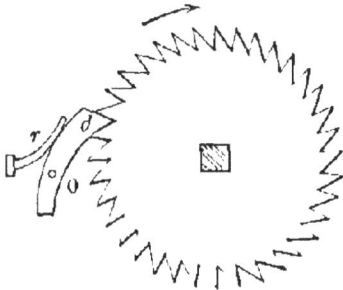

Fig 265

sous l'influence de la résistance qui agit tangen-
tiellement au cylindre du
treuil.

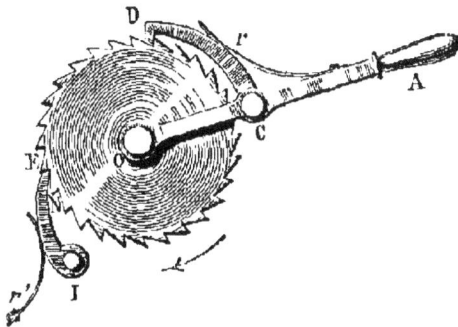

2º *Encliquetage a simple
effet* — Ce mécanisme (fig. 266)
est constitué par une *roue a
rochet* O, un levier dit *a pied
de biche*, ACO, et un *cliquet
d'arrêt* N

La *roue a rochet* est une roue
dentée dont les dents sont formées par des portions de rayon
et par des droites également
inclinées sur les rayons · elle

Fig 266

est calée sur l'axe qu'on veut mouvoir

Si le levier A est animé d'un mouvement circulaire alternatif autour de
l'axe C, chaque fois qu'il tournera dans le
sens de la flèche, le pied de biche D, appuyé
par le ressort *r*, entraînera la roue a rochet
Si le levier se déplace en sens contraire de la
flèche, le pied de biche glisse sur la roue
celle-ci est alors maintenue par le cliquet
d'arrêt E qui est mobile autour de l'axe I et
appuyé par le ressort *r'*

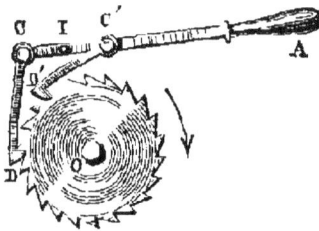

3º *Levier de Lagarousse* Si le levier A
est muni de deux pieds de biche D, D', dispo
sés de part et d'autre de l'axe de rotation
(fig 267), lorsqu'on agira sur le levier, l'un

Fig 267

d'eux glissera sur le rochet pendant que l'autre le déplacera, de sorte que le
mouvement du rochet est presque continu · ce modèle d'encliquetage porte
le nom de *levier de Lagarousse.*

4° *Encliquetage Dobo* — On peut aussi utiliser le frottement comme dans l'*encliquetage Dobo*

Sur l'arbre à mouvoir OO (fig 268) on monte un disque AA pouvant glisser à frottement doux dans un anneau BB dont on peut commander le mouvement Le disque porte des axes c, autour desquels peuvent tourner des pièces M, poussées par des ressorts, r, et qui prennent contact avec l'anneau par des arcs

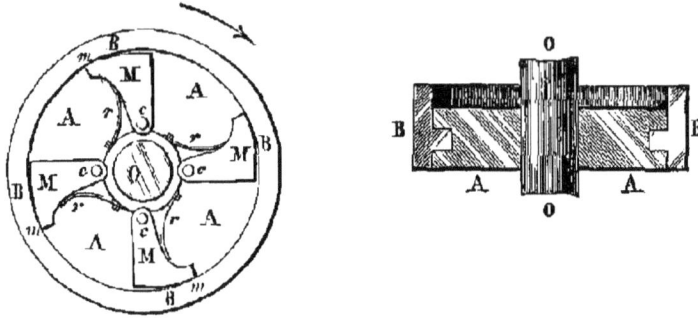

Fig 268

de cercle dont le rayon est un peu plus petit que celui de l'anneau. Si l'on fait tourner l'anneau dans le sens de la flèche, le disque A et par suite l'arbre O sont entraînés, mais, pour une rotation inverse de l anneau, il tourne sans entraîner l'arbre Avec l'encliquetage on est maître de l'amplitude du déplacement.

CHAPITRE IX

MÉCANISMES ACCESSOIRES

—

EMBRAYAGES, GLIDES, ETC.

187 Embrayages — On appelle *embrayages* des mécanismes permettant de rendre solidaires deux arbres situés dans le prolongement l'un de l'autre Il existe et on distingue les embrayages *fixes* et les embrayages *mobiles*

1° *Embrayage fixe* — Les premiers sont formés d'un manchon MM (fig 269), alésé à un diamètre intérieur égal au diamètre extérieur des deux arbres Une clavette C (pièce prismatique en acier), qui s engage dans une rainure pratiquée mi-partie dans les arbres et mi partie dans

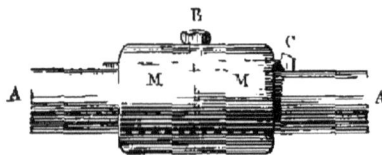

Fig 269

le manchon, maintient celui ci dans une position fixe Le déplacement latéral du manchon est empêché par un boulon de serrage B qui le fixe sur la clavette. Si l on communique un mouvement de rotation à l'un des arbres, l'autre

est alors entraîné. Les extrémités des arbres AA doivent être terminées par
des plans perpendiculaires a leur axe commun et être maintenues a l'intérieur
du manchon a une distance de quelques millimètres

2° *Embrayages mobiles* Le plus souvent, le mécanisme est disposé de
manière qu'on puisse à volonté lier entre eux les deux arbres ou les séparer On
dit dans ce cas que l'embrayage est *mobile* En voici deux modèles

Chacun des arbres A, A' (fig 270) porte un manchon a *crans* M, M' présentant
des saillies et des creux pouvant pénétrer
les uns dans les autres et coïncider exactement Le manchon M' est mobile, un levier
BL, dont l'axe fixe est en O, permet de le
faire glisser le long du second arbre A' En
poussant le levier vers la gauche, on rend

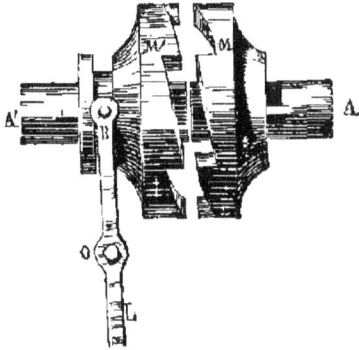

Fig 270

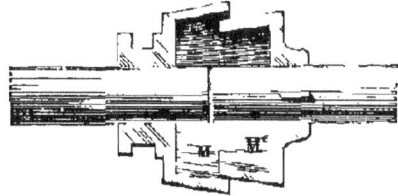

Fig 271

les deux axes solidaires   on *embraye* ; en le tirant vers la droite, on les rend
indépendants   on *desembraye*

Embrayage a friction — On peut donner aussi aux manchons M et M' la forme
de troncs de cône creux (fig 271) dont les surfaces, intérieure pour l'un et extérieure pour l'autre, peuvent coïncider L'un quelconque des deux manchons
peut être commandé par un levier Les
deux arbres sont rendus solidaires, par
suite du frottement plus ou moins grand
qui se produit entre les deux surfaces

188 **Guides**   Les mouvements des
organes des machines sont généralement
rectilignes ou circulaires Pour maintenir
constante la direction du mouvement et
prévenir toute déviation, on emploie des
organes fixes appelés *guides*, dont les
types sont très variés

I *Cas d'un mouvement de translation rectiligne* — On peut guider un
mouvement rectiligne de plusieurs manières.

1° *Languettes et rainures*   Des montants fixes BB (fig. 272) sont munis de
rainures longitudinales dans lesquelles
s'engagent des *languettes* ou *oreilles* mm,
solidaires de la pièce a guider AA

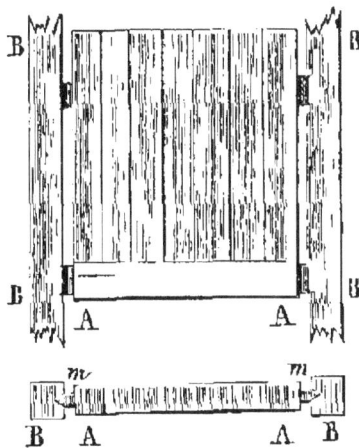

Fig 272

On peut inversement rendre les rainures mobiles et les languettes fixes

Les menuisiers guident de cette manière le mouvement des tiroirs, des
tablettes mobiles, des tables à rallonge, etc

2° *Douilles ou œillet*   On emploie aussi pour le même usage des anneaux
mobiles (fig 273) qui glissent le long de tringles fixes ou inversement · c'est
ce qu'on appelle des *douilles* ou *œillets*

5° *Glissieres a coquille* — On emploie dans les locomotives un type de guide appelé *glissiere a coquille*. Elle se compose d'une piece rectangulaire AA, dite *coquille* (fig 274), dans laquelle est fixé l'axe qui sert d'articulation

Fig 273

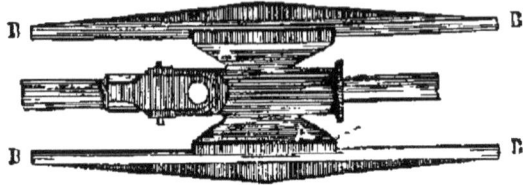

Fig 274

entre la bielle et le piston, et qui glisse entre les deux guides recti-lignes BB

4° *Glissieres a galets*. Il est souvent avantageux de substituer aux organes frottants, — languettes et anneaux, — des organes roulants ou *galets*, ana-logues aux roulettes dont les pieds des lits, des fauteuils, sont quelquefois munis

Par exemple, le mouvement d'un piston peut être guidé par l'intermediaire

Fig 275

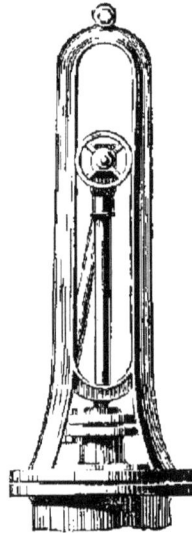

Fig 276

de deux galets a gorge (fig 275), qui roulent sur deux montants cylin-driques

Ou bien (fig 276) l'extremité du piston porte un galet qui roule dans une rainure longitudinale de même diamètre

D'une maniere générale, les roulettes ou les roues peuvent être guidees par des rainures (fig 277) ou par des rails (fig. 278)

5° *Guide de Mull Jenny*. Il est indispensable d'éviter tout jeu latéral, lorsqu'il s'agit de guider le mouvement du chariot des metiers a filer appelés *Mull-Jenny* Pour cela, outre les roulettes qui circulent sur rails

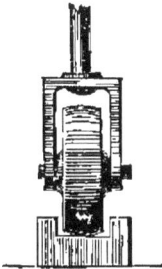

Fig 277

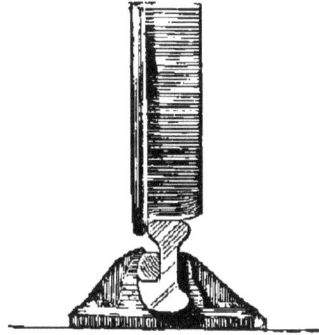

Fig 278.

(et qui ont été supprimées sur la figure 279), le chariot porte deux poulies qui lui sont invariablement fixées et sur lesquelles s'enroulent, en formant un Z, deux cordes parallèles extérieurement. La

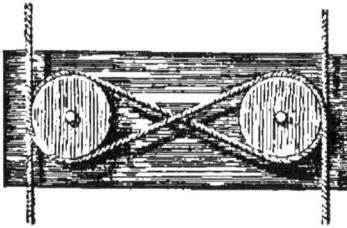

Fig 279

rigidité des cordes contribue à empêcher tout jeu.

6° *Aiguillage des trains* — C'est encore à l'aide d'un mécanisme de ce genre qu'on parvient à guider un train de chemin de fer lors d'un changement de voie

L'une des voies est déterminée par le rail fixe T (fig 280) et par le rail ou *aiguille* T', mobile autour de l'axe *t*. L'autre voie est constituée de même par le rail fixe R et par l'aiguille R' mobile autour de l'axe *r*

Les deux aiguilles sont reliées par des entretoises ou tringles articulées. Si on leur donne la position R'T'*mn*, la voie RR' est *ouverte*, pour la position *t*tm'n', c'est la voie TT' qui est ouverte

Pour déplacer les rails mobiles, l'*aiguilleur* agit sur le levier L (fig 281), mobile autour d'un axe O, qui commande par la

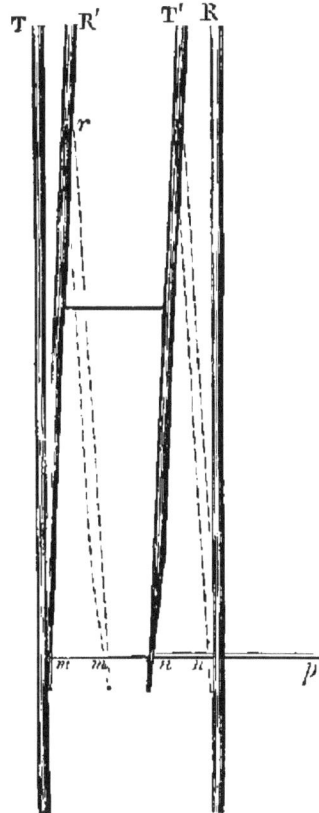

Fig 280

tige L*um* le système des aiguilles Dans la position IL, c'est la voie RR' qui est ouverte Dans la position IL' du levier, c'est la voie TT' qui est ouverte Un contrepoids P maintient le levier dans la position qui lui a été donnée

II *Cas d'un déplacement curviligne* — 1° *Tourillons et pivots* — *Coussinets.*

— Les pièces ani-
mées d'un mouve-
ment de rotation
sont généralement
calées sur des *cy-
lindres* ou *arbres*,
qui se terminent à
leurs extrémités, et
suivant leur axe,
soit *par des cylin-
dres* de plus pe-
tit diamètre appe-
lés *tourillons*, soit
par des cônes ap-
pelés *pivots*

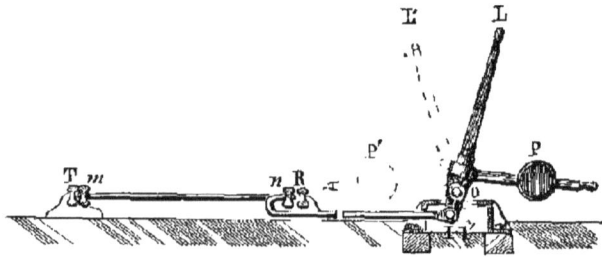

Fig 281

Dans le cas d'un arbre horizontal, chaque tourillon, ou *portée*, A, repose sur
un *coussinet* B, cavité hemicylindrique (fig. 282), d'un
diamètre légèrement supérieur, creusé dans un bloc qui
repose sur un *palier* CCC Le tourillon est recouvert d'un
contre coussinet B', symétrique de B, et l'ensemble est
surmonté d'un *chapeau* DD

Le graissage du tourillon se fait par un trou qui traverse
le chapeau et le contre-coussinet.

On arrive à éviter les déplacements de l'arbre, dans le
sens de l'axe, à l'aide d'*épaulements* convenablement
disposés

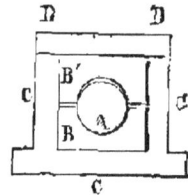

Fig 282

REMARQUES. — Pour diminuer le frottement (fig. 283)
on substitue dans certains cas au coussinet deux galets tournant au

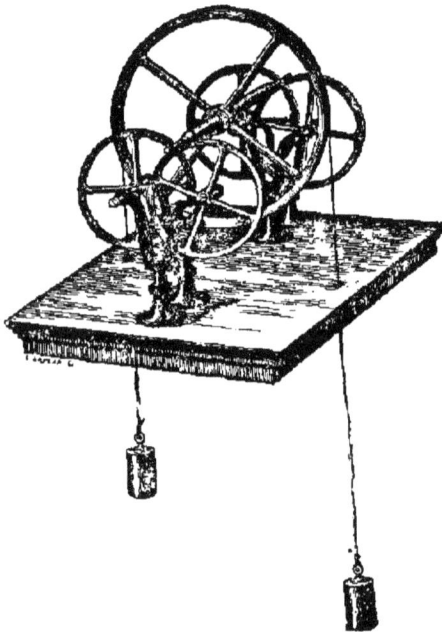

Fig 283

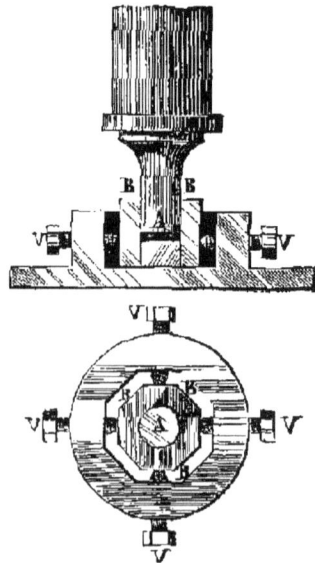

Fig 284

tour de leurs axes Ce dispositif est réalisé dans la machine d'Atwood

Dans le cas de pièces légères, des tourillons coniques s'engagent dans des cavités de même forme qui remplacent les coussinets on dit alors que l'arbre est *monté sur pointes*

2° *Crapaudine* — Lorsque l'arbre a guider est vertical, on l'appuie par sa partie inférieure A ou pivot (fig 284) sur un organe appelé *crapaudine* C'est une pièce circulaire en fonte, le *patin*, solidement scellée par sa base, qui renferme un coussinet cylindrique en bronze BB de diamètre égal a celui du pivot. L'extrémité A de celui-ci, légèrement arrondie, repose sur une pièce en acier trempé, ou *grain*, dont la surface est convexe On *centre* le pivot au moyen de quatre vis VV disposées suivant deux diamètres rectangulaires.

L'arbre vertical est soutenu à un certain niveau par des *colliers* (fig 285, I), que l'on peut munir de galets (fig 285, II) si l'on veut atténuer le frottement.

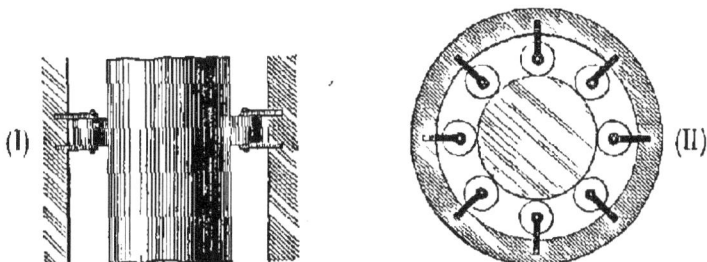

(I)   (II)

Fig. 285

3° *Plaques tournantes* — La *plaque tournante*, employée dans les gares, est un mécanisme permettant de faire passer le wagon d'une voie sur une autre ou d'en changer l'orientation sur une même voie

Elle se compose d'un plateau horizontal, solidaire d'un axe vertical monté sur crapaudine, et qui repose sur une couronne de galets en forme de tronc de cône GG (fig. 286). dont le sommet est situé sur l'axe de rotation de la plaque Ces galets sont reliés par des tiges à

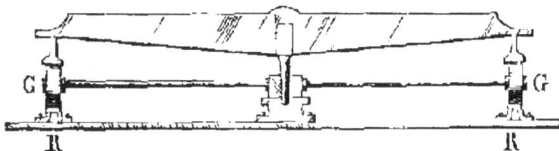

Fig 286

un collier mobile autour de l'axe, et roulent soit sur un rail circulaire R, soit sur une plaque conique fixe.

CHAPITRE X

APPLICATIONS DES MÉCANISMES — MACHINES COMPOSÉES.

189. Grue. — La grue est une *machine composée* qui sert à la fois à elever des fardeaux considérables et a les déplacer horizontalement.

1° *Description.* — Elle se compose d'un *arbre* vertical en fonte OB (fig. 287), reposant par son extrémité inférieure sur un *pivot* fixe O, placé au fond d'un puits. Au niveau du sol, en A, l'axe porte une sorte d'anneau autour duquel sont disposés des *galets*, de sorte que lorsque l'arbre tourne, sa circonférence *roule* sur ces galets au lieu de glisser avec frottement sur une surface concentrique. L'arbre porte, d'une part, le *treuil à engrenages* T, avec ses manivelles *n,n* (fig. 287), et, d'autre part, deux pièces obliques : le *tirant tt* et la *volée vv* qui lui sert de soutien. Enfin, entre deux pièces parallèles qui terminent le tirant *tt*, est établie

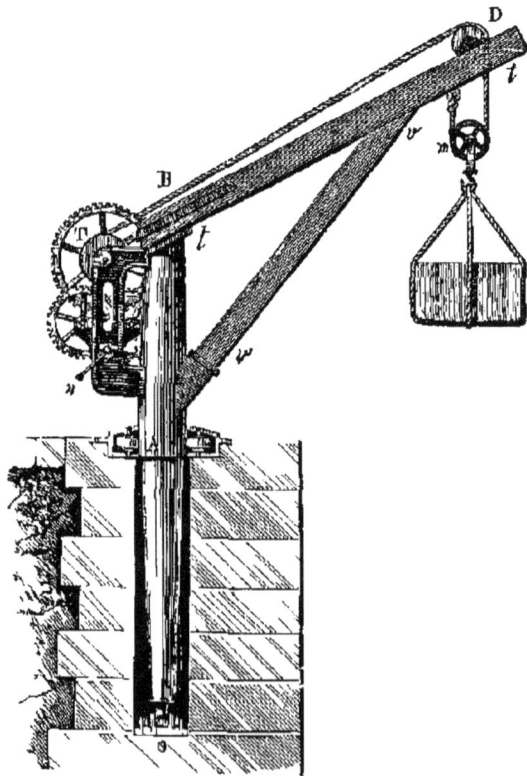

Fig. 287

une poulie fixe D; une corde B, enroulée par un bout sur le treuil T, passe ensuite sur la poulie fixe, de là sur une poulie mobile *m*, et vient s'attacher à un crochet solide fixe à la face inférieure du tirant.

2° *Fonctionnement.* - On suspend le fardeau à la chape de la poulie mobile, que l'on a fait descendre en déroulant le treuil; puis deux hommes agissent sur les manetons n, n des deux manivelles : le fardeau s'élève alors lentement. Quand il a atteint la hauteur voulue, on le déplace horizontalement en faisant tourner l'appareil entier autour de son axe CB ; on le laisse ensuite redescendre, en déroulant le treuil.

3° *Détail du mécanisme.* — Le treuil T, de rayon l, est solidaire d'une roue A, de rayon R, qui engrène avec un pignon p, de rayon

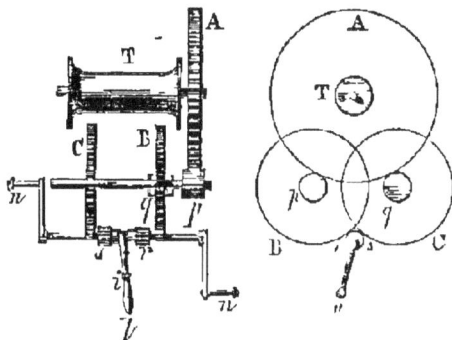

Fig 288

r (fig. 288). Sur l'axe de ce pignon est montée une roue B, de rayon R', engrenant avec un pignon q, de rayon r'. Enfin sur l'axe du pignon q est montée une roue C égale à B. On peut à volonté faire engrener le pignon r, de rayon r'', avec la roue B, ou le pignon s avec la roue C. Il suffit pour cela d'agir sur le levier l.

La puissance s'exerce par le moyen des manivelles n, n, de longueur L. Si l'on met en prise les roues B et r, le mouvement se transmet par l'intermédiaire du train d'engrenage

$$r, \text{ B}, p, \text{ A}$$

Si, au contraire, on met en prise les roues s et C, le train utilisé se compose des organes

$$s, \text{ C}, q, \text{ B}, p, \text{ A}.$$

Avec une même vitesse de rotation des manivelles n, n, la vitesse d'ascension de la résistance Q est beaucoup plus faible dans le second cas que dans le premier.

4° *Condition d'équilibre.* — La relation d'équilibre entre la puissance P et la résistance Q s'obtient immédiatement par l'application de la formule du treuil. On a, dans le cas du train $(r, \text{B}, p, \text{A})$,

$$\text{P} \quad \frac{\text{Q}}{2} \frac{l}{\text{L}} \frac{rr''}{\text{RR}'}.$$

5° *Efforts supportés par les points d'appui* — Soit OABCD (fig 289) le schéma d'une grue dont le pivot est en O et le point d'appui en A, au niveau du sol : on voit que tout l'effort exercé par la charge Q tendra à briser l'arbre vertical en A

Calculons les réactions qui s'exercent sur la machine, en A et en O La réaction Z, en A, est évidemment horizontale, l'arbre n'ayant aucune tendance à glisser dans le sens vertical, quant à la réaction en O, elle peut avoir une direction quelconque F nous désignerons par X et Y ses projections sur OX et OY Soient Q la charge et q sa distance à l'axe vertical; soient π le poids de la grue elle-même, p sa distance à l'axe et h la distance AO

Pour exprimer qu'il y a équilibre, écrivons que les sommes algébriques des projections des forces, suivant OX et suivant OY, sont nulles, ainsi que la somme algébrique des moments par rapport au point O; nous aurons ainsi les conditions :

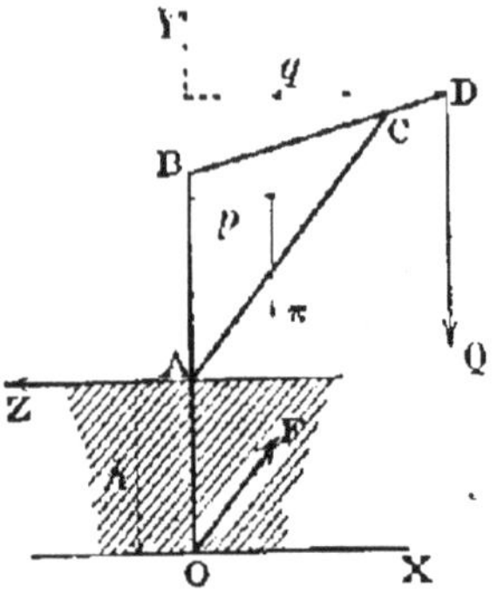

$$\begin{cases} X + Z - 0 \\ Y - \pi \quad Q = 0 \\ \pi p + Qq - Zh \end{cases}$$

On tire de la

$$Z = \frac{\pi p + Qq}{h}$$
$$Y = \pi + Q$$
$$- Z - X$$

d'où,

$$X = - \frac{-p + Qq}{h}.$$

Fig 289

On voit que la force X ou Z est généralement supérieure à Q, elle décroit

Fig. 290.

d'ailleurs quand h augmente; aussi, quand c'est possible, place-t-on le point d'appui A à la partie supérieure de l'arbre.

190. Grue-locomotive à vapeur — Quand il s'agit d'élever des

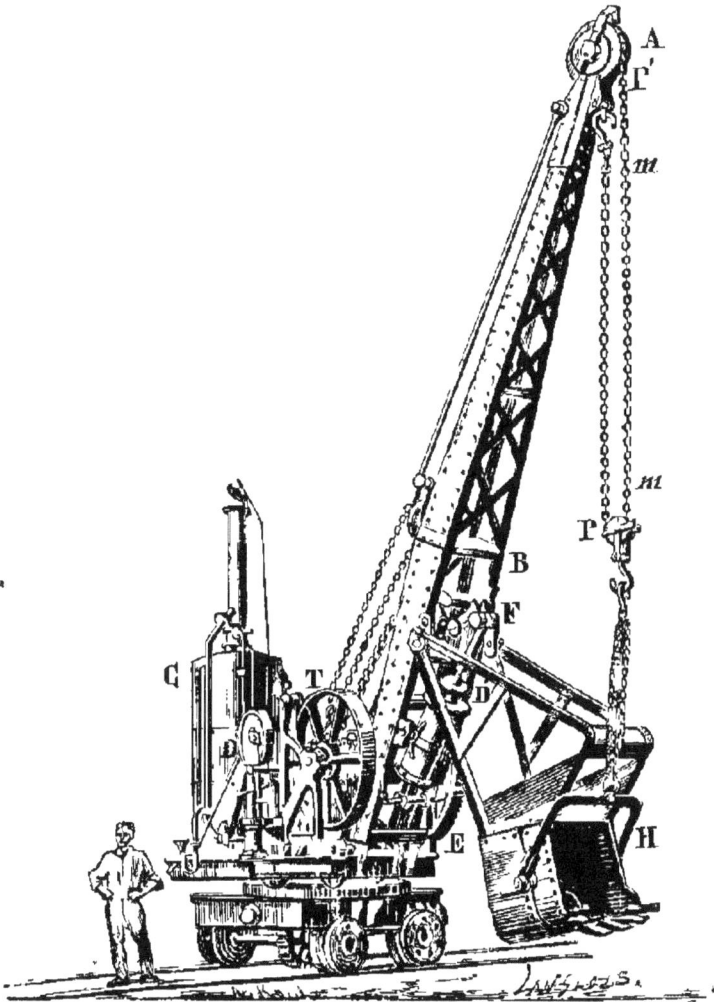

Fig. 201.

fardeaux considérables, on actionne la machine à l'aide de moteurs à vapeur.

Par exemple, dans la *grue-locomotive à vapeur* (fig. 290), la chaudière C équilibre en partie le poids de la grue et de la charge, — condition essentielle de stabilité pour l'appareil. On voit en T le treuil sur le premier pignon duquel agissent directement les bielles des deux pistons de la machine, placés de chaque côté du bâti. La poulie fixe est en A, la poulie mobile en B; des chaines MM remplacent les cordes des grues ordinaires.

La grue est dite *locomotive*, parce qu'on peut se servir du moteur pour la déplacer sur rails.

REMARQUES. — 1° L'appareil représenté (fig. 290) était employé à l'Exposition de 1878 pour la manœuvre des grosses pièces de la galerie des Machines : sa force portante est de six tonnes.

2° *Grue-terrassier.* — La machine appelée *grue-terrassier* ou simplement *terrassier* (fig. 291) est une variété de grue-locomotive à vapeur.

Un seau à dents tranchantes H, pouvant s'enlever sous l'effort du treuil T, pénètre dans les massifs de terre a extraire; il s'y remplit et transporte plus loin les matériaux dont il est chargé, par le jeu d'un assemblage de mécanismes analogues au précédent.

191. Cric. — On appelle *cric* une machine destinée à soulever des fardeaux très pesants *à une faible hauteur.*

Description. — L'organe mobile est une crémaillère (fig. 292, I et II) comman-dée par un pignon; celui-ci est calé sur l'arbre même d'une roue qui engrène avec un second pignon solidaire d'une manivelle. Ce méca nisme est contenu dans une robuste caisse de chêne mu-nie d'anneaux pour enlever l'appareil. Un *linguet* ou *dé-*

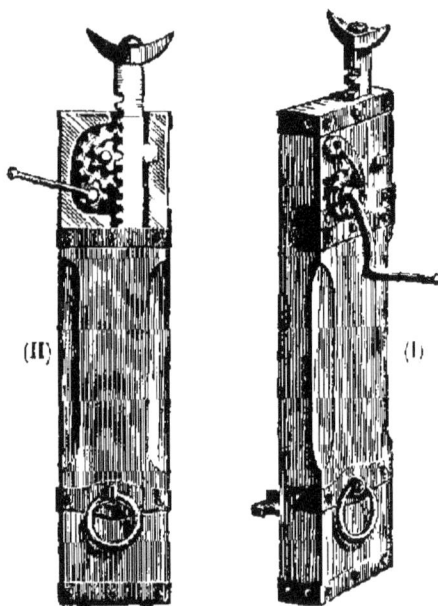

Fig. 292

clic (fig. 292, I) s'oppose au mouvement de retour de la crémaillère.

Condition d'équilibre. — Soient *l* la longueur du bras de la manivelle; R le rayon de la roue; *a* et *b* ceux des deux pignons. Dans l'état d'équilibre, on aura, en désignant par P la force motrice appliquée à la manivelle, et par Q le poids du fardeau à soulever,

$$P = Q \frac{ab}{lR};$$

cela résulte de la condition générale d'équilibre d'un *train d'en-grenages*

192 **Horloges** — Les *horloges*, instruments de mesure du temps, offrent un spécimen caractéristique des machines composées

Une horloge comprend toujours plusieurs parties :

le *moteur* à poids;

le *rouage* avec la *minuterie*;

le *régulateur* et l'*échappement*;

le *mécanisme du remontage* et la *sonnerie*

1° *Moteur* — Le *moteur* est constitué par un poids, attaché au bout d'une corde souple, enroulée sur un cylindre A (fig 293) Une première roue dentée, dite *roue de tambour* fixée à ce cylindre, transmet l'effort moteur du poids à tout le rouage

2° *Rouage*. — Le *rouage* est un équipage de roues dentées qui doit être établi de façon à faire mouvoir uniformément deux aiguilles concentriques, l'une grande et l'autre petite : la vitesse angulaire de la grande aiguille doit être égale à douze fois celle de la petite

Voici les dénominations des diverses roues avec leurs nombres de dents respectifs employées dans plusieurs anciennes horloges astronomiques Les roues et pignons — ci-dessous réunis par une accolade — sont calés sur le même axe.

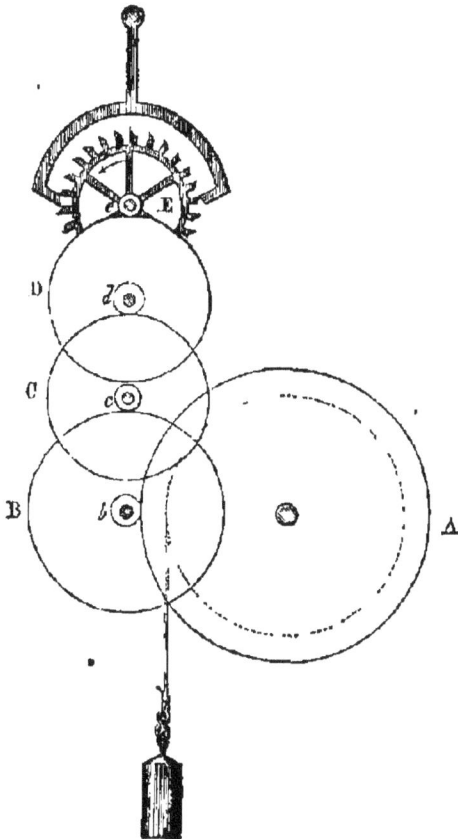

Fig. 293

Roue de tambour, A .		112 dents
Pignon de temps, *b*	16	—
Roue de temps, B .	106	—
Pignon de minutes, *c*	14	—
Roue de minutes, C. .	96	—
Pignon de petite moyenne, *d*	12	—
Petite roue moyenne, D.	90	-
Pignon d'échappement, *e*	12	
Roue d'échappement, E	50	—

La *roue d'échappement* E, qui porte 50 dents, avance angulairement de la valeur d'une dent toutes les deux secondes   elle fait donc un tour entier en une minute L'axe de la roue d'échappement fait mouvoir une aiguille sur un petit cadran spécial   c'est l'aiguille des secondes.

Étant donné que la roue d'échappement fait un tour entier en 1 minute ou 60 tours à l'heure, en prenant les *raisons* successives des paires de roues qui composent le rouage, on calcule que

la petite roue moyenne fait un tour en	7 minutes $\frac{1}{2}$
la roue des minutes	60 minutes ou 1 heure
la roue de temps	7 heures $\frac{4}{7}$
la roue de cylindre	53 heures.

On déduit de là que si la corde qui soutient le poids moteur fait 10 tours sur le cylindre, l'horloge marchera sans être remontée pendant 530 heures, c'est-à-dire pendant plus de 22 jours

3° *Minuterie.* — La grande aiguille est donc fixée directement sur l'axe de la roue des minutes C, mais il faut en outre, conformément à l'usage admis, que l'aiguille des heures, marchant douze fois moins vite, tourne concentriquement à la grande aiguille Voici comment on arrive à ce résultat

L'axe c de la roue des minutes, qui commande la grande aiguille X, occupe le centre du cadran (fig. 294) et porte un petit pignon m muni de 16 dents Ce pignon engrène avec une roue M portant 48 dents, c'est-à-dire trois fois plus que le pignon m elle tournera donc trois fois plus lentement Sur le même axe que la roue M est calé un pignon h portant 12 dents, et ce pignon engrène lui-même avec une roue H portant

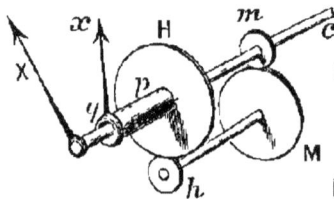

Fig 294

48 dents La vitesse angulaire de H sera donc quatre fois moindre que celle de h. c'est-à-dire 12 fois moindre que celle du m Cette roue H est calée sur un axe creux pq appelé *canon*, qui tourne à frottement doux sur l'axe de la roue des minutes c c'est à ce canon qu'est fixée l'aiguille des heures X.x

Ce mécanisme supplémentaire, qui comprend deux roues, deux pignons et un canon, a reçu le nom de *minuterie*.

REMARQUE — On peut, en disposant l'axe d'échappement au centre du cadran et utilisant deux canons et des roues de renvoi, faire mouvoir concentriquement l'aiguille des secondes, celle des minutes et celle des heures

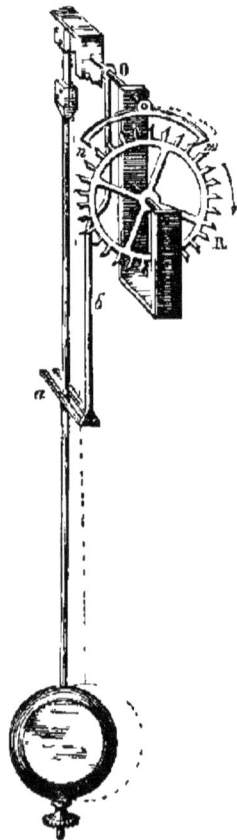

Fig 295

4° *Régulateur et échappement.* — Le régulateur des horloges est un *pendule composé*. Les petites oscillations du pendule étant *isochrones*, Huygens a eu l'idée d'appliquer cet isochronisme à la régulation des horloges et il a imaginé l'échappement à ancre

La tige du pendule régulateur (fig 295) s'engage dans une fourchette *a* destinée à transmettre le mouvement à une seconde tige *b*, laquelle est liée à un axe horizontal O. À cet axe est fixée une pièce *mn*, qu'on nomme *echappement à ancre* à cause de sa forme, et qui se termine à ses extrémités par deux palettes alternativement en prise avec les dents d'une roue R, qui est dite *roue de rencontre*, ou encore *roue à rochet*, ou *roue d'échappement* Cette roue, sollicitée par le moteur qui fait marcher l'horloge, tend à prendre un mouvement de rotation continu dans le sens marqué par la flèche Si le pendule est au repos, la roue est arrêtée par la palette *m*, et, avec elle, tout le mouvement de l'horloge Au contraire, si le pendule oscille et prend la position indiquée en ligne ponctuée, la dent qui butait contre la palette *échappe*, et la roue tourne, mais d'une demi-dent seulement, parce que, l'arc *mn* inclinant en sens contraire, la palette *n* vient à son tour arrêter une dent. Puis, à l'oscillation suivante, cette dent échappe, et c'est la palette *m* qui arrête alors la dent qui vient après celle qu'elle arrêtait d'abord, et ainsi de suite : en sorte qu'à chaque oscillation double du pendule, la roue de rencontre avance d'une dent Or les oscillations du pendule de faible amplitude sont isochrones : par suite, la roue de rencontre et le mécanisme de l'horloge, qui en est solidaire, marchent et s'arrêtent à des intervalles égaux, et marquent des divisions égales du temps.

Dans les horloges astronomiques, la longueur du pendule est choisie de manière qu'il batte exactement les secondes On réalise rigoureusement la longueur convenable, en faisant varier la hauteur d'un écrou fixe à l'extrémité du pendule Enfin, on maintient cette longueur constante, en dépit des variations de température, en employant un *pendule compensateur*, soit le *pendule à grille*, soit le *pendule de Graham*[1]

5° *Mécanisme du remontage* — Le mécanisme du remontage adopté pour la plupart des horloges astronomiques est le même que celui des chronomètres Cependant on emploie quelquefois un dispositif spécial[2]

6° *Sonnerie* — La sonnerie d'une horloge constitue un mécanisme particulier, constitué par un train d'engrenages que meut un poids, comme le mécanisme principal du moteur[3] Quand l'horloge ne doit sonner que les heures, elle a 78 coups à sonner en 12 heures ; elle en a 90 à sonner dans le même temps, lorsqu'elle doit en outre sonner les demies

Remarque générale. — Une horloge bien construite et soigneusement installée à l'abri des oscillations du sol, doit marcher un temps considérable sans se déranger. Une pareille horloge fait partie du matériel des horlogers, elle leur sert à régler la marche des montres ; et c'est pourquoi ils l'appellent un *régulateur*.

195. Machine de Watt.

— La première machine à vapeur, construite par Watt (fig. 296), montre l'agencement d'un grand nombre des mécanismes étudiés ci-dessus[4]

La tige K du piston J est liée en B, au balancier CC', par l'intermédiaire d'un parallélogramme articulé ABCD, qui transforme le mouvement rectiligne alternatif du piston dans le mouvement circulaire alternatif du balancier, et le même parallélogramme

1 Voir la *Physique de Ganot-Maneuvrier*, 21° édition
2. Voir le *Dictionnaire des Mathématiques appliquées* de H Sonnet, (Hachette et Cie)
3 Voir H Sonnet, *ibidem*
4 Voir la *Physique de Ganot-Maneuvrier*, 21° édition

articulé sert inversement a transformer le mouvement circulaire alternatif du balancier dans le mouvement rectiligne de la tige de pompe PE.

De même le système *balancier CC', bielle* G *et manivelle* M sert, à son tour, a transformer le mouvement circulaire alternatif du balancier CC' en mouvement circulaire continu de l'arbre de la

Fig 296 — Machine à balancier de Watt

v, tuyau de prise de vapeur; T, tiroir; J, piston, H, condenseur; PE, pompe d'épuisement; WY, pompe alimentaire de la chaudiere; UX, pompe d'alimentation de la bâche R; *pl*, regulateur a force centrifuge, *ddl*, excentrique; ABCD, parallélogramme articule; CC', GM, balancier, bielle et manivelle, V, volant

machine, sur lequel est calée une roue V de très grande masse, appelée *volant* (dont le rôle sera expliqué plus loin, en *Dynamique*).

Inversement, le mouvement circulaire continu de l'arbre est transformé dans le mouvement rectiligne alternatif du tiroir T, par l'intermédiaire de l'excentrique a cadre *ddl*.

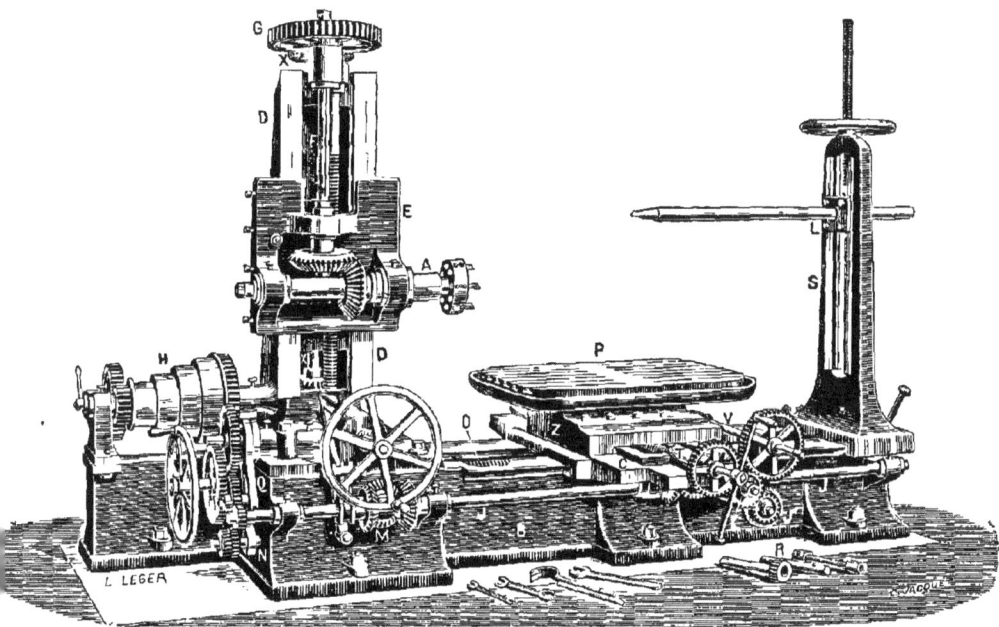

Fig. 297

Enfin, on voit un autre exemple de mécanisme de transmission du mouvement dans le système de la courroie sans fin CC et des deux roues d'angle pJ, qui transforment le mouvement circulaire de l'arbre de couche horizontal en mouvement circulaire du régulateur Z dont l'axe est vertical.

194. Machine à fraiser, percer et aléser (MODÈLE P. HURÉ). — Nous donnerons, comme type de machine-outil (fig. 297), une machine à *fraiser*, à *percer* et à *aléser*[1] construite par M. P. Huré.

La machine à fraiser, percer et aléser se compose d'un banc horizontal B, sur lequel est fixé le bâti D portant l'appareil porte-fraise E dans lequel tourne l'appareil A.

Le mouvement de la fraise est obtenu au moyen du cône H avec harnais d'engrenages qui actionne l'arbre vertical X, lequel transmet son mouvement à l'arbre A par l'intermédiaire des engrenages G et de l'arbre à coulisse F.

Les pièces à travailler sont, par exemple, l'une en place sur l'arbre A, l'autre par terre en R.

Le plateau P à rainures est muni d'une roue à vis sans fin renfermée dans l'enveloppe Z; cette roue reçoit son mouvement circulaire de la vis montée sur l'arbre V.

Les mouvements automatiques sont tous commandés par l'arbre M recevant son mouvement de l'arbre X; cet arbre actionne soit à droite, soit à gauche, l'arbre J, lequel distribue le mouvement automatique à tous les chariots de la façon suivante :

En mettant les engrenages sur la tête de cheval Q, on fait monter ou descendre le chariot E; avec la tête de cheval N, on actionne la vis longitudinale O du banc; la roue K, placée sur le devant du chariot C, sert d'intermédiaire entre l'arbre J' et l'arbre V pour faire tourner le plateau P, ou la vis transversale T pour actionner le chariot transversal C.

Lorsque l'on se sert de la machine pour aléser, le support S, dans lequel est un coulisseau L, porte les bagues-guides des porte-lames.

---

1 On appelle, en mécanique appliquée, *fraiser*, l'opération qui consiste à évaser les trous percés dans du métal ou dans du bois, l'outil qui sert à fraiser s'appelle *fraise* il est en acier, de forme conique, arrondi par le bout et garni de cannelures à sa surface

On appelle *aléser* l'opération qui consiste à rendre *parfaitement régulière* la surface intérieure d'un cylindre. L'outil employé se nomme *alésoir* : il se compose de couteaux d'acier, solidement calés dans des encoches, à la circonférence d'un disque, que l'on fait tourner autour de son axe, lequel coïncide avec celui du cylindre à aléser; il reçoit, en outre, un mouvement de translation suivant l'axe du cylindre

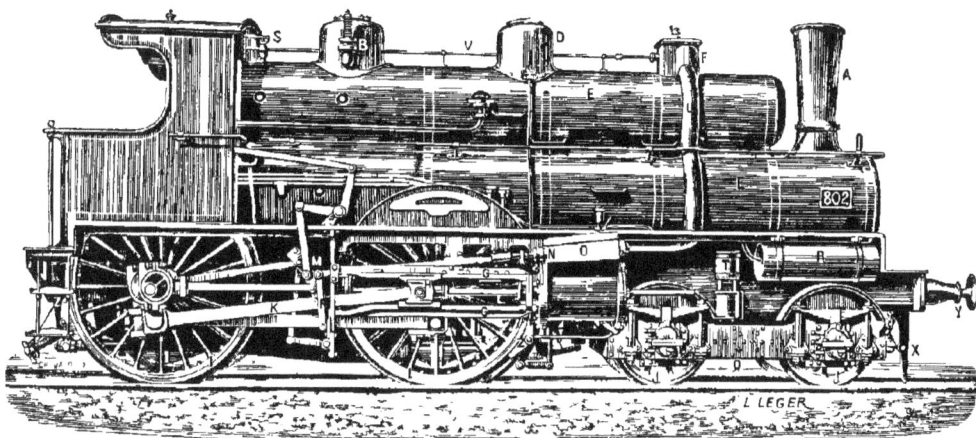

Fig. 298

5 **Locomotive mixte à grande vitesse** *Chemins de fer de l'Est Légende explicative* fig. 298) — A, cheminée, B, soupape de sûreté; C, cylindre; D, réservoir a sable; E, corps de la chaudière; D', réservoir de vapeur: F, boîte a vapeur contenant le registre qui ouvre ou ferme la communication le la vapeur de la chaudière avec les cylindres, G, G, glissières-guides de la crosse du piston; H, crosse du piston, I, roues motrices, J, roues porteuses; K, bielle; L, tige du piston; M, coulisse de Stephenson et mouvement de commande de la distribution; N, tige du tiroir de distribution, O, boîte du tiroir de distribution; P, bielle d'accouplement des roues motrices, Q, avant-train articulé ou boggie; R, réservoir d'air comprimé pour la commande des freins automatiques; S, sifflet, T, pompe de compression d'air a vapeur pour le service des freins automatiques; U, tuyau amenant la vapeur de la chaudière aux cylindres; V, tige de commande du registre de vapeur, X, chasse-pierres; Y, tampon de choc a ressort: Z, sabot de frein

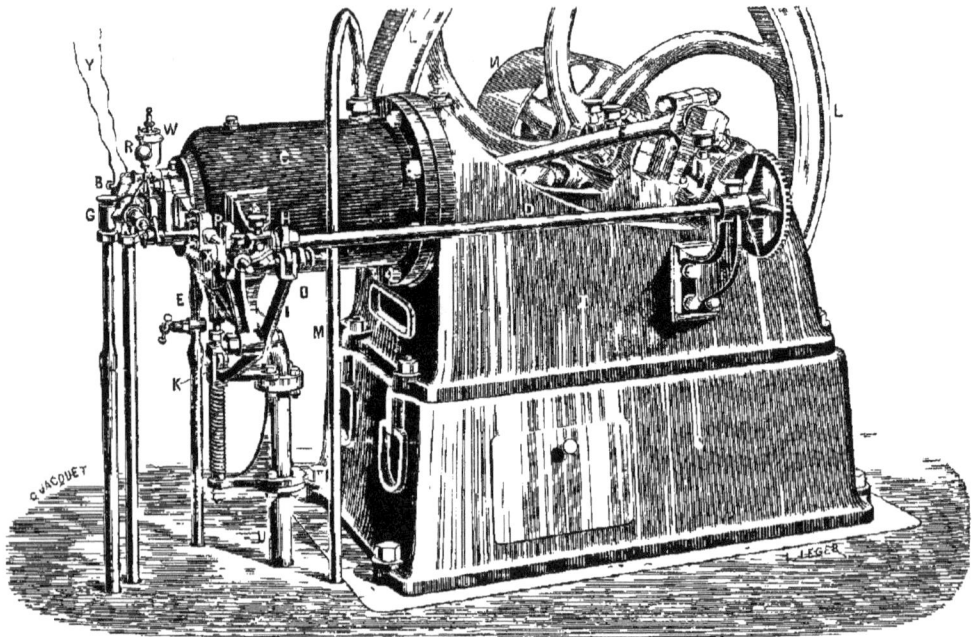

Fig 209

196 **Moteur à gaz** (système Simplex). — *Légende explicative* — A, tuyau par lequel est aspiré l'air extérieur pendant le premier temps; B, borne en cuivre fixée sur une bougie isolante en porcelaine qui pénètre par un joint hermétique à l'intérieur d'une chambre ménagée dans le tiroir et est traversée en son centre par deux fils de platine isolés l'un d'eux est soudé par un bout à la borne et s'approche par l'autre extrémité à une très faible distance du bout du second fil de platine qui communique de son côté à la masse même du moteur Par conséquent, le courant d'une bobine de Ruhmkorff étant lancé par la borne B, une étincelle éclatera dans l'intérieur même de la chambre du tiroir entre les deux fils de platine, le courant revenant à la bobine d'induction par la masse du moteur et le deuxième fil; C, cylindre à deux parois entre lesquelles circule un courant d'eau froide pour empêcher un échauffement exagéré Ce cylindre est ouvert à son extrémité antérieure, la bielle F étant articulée directement sur le piston on donne à celui-ci une longueur assez grande par rapport à son diamètre pour qu'il se guide facilement lui même pendant sa course Le fond du cylindre est percé d'une lumière devant laquelle se meut le tiroir· D, arbre de commande du tiroir et de la soupape d'échappement . il ne fait qu'un tour pour deux révolutions de l'arbre du volant Il est commandé par l'arbre de la machine au moyen de deux roues d'angle; E, tuyau muni d'un robinet amenant l'eau nécessaire au refroidissement du cylindre, F, bielle transmettant les mouvements du piston à la manivelle; G, robinet réglant l'arrivée du gaz; H, came agissant, une fois par tour de l'arbre D, sur la molette O et le levier I pour soulever la soupape d'échappement des gaz brûlés, I, levier transmettant les mouvements de la came H; K, chape portant un galet sur lequel agit le levier I en tendant le ressort à boudin pour repousser la tige de la soupape d'échappement; L, volant du moteur, M, tuyau d'évacuation de l'eau de refroidissement; N, poulie du moteur, O, galet adoucissant le frottement de la came H, P, glissière reliée au tiroir et l'entraînant dans le mouvement de va et-vient que lui communique le bouton de manivelle X:

R, régulateur-pendule : il est composé d'une tige portant à ses deux extrémités des masses d'un moment à peu près égal, de façon que ses oscillations soient relativement lentes malgré la faible longueur du rayon L'extrémité inférieure de la tige porte un cran qui accroche ou échappe un ergot porté par une tige fixée au tiroir et participant à son mouvement, suivant que le mouvement du tiroir est plus rapide ou plus lent que celui du pendule Quand la vitesse du moteur diminue par suite du travail demandé à la machine, l'ergot repousse la tige d'une soupape qui ferme l'arrivée du gaz et permet par conséquent au mélange gazeux de se produire et de détoner ensuite en temps opportun Au contraire, quand la vitesse est trop grande, l'ergot n'accroche plus la tige de la soupape; l'aspiration du gaz ne pouvant plus se faire, les explosions n'ont plus lieu et la vitesse se ralentit;

S, socle en fonte supportant le bâti Z du moteur, T, tiroir de distribution; U, tuyau d'échappement des gaz brûlés; X, bouton d'une manivelle fixée à l'extrémité de l'arbre D, Y, fils amenant le courant de la bobine d'induction; W, graisseurs.

Fig. 300.

197 **Moteur à air chaud** (Système Bénier) — *Légende explicative* — A, bâti en fonte supportant toute la machine, B, balancier recevant l'effort du piston moteur; B', balancier transmettant l'effort de la manivelle à la pompe foulante à air, C, colonne en fonte supportant le balancier; D, cylindre en fonte, ouvert à sa partie supérieure. La partie inférieure D' est à double paroi et permet une circulation d'eau destinée à empêcher un trop grand échauffement; E, obturateur du fond du cylindre, par lequel on retire les cendres et les scories accumulées pendant la marche. Au dessus de cet obturateur se trouve la grille sur laquelle est brûlé le coke, dans l'intérieur même du cylindre, F, tête de la bielle du piston moteur; R F M F', système (balancier, bielle, manivelle) transmettant le mouvement du piston à l'arbre, F'', bielle transmettant le mouvement de la manivelle au balancier B', F''', bielle actionnant la pompe à air; G, mécanisme comprenant un obturateur à glissement de forme spéciale qui permet d'introduire peu à peu le combustible dans le cylindre pendant le fonctionnement; H, tiroir de distribution commandé par la came I d'un levier articulé, et rappelé en arrière par les ressorts S, S. Il introduit aux moments convenables l'air refoulé par la pompe à air sous la grille du foyer dans le cylindre moteur; K, robinet permettant de faire passer une petite quantité de l'air refoulé par la pompe au dessus du foyer, afin de rabattre les cendres et d'empêcher l'encrassement du cylindre; L, poulie motrice; O, robinet commandé par le régulateur et réglant la quantité d'air introduite sous le foyer à chaque coup de pompe, proportionnellement à l'effort demandé à la machine, P, pompe à air, R, régulateur à force centrifuge; T, tringles transmettant les oscillations du régulateur au robinet O, V, volant. Une seconde came, analogue à celle qu'on voit dans le dessin, mais placée du côté du volant, soulève au moment convenable une soupape par où s'échappe dans un tuyau, puis à l'extérieur, l'air dilaté qui vient de repousser le piston

DYNAMIQUE

———

CHAPITRE I

PRINCIPES ET THÉORÈMES GÉNÉRAUX.

198. Définitions. — La *Dynamique* est la partie de la Mécanique dans laquelle on étudie les relations qui existent entre les forces et les mouvements qu'elles produisent.

L'objet de la Dynamique est de résoudre le double problème suivant :

1° *Étant données les forces qui agissent sur un corps, déterminer le mouvement de ce corps.*

2° *Étant donné le mouvement d'un corps, déterminer les forces qui agissent sur ce corps.*

Elle est fondée sur trois principes généraux, sortes de *postulats* qu'on a tirés, par induction, de l'observation de certains faits naturels, et qu'on vérifie par l'expérience dans leurs conséquences. La première idée en est due à Galilée; mais c'est Newton qui les a explicitement formulés en trois propositions qui portent actuellement les noms de *principe de l'Inertie, principe des mouvements relatifs, principe de l'égalité de l'action et de la réaction.*

199. Principe de l'Inertie. — Ce principe comprend deux parties, l'une d'ordre statique et l'autre d'ordre dynamique :

1° *Quand un point matériel (ou un corps) est en repos dans l'espace, il reste en repos si aucune action extérieure ne vient à s'exercer sur lui.*

2° *Quand un point matériel (ou un corps) est en mouvement dans l'espace, son mouvement est rectiligne et uniforme si aucune action extérieure ne ~~vient à~~ s'exercer sur lui.*

Aucun raisonnement ne permet d'établir *a priori* que le mouvement naturel des corps est le mouvement rectiligne et uniforme; mais le seul fait qu'une bille, lancée sur un sol horizontal bien uni, se meut sensiblement en ligne droite, conduit à ce principe, qui a été ensuite généralisé par induction. Il est vrai que la bille ne se meut pas avec une vitesse constante et que celle-ci décroît lentement, mais cela tient à une cause extérieure, qui est le frottement de la bille sur le sol et contre l'air.

200. Conséquences du principe de l'Inertie. — 1° *Définition dynamique de la force.* — Chaque fois qu'un point matériel passe de l'état de repos à l'état de mouvement, ou bien est animé d'un mouvement varié, on peut donc affirmer qu'il est soumis à une action extérieure : c'est à cette action qu'on donne le nom générique de *force*, quelles qu'en soient l'origine et la nature. On peut dire que le caractère mécanique de la force est, soit de mettre en mouvement un corps en repos, soit de communiquer à un corps en mouvement une variation numérique de vitesse ou une variation de direction ou les deux à la fois.

2° *Accélération initiale.* — Si une force agit à l'instant zéro sur un point matériel au repos en M, elle lui communique une accélération qui, évaluée à l'instant zéro, est appelée *accélération initiale* du mouvement.

THÉORÈME — *L'accélération initiale* $\overline{MJ_0}$ *(fig. 301) est dirigée suivant la tangente en M à la trajectoire suivie par le mobile et a pour valeur* $\left(\dfrac{dv}{dt}\right)_0$.

Il suffit d'appliquer ici les formules établies en Cinématique. On a pour les composantes, normale et tangentielle, de l'accélération

$$\gamma_n = \frac{v^2}{\rho} \quad \text{avec} \quad \gamma_t = \frac{dv}{dt}$$

Comme, dans le cas actuel, au temps zéro $t = 0$, on a bien

$$(\gamma_n)_0 = 0 \quad \text{avec} \quad \gamma_t = \left(\frac{dv}{dt}\right)_0 = \overline{MJ_0}$$

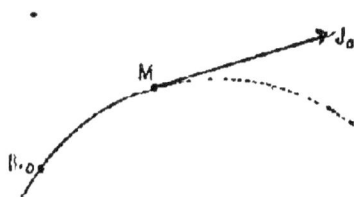
Fig. 301.

3° *Vitesse acquise, vitesse à l'instant* t. — Si l'on supprime, à l'instant t, la force F qui sollicite le point, il est évident que celui-ci continuera à se mouvoir avec la vitesse acquise à l'instant t et dans la direction de cette vitesse (fig. 502), puisque, d'après le principe de l'Inertie, le point ne peut rien modifier de lui-même à l'état de son mouvement.

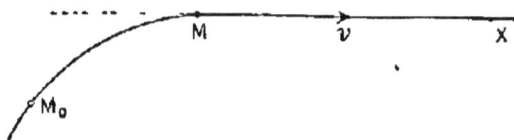
Fig. 502

4° *Forces égales, Forces constantes.* — Deux forces sont dites *égales* lorsqu'elles peuvent être substituées l'une à l'autre au point de vue de leurs effets. Ainsi deux forces égales doivent communiquer à un *même* point matériel la même accélération initiale, ou lui faire acquérir une même vitesse au bout d'un même intervalle de temps quelconque, etc.

Force constante. — Une force est dite *constante* si elle est capable de produire les mêmes effets, d'une manière constante, dans les mêmes conditions.

201. Principe des mouvements relatifs. *Étant donné un système de points matériels indépendants les uns des autres, mais animés, sous l'action de certaines forces, d'un mouvement commun de translation dans l'espace, si une force nouvelle* F *vient à agir sur l'un quelconque* M *de ces points, elle lui imprime le même mouvement par rapport aux autres points (mouvement relatif) que si le système était au repos.*

Ce principe n'est indiqué nettement par l'observation que dans le cas où le mouvement de translation est rectiligne et uniforme, comme celui d'un bateau descendant tranquillement un cours d'eau; mais on est amené, par les conséquences qu'on en déduit, à l'admettre aussi dans le cas général d'un système animé d'un mouvement de translation quelconque.

202. Conséquences du Principe des mouvements relatifs. — Ce principe conduit à des conséquences importantes qu'on énonce souvent sous la forme de principes.

1° *Indépendance de l'effet d'une force et du mouvement antérieurement acquis par le point sur lequel elle s'exerce* — Désignons par V_e et J_e (fig 303) la vitesse et l'accélération de translation d'un système a l'instant t et par V_r et J_r la vitesse et l'accélération relatives du point M au même instant t, la force F ayant agi sur ce point pendant le temps $t - t_0$: la vitesse absolue V_a et l'accélération absolue J_a du point M s'obtiendront en composant respectivement les vecteurs V_e et V_r, J_e et J_r

Il faut bien remarquer que V_r et J_r sont deux vecteurs égaux à ceux qui représenteraient la vitesse et l'accélération du point M si, tout le système étant au repos, le point M était sollicité par la force F pendant le même intervalle de temps $t - t_0$.

Si la vitesse V_e est constante en grandeur et en direction, on a V_e V_0 et alors le mouvement de translation du système est rectiligne et uniforme. Par suite J_e 0, et l'accélération absolue du point M est égale à J_r, c'est-à-dire à l'accélération que la force F imprimerait au point M partant du repos au bout du temps t t_0.

En d'autres termes, *l'accélération absolue qu'imprime la force* F *au point* M *en un certain intervalle de temps* t t_0 *est indépendante de la vitesse initiale* V_0 *avec laquelle le point* M *est lancé à l'instant* t_0 *où la force commence à agir*

2° *Indépendance de l'effet des forces agissant simultanément sur un point matériel*

Si le point matériel M, étant au repos, est soumis, à l'instant t_0, à l'action de la force F, il possédera au temps t une vitesse V et une accélération J Une seconde force F' lui communiquerait, dans les mêmes conditions, la vitesse V' et l'accélération J'. Il est facile de montrer que *l'action simultanée des deux forces imprimerait au point* M, *d'abord au repos, une vitesse qui est la résultante des vitesses* V *et* V' *et une accélération qui est la résultante des accélérations* I *et* J'.

Considérons en effet un système de points matériels, M, A, B, C, ..., tous *identiques à* M Appliquons à tous ces points, à l'instant t_0, la même force F, ils prendront un mouvement de translation commun dont la vitesse et l'accélération seront V et J Si à l'instant t_0 on applique au point M non seulement la force F, mais encore la force F', le point M prendra. dans le mouvement de translation considéré, une vitesse et une accélération relatives V' et J' (principe des mouvements relatifs) Sa vitesse et son accélération absolues seront donc bien données

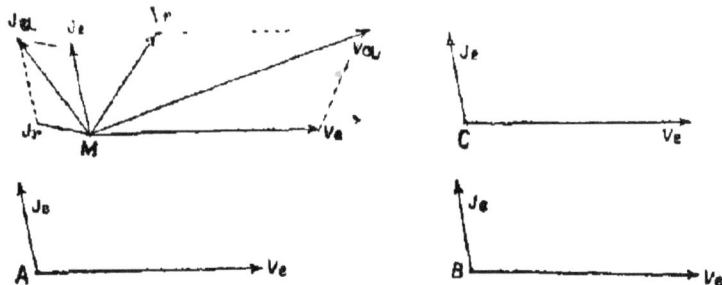

Fig 303.

par la diagonale des parallélogrammes construits respectivement sur les segments (V V') et (J, J')

Si le point M était animé, en outre, d'une vitesse initiale V_0, il faudrait composer V_0, V et V'.

Le théorème se démontrerait pour un nombre quelconque de forces en appliquant le mode général de raisonnement qui consiste à établir que s'il est vrai pour *n*, il est vrai pour *n* + 1.

3° *Notion dynamique de la Résultante* — La considération de forces simultanément appliquées à un même point matériel conduit à la notion de *Résultante*.

En effet, sous l'influence des diverses forces du système, le point prend un mouvement absolu, parfaitement déterminé, qu'on peut supposer produit par une force unique c'est la *Résultante* du système des forces considérées.

Comme, en vertu du principe des mouvements relatifs, les accélérations dues à chaque force se conservent individuellement, il en résulte que l'accélération du mouvement absolu du point M, à l'instant *t*, est la somme géométrique des accélérations à cet instant. Cette résultante des accélérations dues à chaque force est donc l'accélération qui correspond à la Résultante des forces [1].

203. Principe de l'égalité de l'action et de la réaction. —

Lorsque, dans un système de points matériels, un point A (fig. 504) exerce sur un autre point B une action représentée par une force F dirigée suivant la droite qui joint les deux points, inversement le point B exerce sur le point A une réaction, représentée par une force (—F), *dirigée suivant la même droite et égale, mais opposée, à la force* F.

1 Voir Appell, *Traité de Mécanique rationnelle*

Les deux premiers principes permettent de résoudre, pour un point matériel unique, les deux problèmes de la dynamique; le troisième principe permet d'en généraliser les solutions et de les

Fig 304

étendre au cas d'un système matériel. On arrive à ces solutions par l'intermédiaire de quelques théorèmes généraux, que nous allons exposer.

204. Effet d'une force constante. — L'effet d'une force constante — que nous avons indiqué ci-dessus — est précisé par le théorème général suivant :

THÉORÈME. — *Une force constante, agissant sur un point matériel d'abord en repos, lui communique un mouvement rectiligne et uniformément accéléré.*

1° LEMME PRÉLIMINAIRE. — *Si une force constante, en agissant sur un point matériel en repos successivement pendant les temps t_1 et t_2, lui communique les vitesses v_1 et v_2, elle lui communiquerait, en agissant pendant le temps $(t_1 + t_2)$, une vitesse V égale à la somme géométrique de v_1 et v_2*

En effet, considérons un système de points matériels 0, 0', 0'... identiques au point donné M (fig. 305), et appliquons à chacun d'eux une force constante,

Fig 305.

identique à la force donnée F · ces points prendront tous le même mouvement et ils acquerront tous la même vitesse v_1 au bout du temps t_1. Si, à l'instant t_1, on supprime la force qui agit sur chacun des points du système auxiliaire, ceux-ci continueront à se mouvoir d'un mouvement de translation rectiligne et uniforme, de vitesse v_1. La force F continuant à agir sur le point M, celui-ci prendra par rapport au système le même mouvement que s'il partait du repos à l'instant t_1, il acquerra donc la vitesse relative v_2 au bout du temps t_2 par suite *la vitesse absolue* du point M, acquise au bout du temps $(t_1 + t_2)$, sera la somme géométrique des vitesses v_1 et v_2

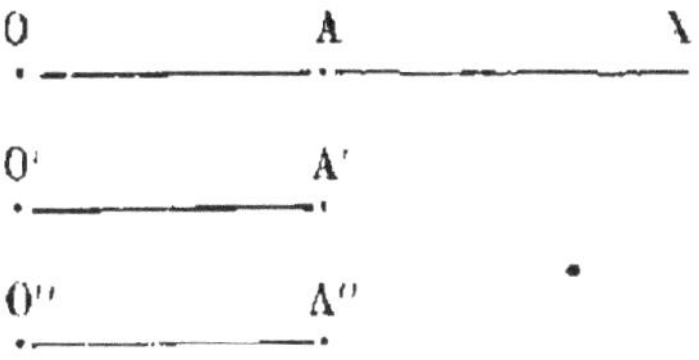

2° COROLLAIRE — *Si la force constante, agissant sur le point matériel partant du repos pendant les temps successifs t_1, t_2, t_3, ... t_n, lui fait acquérir les vitesses v_1, v_2, ... v_n, elle lui communiquerait, en agissant pendant le temps $(t_1 + t_2 + ... + t_n)$, une vitesse V, égale à la résultante des vitesses v_1, v_2, ... v_n*

3° *Démonstration du théorème général* — *Le mouvement est rectiligne*
Soient deux durées t_1 et t_2, ayant une commune mesure θ, de manière qu'on ait

$$t_1 = n_1\theta \quad \text{et} \quad t_2 = n_2\theta,$$

n_1 et n_2 étant des nombres entiers

Si l'on représente par v la vitesse qui serait acquise par le mobile au bout du temps θ sous l'action de la force, les vitesses v_1 et t_2 aux instants t_1 et t_2 sont les résultantes respectives de n_1 et n_2 vitesses identiques à v, par conséquent, à deux instants quelconques t_1 et t_2, la vitesse du point a la même direction et le même sens : *le mouvement est donc rectiligne.*

Le mouvement est uniformément accéléré. — En effet, chaque fois que le temps pendant lequel agit la force, augmente de θ, la vitesse du mobile s'accroit de v.

Remarques. — 1° La démonstration s'étend au cas où les durées t_1 et t_2 n'ont pas de commune mesure.

2° *Cas où le mobile ne part pas du repos.* — Supposons maintenant que le corps ait déjà au moment où la force F commence à agir sur lui, une vitesse v_0, de même direction que v : un raisonnement analogue montre que la vitesse V augmente ou diminue, pendant chaque durée égale à t, d'une quantité v : le mouvement résultant est donc bien un mouvement uniformément varié.

◆ 205. Théorème réciproque. — *Si un corps est animé d'un mouvement rectiligne uniformément varié, c'est qu'il est soumis à une force constante.*

Soient OX la trajectoire rectiligne du point (fig 306), O sa position au repos à l'instant t 0, M_1 sa position au temps t t_1, on a

$$s_1 \quad OM_1 \to \frac{1}{2} J t_1{}^2 \quad \text{et} \quad V_1 \quad J t_1,$$

puisque le mouvement étudié est rectiligne et uniformément varié.

Cela posé, considérons à l'instant t_1 un système de points $O_1, A, B,$ etc. animés d'un mouvement d'ensemble de vitesse $\overline{V}_1$, le point O_1 coïncidant avec M_1 à l'instant t_1 : au temps t' le mobile est en M, évaluons $O_1 M$, c'est-à-dire le déplacement relatif du point M sous l'action de la force constante qui lui est appliquée, on a au temps t' $t_1 + t$

$$O_1 M \quad OM \quad OO_1 \quad \frac{1}{2} f (t_1 + t)^2 \quad \frac{1}{2} J t_1{}^2 \quad V_1 t$$

En remplaçant V_1 par sa valeur $J t_1$ il vient

$$O_1 M \to \frac{1}{2} t^2 J$$

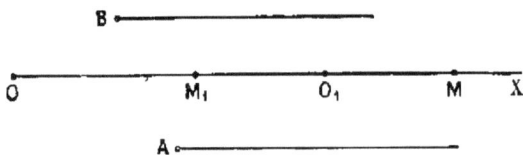

Fig 306

Le mouvement du point M par rapport au système $O_1, A, B, C \ldots$ etc. est donc identique au mouvement absolu. En d'autres termes, les effets dus à la force qui sollicite le point matériel sont constants, la force qui produit le mouvement rectiligne et uniformément varié est donc une force constante.

Remarque : *Mesure et représentation de la force.* — On sait que l'effet d'une force est indépendant de la vitesse acquise par un point matériel à l'instant ou la force vient le solliciter ; par conséquent, dans tous les cas une force constante imprime au point matériel sur lequel elle agit une accélération constante en grandeur et en direction, et réciproquement. *Cette accélération caractérise la force constante*

On pourra donc *mesurer* une force quelconque en prenant comme unité celle qui communique à un point matériel choisi une accélération donnée γ. En outre, on *conviendra* d'attribuer à la force la direction et le sens mêmes de l'accélération qu'elle communique au point matériel.

206. Proportionnalité des forces aux accélérations.

THÉORÈME GÉNÉRAL. — *Quand des forces constantes* f, f', f''. . *agissent successivement sur un même point matériel quelconque partant du repos ou animé d'une vitesse initiale de même direction que celle des forces, elles lui impriment des mouvements rectilignes uniformément accélérés, dont les accélérations respectives* γ, γ', γ'' *sont proportionnelles aux intensités des forces correspondantes.*

I. *Cas de deux forces.*

1° Supposons que les deux forces f et f' aient une commune mesure φ, c'est-à-dire que l'on ait

$$[1] \qquad\qquad f = n\varphi, \qquad f' = n'\varphi,$$

n et n' étant deux nombres entiers.

Soit γ_0 l'accélération qu'imprimerait au point la force φ; on aura évidemment (principe des mouvements relatifs), les forces φ agissant dans une même direction,

$$[2] \qquad\qquad \gamma = n\,\gamma_0, \qquad \gamma' = n'\gamma_0.$$

Des égalités [1] et [2] on tire

$$\frac{f}{f'} = \frac{\gamma}{\gamma'} = \frac{n}{n'}; \quad \text{d'où} \quad \frac{f}{\gamma} = \frac{f'}{\gamma'}.$$

2° Supposons qu'il n'y ait pas de commune mesure entre les deux forces f et f' : on démontre alors le théorème en raisonnant comme on le fait en Géométrie dans les cas analogues, par exemple pour les segments proportionnels, pour les angles, etc.

II. *Cas d'un nombre quelconque de forces.*

On a pour deux forces quelconques, f et f',

$$\frac{f}{\gamma} = \frac{f'}{\gamma'};$$

pour deux autres forces f' et f'', on aurait de même

$$\frac{f'}{\gamma'} = \frac{f''}{\gamma''}.$$

On a donc, en général,

$$[3] \qquad \frac{f}{\gamma} - \frac{f'}{\gamma'} - \frac{f''}{\gamma''} - \ldots \textit{constante.}$$

REMARQUE. — Nous allons déduire de ces théorèmes généraux plusieurs conséquences très importantes.

207. **Masse.** — 1° *Définition.* — On a donné un nom au rapport constant [3] : on l'appelle la *masse* du point considéré.

On a donc, en désignant cette masse par m,

$$\frac{f}{\gamma} \quad m, \qquad \text{d'où} \quad f \quad m\gamma.$$

2° *Propriétés de la masse.* — La masse est caractérisée au point de vue dynamique par les théorèmes suivants :

THÉORÈME I. — *Si une même force agit successivement sur deux masses différentes* m *et* m', *elle leur imprime des accélérations qui sont en raison inverse des masses.*

En effet, on doit avoir

$$f - m\gamma \qquad \text{avec} \qquad f - m'\gamma',$$

et par suite

$$m\gamma \quad m'\gamma', \qquad \text{d'où} \qquad \frac{\gamma}{\gamma'} = \frac{m'}{m}.$$

THÉORÈME II. — *Si deux forces* f *et* f' *agissent respectivement sur deux masses* m *et* m' *de manière à leur communiquer une même accélération* γ, *ces forces sont proportionnelles aux masses.*

On a, en effet,

$$f - m\gamma \qquad \text{avec} \qquad f' - m'\gamma,$$

d'où

$$\frac{f}{m} \quad \frac{f'}{m'}.$$

REMARQUE. — Ces théorèmes servent à préciser la notion de *Masse* que nous avions introduite précédemment à propos de l'inertie de la matière. La masse est une qualité inhérente à chaque corps, indépendante de son état de repos ou de mouvement, ainsi que de sa position par rapport aux autres corps de l'univers : on peut la considérer comme mesurant pour chaque corps sa *résistance au mouvement.*

208 **Quantité de mouvement**   1° *Définition*   On appelle *quantité de mouvement* d'un point matériel de masse m, a l'instant ou sa vitesse est v, le produit mv On peut représenter cette quantité de mouvement par un vecteur qui serait appliqué au point, orienté comme la vitesse, et m fois plus long que le vecteur-vitesse.

2° *Propriétés* — La quantité de mouvement est caractérisée au point de vue mécanique par les théorèmes suivants

Théorème. — *Deux forces constantes sont entre elles comme les quantités de mouvement qu'elles communiquent dans le même temps aux corps sur lesquels elles agissent*

En effet, soient F et F' deux forces agissant successivement sur deux corps, de masses respectives m et m'; on a, d'une part,

[1] $$F = m\gamma \qquad \text{avec} \qquad F' = m'\gamma'$$

et, d'autre part,

[2] $$v = \gamma t \qquad \text{avec} \qquad v' = \gamma' t$$

On en déduit

$$\frac{v}{v'} = \frac{\gamma}{\gamma'}.$$

En portant dans [1] et divisant les deux équations membre à membre, il vient

$$\frac{F}{F'} = \frac{mv}{m'v'}.$$

Corollaires — 1° *Cas de F = F'*   On a simplement

$$mv = m'v', \qquad \text{d'où} \qquad [3] \; \frac{v}{v'} = \frac{m'}{m} :$$

donc *une même force communique, au bout du même temps, a deux masses différentes des vitesses qui sont inversement proportionnelles a ces masses*

2° *Cas de m = m'.*   On a de même

$$\frac{F}{F'} = \frac{v}{v'}.$$

209 **Impulsion.** — *Définition et propriétés*   On appelle *impulsion* d'une force le produit Ft de l'intensité F de la force par la durée t de son action

Théorème. — *La quantité de mouvement due a la force F est égale a l'impulsion.*

Comme on a

$$F = m\gamma,$$

il vient, en multipliant les deux membres de l'égalité par t,

$$Ft = m.\gamma t;$$

or $v = \gamma t,$ donc $Ft = m v;$

donc *la quantité de mouvement actuelle du corps est égale a l'impulsion de la force.*

Corollaire   Si au temps 0, époque à laquelle la force F commence à agir, la vitesse du point est égale à v_0, on a au temps t

$$V \quad v_0 \quad t,$$

d'où

$$mV - mv_0 \quad m\gamma t \quad mv_0 \quad mv_t = mv_0 \pm Ft$$

d'ou

$$Ft \quad mV - mv_0$$

210 Expression et composition des forces. Équation fondamentale de la dynamique. 1° *Expression d'une force constante* — On a donné à la force, appliquée à un point matériel, la même direction et le même sens que l'accélération qu'elle communique à ce point Comme elle a de plus une intensité f, elle sera complètement représentée par un vecteur appliqué au point, dirigé dans le sens de l'accélération et ayant une grandeur mesurée par le même nombre que l'intensité de la force. On peut donc écrire $\overline{f} - m\overline{\gamma}$
Cette relation géométrique veut dire que la projection du vecteur-force $\overline{f}$ sur un axe quelconque est égale à m fois la projection du vecteur accélération sur le même axe

2° *Composition dynamique des forces constantes* — *Règle du parallélogramme*   Si deux forces sont appliquées à un même point (fig 507), on a

$$\overline{f} \quad m\overline{\gamma}, \quad \overline{f'} \quad m\overline{\gamma'},$$

et par suite la diagonale R du parallélogramme construit sur $\overline{f}$ et $\overline{f'}$ a pour expression $\overline{R} \quad m\overline{\Gamma}$, $\overline{\Gamma}$ étant la diagonale du parallélogramme construit sur γ et γ', car les deux parallélogrammes respectivement construits sur γ, γ' et f, f' sont semblables

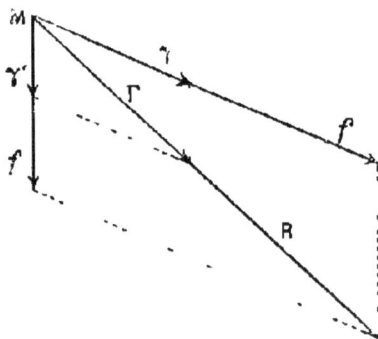

Fig 507

La force R étant capable de communiquer au point matériel considéré la même accélération que le système des forces $\overline{f}, \overline{f'}$, est la résultante des forces $\overline{f}.\overline{f'}$.

3° *Retour à la Statique* — On établirait la règle du polygone des forces en procédant de proche en proche, et l'on en déduirait les diverses propositions qui font l'objet même de la Statique
En particulier si un point est sollicité par deux forces égales et opposées, la résultante est nulle et l'on a Γ 0 Si le point était en repos, il reste donc en repos, et l'on dit alors que les deux forces *se font équilibre* sur le point Cette propriété sert de fondement à la mesure statique des forces En choisissant convenablement l'unité on fait coïncider ces mesures avec celles que fournit la dynamique

4° *Cas d'une force variable   Équation fondamentale*   On dit qu'une *force variable* est appliquée au point mobile, si l'accélération du mouvement dont le point est animé varie soit en direction, soit en grandeur A chaque instant la force variable agit comme une force constante et, par suite, on peut écrire encore la relation

$$\overline{f} \quad m\overline{\gamma}.$$

Cette relation, qui est vraie à chaque instant, constitue l'*équation fondamentale* de la dynamique.

Remarque — Toutes les conséquences déduites mathématiquement de l'équation

$$\vec{f} = m\vec{\gamma},$$

établies dans le cas d'une force constante, sont donc encore applicables *à chaque instant* dans le cas d'une force variable. En particulier, les forces variables se composent à chaque instant comme les forces constantes.

211. Application de l'équation fondamentale. Équations du mouvement d'un point.

Théorème — *Le mouvement du point obtenu en projetant à chaque instant sur un axe quelconque un point donné est le même que celui que prendrait un point matériel de même masse que le point donné et qui serait sollicité à se mouvoir sur l'axe par une force égale à chaque instant à la projection sur celui-ci de la force qui sollicite le point donné.*

En effet, on a vu en Cinématique que l'accélération γ du point obtenu en projetant un point matériel donné sur un axe est égale à chaque instant à la projection sur le même axe de l'accélération Γ du point donné. Si donc m est la masse du point de projection, celui-ci se meut comme s'il était soumis à la force

[1] $$f = m\gamma.$$

Mais d'autre part on a, en désignant par F la force qui sollicite le point donné,

[2] $$\vec{F} = m\vec{\Gamma}.$$

Comme γ est la projection de Γ il résulte des relations [1] et [2] que f est la projection de F.

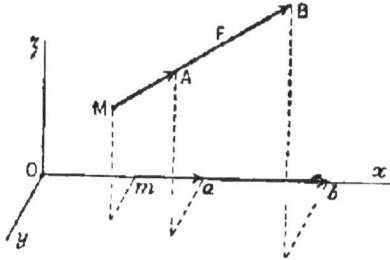

Fig. 308

Corollaire — Ce théorème permet de substituer à l'étude du mouvement du point matériel considéré M (fig. 308) celui du mouvement de ses projections sur trois axes rectangulaires donnés. L'étude d'un mouvement quelconque se trouve ainsi ramenée à l'étude d'un mouvement rectiligne.

En désignant par m la masse du point, par γ_x, γ_y, γ_z les composantes de son accélération suivant les trois axes, et par X, Y et Z les composantes suivant les mêmes axes de la force résultante qui sollicite le point, les trois mouvements rectilignes correspondent aux trois équations

$$X = m\gamma_x, \qquad Y = m\gamma_y, \qquad Z = m\gamma_z,$$

que l'on appelle *équations du mouvement du point.*

212. Choix des unités de masse et de force. 1° *Unité de masse : Gramme.* — Le Congrès de 1881 a défini comme unité de masse la masse d'un centimètre cube d'eau pure à la température de son minimum de volume 4°, et il a pris pour la désigner le nom de *gramme*, antérieurement employé pour désigner l'unité de poids. Légalement et pratiquement le gramme est la millième partie de la masse d'un bloc de platine conservé au *Bureau international des poids et mesures*.

2° *Unité de force : Dyne*. — L'unité de force est la force capable de communiquer à une masse de 1 gramme un mouvement uniformément accéléré dont l'accélération est égale à l'*unité*.

On a donné à cette unité le nom de *dyne*.

REMARQUE. — On exprime la dyne et les autres grandeurs mécaniques en fonction des unités absolues du système C.G.S (Centimètre-Gramme-Seconde). La masse est précisément l'une des grandeurs types choisies dans ce système [1].

215. Relation entre le poids d'un corps et sa MASSE. — Parmi toutes les forces qui peuvent agir sur un corps, il en est une particulièrement intéressante : c'est la *pesanteur*. En désignant par P la résultante des actions de la Pesanteur sur le corps considéré, c'est-à-dire *son poids*, et *g* l'accélération du mouvement de chute, on a

$$P = mg;$$

donc *le poids d'un corps en un lieu est égal au produit de sa masse par l'accélération de la pesanteur en ce lieu.*

La force qui sollicite à tomber une masse de *m* grammes à Paris (ou $g = 981$), a pour expression

$$p = m.g.$$

S'il s'agit d'une masse de 1 kilogramme, on a

$$m = 10^3, \quad \text{d'où} \quad p = 10^3.981 \text{ dynes.}$$

Ainsi le kilogramme-force, que nous avons pris comme unité de force en statique, vaut

$$10^3.981 \quad \text{ou} \quad 9,81 \times 10^5 \text{ dynes.}$$

REMARQUES. — 1° En un même lieu deux corps quelconques de masses *m* et *m'* tombent avec la même accélération *g*; on a donc, P et P' désignant leur poids,

$$P = mg, \qquad P' = m'g,$$

d'où

$$\frac{P}{P'} = \frac{m}{m'}.$$

1 Voir la Physique de Ganot-Maneuvrier, 21ᵉ édition, p. 84 *Mesure des Grandeurs mécaniques et physiques.*

En d'autres termes, *les nombres qui mesurent les poids des corps en un même lieu, sont proportionnels aux nombres qui en mesurent les masses.* Par conséquent la balance est un instrument qui, en un lieu donné, mesure le rapport des masses en même temps que celui des poids.

2° En deux lieux différents, les accélérations sont différentes; par suite, on a, pour la même masse :

$$P = mg, \qquad P' = mg',$$

d'où

$$\frac{P}{g} = \frac{P'}{g'}.$$

Donc *les poids d'un même corps, en deux lieux différents, sont entre eux comme les accélérations locales.*

214. Application de l'équation fondamentale : Étude des mouvements de rotation. — Force centripète. — Le mouvement de rotation est un mouvement spécial dans lequel on constate l'existence de forces mises en jeu par le mouvement même. Le problème est le suivant, dans le cas du mouvement uniforme :

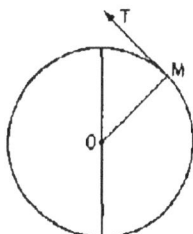

Fig. 309

Trouver la loi de la force qui fait parcourir à un point matériel de masse m une circonférence de rayon R avec une vitesse angulaire constante ω.

On peut obtenir immédiatement la solution en utilisant les données de la cinématique. Si un point M se meut d'un mouvement circulaire uniforme (fig. 509), son accélération est dirigée vers le point O, centre de la trajectoire ; elle est constante et égale à $\frac{v^2}{R}$. On a donc, en vertu de l'équation fondamentale $\vec{f} = m\vec{\gamma}$,

$$\vec{f} = m\frac{\overline{v^2}}{R}$$

On voit par là qu'un point lancé avec la vitesse

$$v = \omega R$$

se déplacera indéfiniment, d'un mouvement uniforme, sur une circonférence, s'il est sollicité par une force constamment dirigée vers le centre de la circonférence (*force centrale*) et dont l'intensité constante serait égale a

$$m\frac{v^2}{R} \quad \text{ou} \quad m\omega^2R.$$

On donne à cette force le nom de *force centripète*.

215. Force centrifuge. -- 1° *Définition*. -- En vertu des principes de l'égalité de l'action et de la réaction, la force centripète ne peut exister sans entraîner l'existence d'une *réaction* égale et contraire : cette réaction s'appelle la FORCE CENTRIFUGE.

2° *Intensité*. -- On peut mesurer la valeur commune de la force centrifuge et de la force centripète. Par exemple, dans le cas d'une pierre tournant autour du point, auquel elle est reliée par un fil, -- c'est le cas de la *fronde*, -- on n'a qu'à intercaler entre la pierre et le point un *peson* à ressort, dont l'indication fournira la valeur commune de la force centripète et de sa réaction. Elle est égale à $m\omega^2R$.

3° *Effets ordinaires*. -- La force centrifuge intervient dans un grand nombre de circonstances.

Quand la vitesse de rotation d'un corps tournant devient très grande, il faut donner a ses organes une résistance spéciale, en vue de la grande valeur que prend alors la force centrifuge. Si, par exemple, elle devient plus grande que la cohésion moléculaire, elle amène la rupture des volants, des meules, etc.

Aussi, dans les machines dynamo-électriques, ou l'*induit* tourne avec des vitesses énormes, faut-il apporter a la construction de cet *induit* les plus grandes précautions, afin d'assurer sa résistance a la dislocation ou à la rupture.

De même, c'est pour éviter les effets dangereux de la force centrifuge qu'il est d'usage d'incliner les chemins de fer dans les courbes, du côté de leur centre, par une surélévation du rail extérieur. Il est bon également de ralentir le mouvement, car la diminution de ω influe beaucoup sur l'intensité de la force centrifuge. On explique de même l'attitude de l'écuyer de cirque ou celle du cycliste penché vers l'intérieur de la piste.

La force centrifuge peut accélérer la dessiccation en détruisant l'adhérence entre les molécules liquides et les corps solides qu'elles mouillent; aussi est-elle utilisée dans certaines machines industrielles, telles que les *essoreuses*, les *turbines de sucrerie*, ou, plus communément, dans le *panier à salade*.

216. Régulateur à force centrifuge — Le mouvement des machines à vapeur tend sans cesse à s'accélérer ou a se retarder, soit parce que la force élastique de la vapeur varie dans le générateur, soit parce que le travail demandé à la machine est lui-même plus ou moins considérable. Pour maintenir la vitesse constante, Watt imagina un *régulateur* dit *à force centrifuge*, parce que son mécanisme est une application de la force centrifuge. Il a pour effet soit, comme dans l'ancienne machine de Watt, de faire varier la pression de la vapeur avant son entrée dans le cylindre, soit dans les machines actuelles — à distribution à déclics, par exemple — d'augmenter ou de diminuer le volume de vapeur admis dans le cylindre à chaque coup de piston.

Sur un arbre vertical HDO (fig. 310), qui tourne avec une vitesse proportionnelle à celle de la machine, sont articulés deux bras OA, OA' terminés à leur partie inférieure par des boules métalliques BB. Le mouvement de l'arbre de couche est communiqué à cet axe par l'intermédiaire d'un engrenage ou d'une corde sans fin s'enroulant sur une poulie P, fixée à la tige O. A l'état de repos et sous l'influence de la pesanteur, les boules tendent à ramener dans la verticale les deux bras auxquels elles sont fixées, tandis que, dès que l'arbre vertical entre en rotation, elles tendent à s'en écarter, par un effet de la force centrifuge, et à prendre par suite une position d'équilibre *dépendant de la vitesse*. Les tiges OA, OA' se disposent suivant la résultante du poids des boules et de la force centrifuge qui les entraîne.

Pour utiliser cet effort, on réunit, par des bielles articulées en A et A', les deux bras qui portent les boules à une douille CM qui coulissera sur l'arbre vertical suivant que les boules tendront à s'en écarter plus ou moins. Au moyen de tringles et de leviers convenables, on utilise le déplacement de la douille pour actionner soit un papillon étranglant l'arrivée de la vapeur et fonctionnant comme un robinet dans la machine de Watt, soit pour agir sur les touches de la *distribution à déclic* dans les machines perfectionnées en usage aujourd'hui.

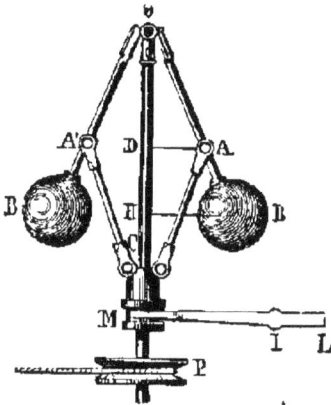

Fig. 310.

217. Effet de la force centrifuge : Diminution de la pesanteur à la surface de la Terre, par suite de sa rotation. Soit M un corps (fig. 311) placé à la surface de la Terre supposée sphérique et homogène, qui tourne autour de NS. Ce corps est attiré par le centre O avec une force qui est son *poids absolu* MH. Mais la force centrifuge agit suivant MK, d'où un poids plus petit, accusé par le dynamomètre. C'est le *poids apparent*.

La *masse* étant constante, la force centrifuge MK sera d'autant plus grande que la distance MC sera plus grande; donc, à l'équateur, la force centrifuge sera maxima; de plus, à l'équateur, MK sera directement opposé à MH et, par suite, l'effet soustractif sera maximum.

Ainsi, le poids apparent d'un corps est plus petit à l'équateur qu'en tout autre lieu de la surface du globe.

Au pôle, au contraire, la force centrifuge est nulle, car MC = 0, par suite le *poids apparent* y est maximum.

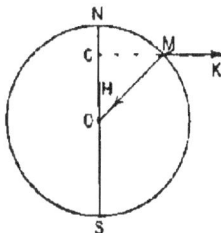

Fig. 311

PROBLÈME. — *Quelle vitesse de rotation devrait avoir la Terre pour que les corps ne pèsent plus à l'équateur ?*

Il faut évidemment que MK — MH (fig. 511).

Soit ω la vitesse *actuelle* ; on a, en désignant par F la force centrifuge actuelle,

[1] $$F = m\omega^2 R$$

Pour la rotation cherchée on aurait

[2] $$F' = mx^2 R;$$

en retranchant [1] de [2], il vient

$$\text{poids apparent} = mg = m\,(x^2 - \omega^2)\,R,$$

d'où

$$(x^2 - \omega^2)\,R = g$$

En divisant par ω^2 et résolvant par rapport à $\dfrac{x}{\omega}$, on a

$$\frac{x}{\omega} = \sqrt{1 + \frac{g}{\omega^2 R}}.$$

Application numérique. — A l'équateur :

$$R = 6\,378\,233\,^{\text{mètres}}, \qquad g = 9^m,78 \qquad \omega \qquad \frac{2\pi}{86\,400}$$

(car le jour sidéral comprend 86 400 secondes), d'où

$$\frac{x}{\omega} = 17\,(\text{environ}).$$

Donc, *si la Terre tournait 17 fois plus vite, les corps ne seraient plus appliqués à sa surface à l'équateur.*

CHAPITRE II

TRAVAIL ET FORCE VIVE.

218. Travail et force vive. — Dans tous les cas où la force produit un choc sans pénétration, la *quantité de mouvement* communiquée à la masse M, c'est-à-dire le produit MV, sert de mesure a l'effet, et l'impulsion, c'est-à-dire le produit F*t*, sert de mesure à la cause. Ces deux grandeurs ne suffisent pas pour mesurer l'effet d'une force dans tous les cas où elle déplace son point d'application d'une manière sensible, par exemple lorsqu'un projectile pénètre dans un obstacle, ou bien lorsqu'on élève un fardeau à une certaine hauteur, etc. On fait alors intervenir deux nouvelles grandeurs, qui jouent un rôle fondamental en mécanique : l'une s'appelle le *travail mécanique* et l'autre la *force vive*. Il existe entre elles une relation mathématique très importante dans la pratique.

219. Travail mécanique d'une force constante en grandeur et en direction. — Il y a plusieurs cas à considérer.

I. *Le point d'application se déplace dans la direction de la force.* — On appelle *travail d'une force*, pour le déplacement AB de son point d'application (fig. 512), *le produit de l'espace* AB $= e$ (évalué en unités de longueur) par l'*intensité* F *de la force* (évaluée en unités de force). On a donc, en désignant par $\mathcal{C}$ la valeur numérique du travail,

$$\mathcal{C} = \mathrm{F}e.$$

Si la force agit dans le sens même du déplacement AB, on dit qu'elle est *mouvante* ou *motrice* et l'on donne au travail le signe $+$: c'est un *travail moteur*. Si la force agit en sens contraire du che-

Fig. 312

min parcouru, on dit qu'elle est *résistante* et on donne au travail le signe $-$: c'est un *travail résistant*.

II. *Le déplacement rectiligne n'est pas dans la direction de la force.* — Le travail se définit alors : *le produit de la force par le déplacement et par le cosinus de l'angle* α *des deux droites :*

$$\mathcal{C} = \mathrm{F}e \cos \alpha.$$

Le travail est *positif* ou *négatif*, c'est-à-dire *moteur* ou *résistant*,

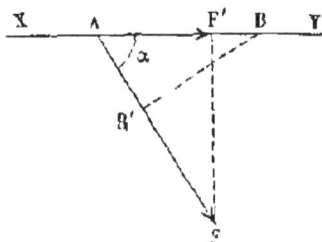

Fig 313.

suivant que cos α est lui-même positif ou négatif, c'est-à-dire suivant que α est un angle aigu ou obtus (fig. 513).

Dans le cas où α est un angle aigu, la projection F cos α de la force sur la direction du déplacement est dirigée dans le même sens que celui-ci : on peut dire que la *projection de la force est mouvante*; c'est le contraire dans le cas où α est obtus : la *projection de la force est résistante*.

REMARQUES. — 1° On peut aussi considérer le produit $e \cos \alpha$

comme la projection AB' du déplacement (fig. 513) sur la direction de la force et faire rentrer ce cas dans le cas précédent.

2° Si l'angle α est droit, le *travail de la force est nul*, puisque cos α   0.

III. *Le point d'application de la force a un déplacement curviligne.*

THÉORÈME. — *Le travail est égal au produit de la force par la projection de l'arc de trajectoire MN parcouru sur la direction constante XY de la force.*

En effet, si l'on partage l'arc MN (fig. 514) en une infinité d'arcs élémentaires, tels que MA, on peut substituer a chacun d'eux sa corde : alors le produit de la force F par la projection de ce déplacement rectiligne sur la force est ce qu'on appelle *travail élémentaire* de la force.

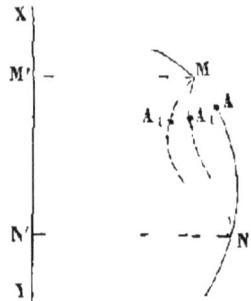

Fig 514

On a

$$\Delta\mathfrak{G} \quad F.MA.\cos.(MA, XY).$$

Le travail total est la limite que la somme de ces travaux élémentaires atteint lorsque le nombre des arcs élémentaires tend vers l'infini. On a

$$\mathfrak{G} \quad \Sigma\Delta\mathfrak{G} \quad \Sigma F.MA.\cos\alpha.$$

En mettant F en facteur commun, on a

$$\mathfrak{G} \quad F\Sigma MA\cos\alpha \quad F.M'N'.$$

COROLLAIRE. — *Le travail d'une force constante en grandeur et en direction ne dépend nullement du chemin réellement parcouru par son point d'application; il ne dépend que des positions extrêmes M et N.*

En effet, que le déplacement ait lieu suivant l'arc MAN, ou suivant l'arc MA₁N, ou suivant toute autre courbe ayant les mêmes extrémités M et N (fig. 514), le produit F × M'N' est toujours le même.

220. **Travail de la résultante.** THÉORÈME. — *Le travail de la résultante de plusieurs forces, constantes en grandeur et en direction, appliquées à un même point, est égal à la somme algébrique des travaux relatifs à chacune des composantes.*

Cette proposition résulte immédiatement des règles de la composition d'un système de forces concourantes. En effet, si l'on projette la résultante R sur la direction du déplacement, ainsi que les composantes, on a

$$R \cos \lambda \quad F \cos \alpha + F' \cos \alpha' + . \quad - \Sigma (F \cos \alpha),$$

en appelant λ, α, α' les angles de ces forces avec la direction du déplacement. En multipliant les deux membres de l'équation par le déplacement e du point d'application, on a

$$Re \cos \lambda \quad \Sigma (Fe \cos \alpha)$$

Or le premier membre est le travail $\mathfrak{C}$ de la résultante, et chacun des termes du second membre est le travail $\mathfrak{C}_1$ de l'une des forces composantes On a donc

$$\mathfrak{C} - \Sigma \, \mathfrak{C}_1.$$

REMARQUE. — Le théorème est également vrai lorsque le déplacement du point d'application est curviligne, car il s'applique à chacun des déplacements rectilignes dans lesquels le déplacement curviligne peut être composé.

514. **Travail d'une force variable en grandeur et en direction.** — La trajectoire est alors une courbe quelconque, et *dans le cas le plus général* la force prend en chaque point de cette courbe une intensité et une direction différentes.

I. *Travail élémentaire.* — Soient MN la trajectoire, A la position du point d'application à l'instant t, et F la force, représentée par le vecteur AF en grandeur et en direction (fig. 515). Soient A_1 un point infiniment voisin sur la courbe, Δe la corde AA_1, et α l'angle de cette direction AA_1 avec la direction actuelle de la force : le produit

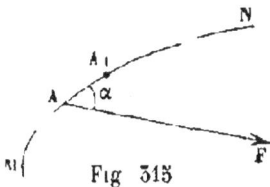

Fig 515

$$F \times \Delta e \times \cos \alpha - \Delta \mathfrak{C}$$

est ce qu'on appelle le *travail élémentaire de la force variable* pour le déplacement Δe.

Cas particuliers. — 1° Si la force F reste constamment tangente à la trajectoire, on a α 0 et l'expression du travail élémentaire se réduit à

$$\Delta \mathfrak{C} - F \times \Delta e.$$

2° Si de plus la force F reste constante en intensité, on a, pour le travail total,

$$\mathfrak{C} \quad F \Sigma \Delta e - F.l,$$

en désignant par l la longueur de trajectoire parcourue.

II. *Travail total.* — Le travail total, relatif à un déplacement fini MN, est la limite vers laquelle tend la somme des travaux élémentaires quand le nombre des arcs élémentaires tend vers l'infini. On a donc

$$\mathfrak{C}_M^N = \Sigma \, \Delta \mathfrak{C} \qquad \Sigma \, F . \Delta e . \cos \alpha .$$

III. *Travail de la résultante d'un système de forces variables.* — THÉORÈME. — *Le travail de la résultante de plusieurs forces variables appliquées à un même point est égal à la somme des travaux des composantes.*

Ce théorème, énoncé plus haut pour les forces constantes, s'applique évidemment au cas actuel, car chacun des travaux élémentaires peut être considéré comme effectué par une force constante en grandeur et en direction.

IV. *Expression analytique du travail élémentaire.* — Soient x, y, z les coordonnées du point M par rapport aux trois axes Ox, Oy, Oz et, d'autre part, X, Y, Z les composantes suivant les axes de la force F, qui sollicite le point M. Si le point M vient en M', le travail $\Delta \mathfrak{C}$ de la force F est égal à la somme

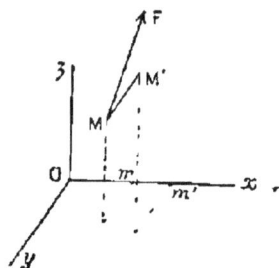

Fig 316

des travaux des composantes X, Y, Z; or ces travaux ont respectivement pour valeurs

$$X \Delta x, \qquad Y \Delta y, \qquad Z \Delta z,$$

Δx, Δy, Δz étant les composantes du déplacement MM' suivant les axes; on a donc

$$\Delta \mathfrak{C} = X \Delta x + Y \Delta y + Z \Delta z .$$

REMARQUE. — On aura donc pour l'expression du travail total

$$\mathfrak{C}_N^M = \Sigma_N^M d \mathfrak{C} \qquad \Sigma_N^M X dx + Y dx + Z dz .$$

315. **Représentation graphique du travail d'une force variable.** — 1° *Définition.* — Prenons deux axes rectangulaires Ox, Oy (fig. 517). Portons sur Ox l'abscisse OA_1 égale (ou proportionnelle) à la corde AA_1; au point A_1 élevons l'ordonnée $A_1 B_1$ égale (ou proportionnelle) à $F \cos \alpha$; le rectangle $OA_1 B_1 B'_1$ a une aire égale à $OA_1 \times A_1 B_1$, c'est-à-dire égale (ou proportionnelle) à $F . \Delta e \cos \alpha$: cette aire représente donc le travail élémentaire pour

le déplacement AA_1. Chacun des travaux élémentaires successifs sera de même représenté par l'aire d'un rectangle tel que $A_1 A_2$ $B_2 B'_2$, etc. Suivant que le travail est positif ou négatif, les rectangles élémentaires seront placés au-dessus ou au-dessous de Ox.

Si l'on suppose que le nombre n des travaux élémentaires croisse sans limite, les points B'_1, B'_2, B'_3 .... se rapprocheront indéfiniment et formeront a la limite une courbe continue que l'on peut construire par points. La limite de la somme des travaux élémentaires sera donc représentée par la limite de la somme de ces aires, c'est-à-dire par l'aire S du trapèze curviligne formé : 1° par la portion OL de l'axe des x, égale a l'arc de trajectoire total développe; 2° par les ordonnées OB'_1

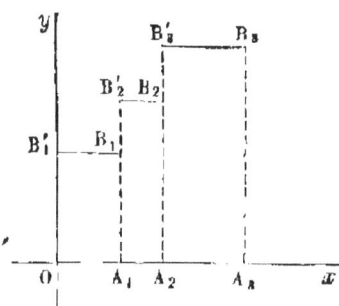

Fig. 317

et LL_1, égales respectivement aux projections sur les tangentes aux deux extrémités de l'arc des intensités correspondantes de la force; 3° par la courbe $B'_1 L_1$, lieu des points B_1, B_2 (fig. 318).

Remarque. Au point de vue géométrique, on peut dire que l'aire qui représente le travail de la résultante est égale à la somme des aires partielles figuratives des travaux des composantes.

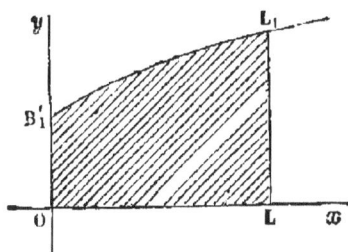

Fig. 318.

2° *Évaluation pratique de l'*aire *qui figure le travail.* Ainsi l'évaluation du travail d'une force variable est ramenée à la mesure d'une aire, c'est-a-dire à ce qu'on appelle une *quadrature.*

Il existe des procédés mathématiques qui permettent de trouver aisément des valeurs suffisamment approchées des aires ainsi définies et, par suite, des travaux qu'elles représentent. On peut citer en particulier le *procédé de Thomas Simpson* et le *procédé de Poncelet.*

On a imaginé en outre des instruments appelés *planimètres* ou *intégraphes.* Nous ne pouvons décrire ces appareils, dont l'étude sort des limites de notre programme, mais nous allons indiquer un procédé usité souvent en Physique et dans l'industrie.

On trace la courbe sur une feuille de papier ou de métal très homogène, on découpe l'aire à évaluer, et on la pèse : soit P son poids. On découpe ensuite dans la même feuille une surface connue, 1 cent. carré par exemple : soit ϖ son poids, soit S la surface cherchée, on a évidemment.

$$S\varpi \quad P, \quad \text{d'où} \quad S - \frac{P}{\varpi}.$$

Ce procédé peut être rendu très précis a l'aide d'une bonne balance.

316 **Indicateur de pression** ou **Indicateur de Watt**. — Ce procédé graphique de représentation du travail d'une force variable est directement appliqué dans un instrument enregistreur appelé *Indicateur de pression* Il fut imaginé par Watt, mais l'instrument employé aujourd'hui n'a qu'une analogie lointaine avec l'Indicateur même de Watt

Il se compose principalement d'un cylindre en bronze dans lequel peut se mouvoir un piston P (fig 319), fixé à un ressort R L'appareil est adapté au fond du cylindre de la machine à essayer et communique avec l'intérieur par l'intermédiaire du robinet D La tige du piston est articulée à l'une des branches d'un parallélogramme qui a pour fonction de diriger le crayon C en ligne droite, tout en amplifiant environ 5 fois les déplacements du piston

Devant la pointe du crayon C est placé un manchon M sur lequel on enroule une feuille de papier Une cordelette, enroulée au bas du manchon, va se rattacher, au moyen de renvois convenables par poulies, à la tête du piston de la machine Un ressort intérieur au manchon tend à le ramener toujours dans la position indiquée sur la figure il en résulte que le mouvement du piston moteur est

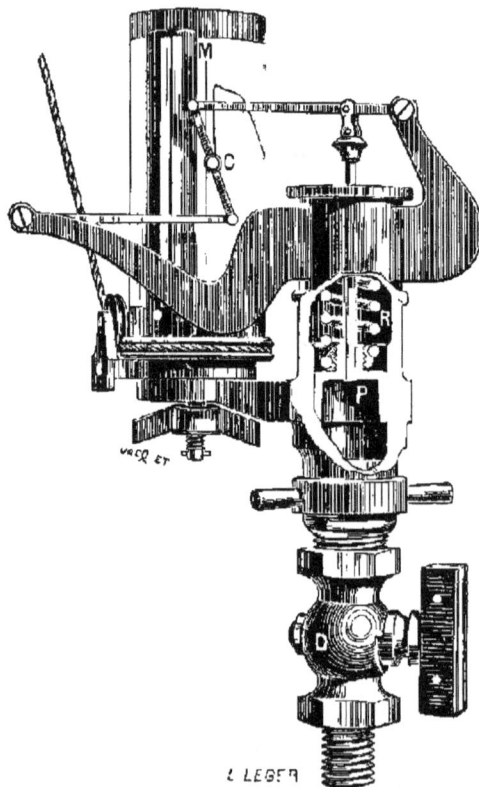

L LEGER

Fig 319.

transmis au manchon et lui imprime un mouvement alternatif d'une amplitude égale à 2/3 de circonférence environ

Le robinet D étant fermé et la machine à essayer étant en marche, le crayon C trace sur le manchon un trait horizontal qui représente la *ligne de pression atmosphérique*.

Si l'on ouvre alors le robinet D, la pression se transmet au piston de l'indicateur, qui comprime le ressort proportionnellement à cette pression, en déplaçant en même temps le crayon sur le manchon.

Les mouvements du crayon, proportionnels à la pression du fluide moteur, sont parallèles à une génératrice du manchon M, tandis que les mouvements du piston de la machine produisent un mouvement de rotation dont le sens est perpendiculaire : il en résulte que la pointe du crayon tracera une courbe. Un point quelconque de cette courbe représente à la fois la position du piston à un instant donné et la pression du fluide qui agissait sur lui au même instant : donc l'aire circonscrite par la courbe f, f_1, q_1, q représente le travail développé sur la face du piston pendant un tour de la machine. On peut les évaluer soit au *planimètre*, soit par tout autre procédé.

Remarques — 1° Il n'a été question que de ce qui se passe sur une des faces du piston, le fluide moteur agissant tour à tour sur les deux faces dans la plupart des machines, il est nécessaire de faire un diagramme de chaque côté du cylindre. C'est alors la somme des travaux calculés sur les deux faces qui représente le travail total de la machine.

2° *Travail indiqué* — C'est ce qu'on appelle le *travail indiqué*. Or il est évident que la puissance utilisable de la machine est inférieure à celle qu'on déduirait de ce calcul. Le frottement des pièces, le travail nécessaire pour faire fonctionner les organes accessoires, condenseurs, tiroirs, pompes, etc., est assez considérable, il est très variable du reste, suivant le type des machines, mais il dépasse souvent 10 0/0, même dans les bonnes machines à vapeur.

On peut évaluer ce travail perdu en comparant le travail calculé au *travail indiqué* au frein Prony. La différence des deux résultats représente la perte de puissance due au fonctionnement même de la machine.

317. Travail dans le cas d'un système de points matériels sollicités par des forces — Le cas le plus général qu'on ait à étudier en dynamique est celui d'un système de points matériels sollicités par des forces quelconques. Ces forces peuvent être groupées en deux catégories : les *forces extérieures* qui ont leur origine en dehors du système, et les *forces intérieures* qui sont des actions mutuelles entre les éléments du système. En tenant compte des forces intérieures, on peut considérer chacun des points du système comme étant libre, et lui appliquer les résultats relatifs au travail d'un système quelconque de forces sollicitant un point unique.

Théorème — *Le travail relatif à une déformation ou à un déplacement d'un système de points matériels est égal à la somme des travaux des forces, tant intérieures qu'extérieures, qui agissent sur les divers points matériels.*

En appelant $\mathcal{C}$ le travail total, $\mathcal{C}_i$ le travail des forces intérieures et $\mathcal{C}_e$ celui des forces extérieures, on peut exprimer ce théorème par l'équation générale

$$\mathcal{C} = \mathcal{C}_i + \mathcal{C}_e.$$

318. Travail de pesanteur sur un corps solide. — Si les points matériels restent à des distances invariables, ce qui est le cas d'un solide parfait, le travail des forces intérieures est nul.

En effet, le travail élémentaire relatif à deux points qui agissent l'un sur l'autre, conformément au principe de l'égalité de l'action et de la réaction, a pour expression $F \, \Delta r$ (Δr étant la variation de distance des deux points et F l'action commune, fonction de la distance r). Or Δr est nul dans le cas d'un système invariable, donc le travail intérieur est nul.

En particulier, si l'on considère un corps solide exclusivement soumis à l'action de la pesanteur, le travail total se réduit au travail extérieur et il a pour expression

$$\mathcal{C} = \Sigma \, mg \, z,$$

z étant le déplacement estimé suivant la verticale du point de masse m.

Or on peut écrire, en appliquant d'une part le théorème des moments et d'autre part la propriété du centre des forces parallèles,

$$\Sigma \, mgz \quad g \Sigma \, mz \quad MgZ,$$

M étant la masse totale du corps et Z le déplacement vertical du centre de gravité, on a donc

$$\mathfrak{C} - MgZ$$

519 Travail d'un couple. Considérons encore le cas de deux points invariablement liés A et B, sollicités par deux forces constantes en grandeur F , — F, et toujours perpendiculaires à la ligne AB (fig 520)

Chacune des forces étant tangente au chemin parcouru αr (α désignant l'angle de rotation du bras de levier AB), le travail total relatif à ce déplacement a pour expression

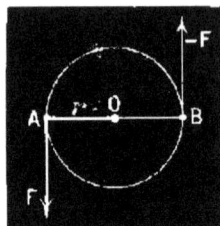

Fig 520

$$\mathfrak{C} \quad F\alpha + F\alpha.r \quad 2F \, r \, \alpha.$$

Et, si l'on pose $2r \quad l$, longueur du bras de levier et Fl M, moment du couple, la formule devient

$$\mathfrak{C} \quad F \, l \, \alpha \quad M \, \alpha$$

520 Potentiel d'une force Il existe dans certains cas une fonction dont la variation mesure, pour un déplacement déterminé, le travail des forces qui sollicitent un point ou un système de points cette fonction s'appelle le *Potentiel de la force* Nous allons en donner deux exemples caractéristiques

1° *Cas de la pesanteur à la surface terrestre* S'il s'agit, par exemple, d'un corps pesant de masse M, le travail relatif à la chute du corps depuis l'altitude z_0 jusqu'à l'altitude z_1 est, comme nous l'avons vu ci-dessus,

$$\mathfrak{C} \quad Mg(z_0 - z_1)$$

Or cette quantité représente la variation de la fonction

$$V - -Mgz + \text{constante}$$

la fonction V est le *potentiel de la pesanteur.*

2° *Cas de l'attraction newtonienne.* — Considérons encore le cas d'un point

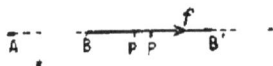

Fig 321.

se déplaçant de B en B' (fig 321) sous l'action d'une force f, dirigée suivant la droite AB et représentée par la loi de Newton.

Partageons le segment BB' en n parties égales et soient r et r' les distances au point A de deux divisions consécutives P et P'. On a

$$\text{en P} \quad f \quad \frac{k}{r^2}, \qquad \text{et en P'} \quad f' - \frac{k}{r'^2}.$$

Puisque les distances r et r' sont aussi voisines que l'on veut, on peut considérer la force comme constante de P en P' et égale à $\dfrac{k}{rr'}$; le travail $\Delta \mathcal{C}$, relatif au déplacement, a alors pour valeur

$$\Delta \mathcal{C} = \frac{k}{rr'}(r' - r) = k\left(\frac{1}{r} - \frac{1}{r'}\right)$$

En appliquant cette formule à toutes les divisions et faisant la somme, on obtient

$$\mathcal{C} = k\left(\frac{1}{r_0} - \frac{1}{r_1}\right)$$

Or cette quantité est égale à la variation de la fonction

$$V = -\frac{k}{r} + \text{constante},$$

lorsque r varie de r_0 à r_1; la fonction V est *le potentiel de la force* !

52!. Force vive et puissance vive. — 1° *Cas d'un point matériel.* On appelle *force vive* d'un point matériel, à l'instant t, le produit de la masse de ce point par le carré de la vitesse qu'il a acquise à cet instant.

Si m est la masse du point, V sa vitesse à l'instant t, et si l'on désigne la force vive par W, on aura, par définition,

$$W = mV^2.$$

Ordinairement, c'est la moitié de ce produit qui entre dans les formules de la mécanique : c'est pourquoi l'on donne quelquefois au produit $\frac{1}{2} mV^2$ un nom particulier, celui de *puissance vive.*

2° *Cas d'un système.* — On appelle *force vive* d'un système de points matériels *la somme des forces vives des différents points qui composent le système.* Cette quantité est donc une somme de produits analogues à mV^2. On a

$$W = \Sigma\, mV^2.$$

Il n'y a pas d'autre relation entre la somme des forces vives des points du système et la force vive de chaque point que celle qui résulte de la définition.

Par suite, la *puissance vive* du système a pour expression

$$\frac{1}{2} W = \frac{1}{2}\Sigma\, mV^2.$$

522 Expression algébrique de la force vive — Moments d'inertie —
La fonction $\Sigma\,(mV^2)$, qui exprime la force vive d'un système, est plus ou moins
compliquée, suivant les cas. On peut la repré-
senter d'une manière fort simple dans le cas
particulier où le système est un corps de
figure invariable, animé d'un mouvement de
rotation autour d'un axe fixe ou d'un mouvement de translation.

1° *Cas d'un mouvement de rotation.* —
Soit OX l'axe de rotation, M un point du
corps, situé à une distance $MP = r$ de l'axe
(fig. 322), et ω la vitesse angulaire à l'instant t.

La vitesse V du point M, à l'instant considéré, sera $V = r\omega$, et sa force vive sera donc
$mr^2\omega^2$. Pour un autre point M', elle sera
$m'r'^2\omega^2$, et ainsi de suite pour tous les autres. On aura donc pour la force vive
du système à l'instant t

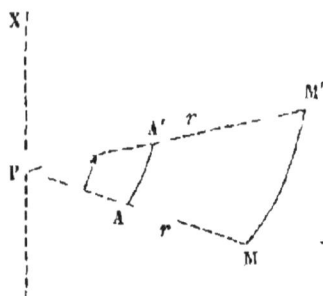

$$\Sigma\,(mV^2) - \Sigma\,(mr^2\omega^2) = W,$$

ou bien, comme ω est le même pour tous les points,

$$W = \omega^2\,\Sigma mr^2.$$

La force vive du système se présente donc ici comme le produit de deux
facteurs ω^2 et Σmr^2. Le premier est le carré de la vitesse angulaire du corps
à l'instant t; c'est un coefficient constant, lorsque le mouvement de rotation
est uniforme.

Le deuxième facteur est indépendant de la vitesse angulaire et dépend de la
distribution des masses et de la position de l'axe de rotation et, pour un corps
homogène, c'est un coefficient géométrique : on l'appelle *moment d'inertie du
corps* par rapport à l'axe considéré.

On peut le calculer aisément dans le cas d'un corps homogène ayant une
figure géométrique (parallélépipède, rectangle, sphère, cylindre, etc.).

2° *Cas d'un mouvement de translation.* — On a, par définition,

$$W = \Sigma\,mV^2;$$

or, V étant la vitesse commune à tous les points, on peut écrire

$$W = V^2\,\Sigma m = MV^2,$$

M désignant la somme des masses des points constituants du système.

323. Théorème du travail et des forces vives.   I. *Cas d'un
point matériel.* — Le travail effectué par une
force pour amener un point matériel d'une
position à une autre sur sa trajectoire est égal
à la variation de puissance vive qu'a subie le
point matériel pendant ce déplacement.*

Soient m la masse du point matériel, M sa
position initiale et V_0 sa vitesse initiale, N sa
position finale et V sa vitesse finale (fig. 323). La variation de puis-

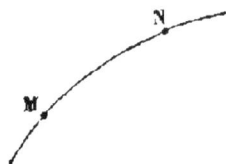

sance vive est égale $\frac{1}{2} m V^2$ $\frac{1}{2} m V_0^2$. Si $\mathfrak{C}$ désigne le travail accompli par la force pour le déplacement MN, le théorème s'exprime par l'équation

$$\mathfrak{C} = \frac{1}{2} m (V^2 - V_0^2).$$

En voici la démonstration.

1° *Cas d'une force constante agissant dans la direction et dans le sens du déplacement* (fig. 324). — On sait qu'alors le mouvement du point matériel est rectiligne et uniformément accéléré. La vitesse en N, au bout du temps θ, est

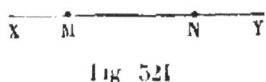

Fig 524

[1] $V = V_0 + \gamma \theta,$

et l'espace parcouru est

[2] $MN = e = V_0 \theta + \frac{1}{2} \gamma \theta^2.$

Élevons au carré l'équation [1], il vient

$$V^2 = V_0^2 + \gamma^2 \theta^2 + 2 V_0 \gamma \theta,$$

d'où

$$(V^2 - V_0^2) = \gamma^2 \theta^2 + 2 V_0 \gamma \theta - 2\gamma \left(V_0 \theta + \frac{1}{2} \gamma \theta^2 \right).$$

Or la parenthèse est égale a e. En remplaçant et en multipliant les deux membres par m, il vient

$$\frac{1}{2} m (V^2 - V_0^2) - m\gamma \times e = F.e - \mathfrak{C}.$$

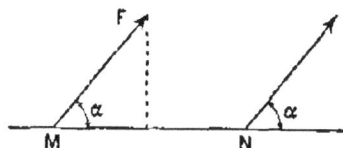

Fig 525

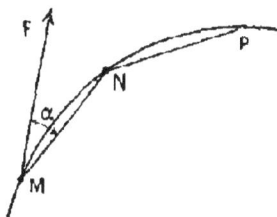

Fig 526

2° *Cas d'une force constante inclinée sur la direction du déplacement*
On peut décomposer la force en deux composantes (fig 525), l'une, F sin α,

perpendiculaire au déplacement, et l'autre, F cos α, parallèle à cette direction
Le travail total se réduit au travail de cette dernière On a alors, d'après le
théorème précédent,

$$\mathcal{T} = F \cos \alpha \ MN \quad \frac{1}{2} m (V^2 - V_0^2);$$

3° *Cas d'une force constante et d'un déplacement curviligne.* — En décomposant le déplacement curviligne donné (fig 326) en déplacements rectilignes
tels que MN, NP, , on aura pour chacun d'eux

$$\Delta \mathcal{T} = \frac{1}{2} m (V_N^2 \quad V_M^2),$$

$$\Delta \mathcal{T}' \quad \frac{1}{2} m (V_P^2 - V_N^2),$$

d'où, en faisant la somme et supposant les points intermédiaires infiniment
rapprochés,

$$\mathcal{T} = \frac{1}{2} m (V^2 - V_0^2)$$

4° *Cas d'une force variable*   Pendant chacun des déplacements successifs,
infinitésimaux, on peut supposer la force invariable dans ses éléments . on re
tombe alors sur le cas précédent.

5° *Cas d'un nombre quelconque de forces.* — Si le point est sollicité par
plusieurs forces, le théorème subsiste, puisqu'on peut les remplacer par leur
résultante et que le travail de la résultante est égal à la somme des travaux
des composantes.

II. *Cas d'un système.* — *Équation générale des forces vives.* —
Le théorème s'applique enfin au cas tout à fait général d'un système de points matériels se déplaçant d'une manière quelconque
sous l'influence d'un système de forces quelconques, car il s'applique à chaque point pris isolément, si on a soin de faire agir
sur chacun d'eux, en même temps que les *forces extérieures*,
celles qui proviennent d'actions mutuelles des points du système
et que nous avons appelées *forces intérieures*. On peut l'énoncer
comme il suit :

*La somme des travaux de toutes les forces qui agissent sur les
différents points d'un système matériel, pendant un intervalle de
temps déterminé, est égale à la demi-somme des variations de force
vive de tous ces points.*

Ce théorème s'exprime par l'équation

$$\Sigma \mathcal{T} = \Sigma \left(\frac{mV^2 - mV_0^2}{2} \right).$$

où *m* représente la masse de l'un quelconque des points matériels,
V et V_0 ses vitesses à la fin et au commencement du déplacement,
et $\mathcal{T}$ le travail de la force qui a produit le déplacement. C'est ce
qu'on appelle l'*équation générale des forces vives.*

524. Transformation du travail en force vive et de la force vive en travail — Entre le travail mécanique et la force vive il existe en outre un rapport naturel de transformation réciproque. Supposons, qu'un boulet en fonte, de masse M, soit lancé horizontalement par un canon contre un obstacle, par exemple un massif de maçonnerie. L'agent moteur, dans ce cas, est la détente d'une masse gazeuse élevée à une haute température. Représentons par F son intensité moyenne pendant la durée de son action, c'est-à-dire pendant le temps que met le boulet pour aller de l'âme à la bouche du canon : si L est le chemin parcouru, le travail dépensé par la force sera FL.

Le boulet sort du canon et commence à parcourir sa trajectoire extérieure avec une vitesse initiale V, qui est déterminée par l'équation des forces vives

$$\frac{1}{2} MV^2 = FL.$$

Le travail de l'agent moteur s'est donc transformé en la puissance vive initiale du boulet : il s'y retrouve tout entier.

Négligeons la résistance de l'air traversé et l'attraction de la pesanteur : le boulet arrive alors, avec cette même quantité de force vive, au contact de l'obstacle qu'il doit détruire. L'obstacle lui oppose une résistance qu'on peut évaluer en unités de force : soit F' sa valeur. Le boulet surmonte cette résistance et pénètre dans le massif jusqu'à ce que sa vitesse soit anéantie. Il s'arrête alors à une profondeur L', qui est déterminée par l'équation des forces vives

$$F'L' = \frac{1}{2} MV^2,$$

en négligeant toute autre transformation que celle de la force vive MV² dans le travail de pénétration F'L'.

325. Énergie actuelle, Énergie potentielle et Énergie totale. — 1° *Énergie actuelle.* — On voit donc que cette qualité des corps en mouvement, à savoir *l'aptitude à vaincre les résistances*, est mesurée soit par le produit FL, soit par le produit $\frac{1}{2} MV^2$, de même qu'elle peut se manifester tour à tour comme *travail* ou comme *force vive*[1]. C'est cette aptitude qui est proprement appelée *énergie*.

---

1 Von Jouffret, *Introduction à la théorie de l'énergie.*

Pendant qu'elle se manifeste sous l'une ou sous l'autre forme, on lui donne souvent un nom unique, celui d'*énergie actuelle*, ou *énergie de mouvement*. On dit encore, dans le même sens, *énergie cinétique* ou *énergie dynamique*.

2° *Énergie potentielle.* — L'énergie peut ne se manifester sous aucune de ces deux formes mécaniques, et n'en exister pas moins dans le corps, en quelque sorte à *l'état latent*.

Par exemple, le système matériel constitué par la Terre d'une part et de l'autre par une pierre de poids P, qui serait immobile *sur un appui de hauteur* h, n'est pas du tout dans les mêmes conditions, au point de vue de l'énergie, que le même système où la pierre serait immobile *sur le sol*. En effet, si, dans le premier cas, nous supprimons l'appui, de manière à laisser tomber la pierre, elle acquerra, par le seul fait de sa chute, une énergie actuelle qui ira en croissant, et qui atteindra la valeur P*h* au moment où elle touchera le sol. Par conséquent, dans sa position initiale, le système, tout immobile qu'il était, possédait, *en puissance*, l'énergie qui s'est ensuite manifestée dans sa chute. C'est à cette sorte d'énergie qu'on a donné le nom d'*énergie potentielle* ou *énergie de position*.

De même, lorsqu'on remonte une montre, on dépense une certaine quantité d'énergie qui s'emmagasine dans le ressort, sous la forme d'*énergie de position*, et qui se retransformera lentement en *énergie dynamique*, à mesure que le ressort mettra les rouages en mouvement.

3° *Énergie totale.* — La quantité d'énergie de position que possède le ressort de montre, à un instant donné, dépend de la quantité d'énergie dynamique qu'on y a emmagasinée en le remontant. Si l'on n'a donné que deux ou trois tours de clef, le ressort n'aura pas acquis toute l'énergie potentielle dont il est susceptible, et il ne pourra pas créer, par sa détente, assez d'énergie dynamique pour faire parcourir aux aiguilles leur course complète sur le cadran. Mais, si l'on a donné au ressort son degré de tension maximum, il produira, en se détendant, toute l'énergie qu'il est capable d'emmagasiner d'abord, sous la forme potentielle, et puis de restituer, sous la forme dynamique : c'est ce qu'on appelle l'*énergie totale* du ressort.

On voit que c'est l'énergie *qu'il est capable soit d'emmagasiner en passant de la limite extrême de détente à la limite extrême de tension, soit de restituer en repassant, au contraire, de l'état de tension maximum à celui de détente complète.*

326. Principe de la conservation de l'énergie. — Soient P le poids, M la masse d'un corps pesant. S'il tombe de la hauteur *h*, il acquerra une ~~force~~ *puissance* vive $\frac{1}{2}$ MV² déterminée par l'équation des forces vives, en même temps que son énergie potentielle diminuera de la quantité équivalente *Ph*. Inversement, lorsqu'un corps pesant s'élèvera suivant la verticale, son énergie potentielle s'accroîtra en même temps que son énergie dynamique diminuera de la quantité équivalente. Il s'établit donc une compensation exacte entre ces deux sortes d'énergies, de manière que leur somme, qui est l'énergie totale du corps, reste invariable. C'est dans ce fait que consiste le *principe de la conservation de l'énergie mécanique* : nous l'avons énoncé précédemment sous le nom de *théorème des forces vives* et nous l'avons exprimé par l'*équation des forces vives*.

Cette équation, sous la forme la plus générale, peut s'écrire

$$\sum \frac{mV_t^2}{2} - \sum \frac{mV_0^2}{2} = \Sigma(\mathfrak{C}) - \mathfrak{C}_e + \mathfrak{C}_i,$$

en désignant par V_0 et V_t la vitesse initiale et la vitesse finale, par $\mathfrak{C}_e$ le travail des forces extérieures et par $\mathfrak{C}_i$ celui des forces intérieures.

REMARQUES — 1° Si le système est isolé, le $\mathfrak{C}_e$ des forces extérieures est nul, par définition; et si les forces intérieures admettent un potentiel U, on aura $\mathfrak{C}_i = U_t - U_0$ L'équation générale pourra donc écrire

$$\sum \frac{mV_t^2}{2} - \sum \frac{mV_0^2}{2} = U_t - U_0,$$

d'où

$$\left(\sum \frac{mV_t^2}{2} - U_t\right) - \left(\sum \frac{mV_0^2}{2} - U_0\right) = 0$$

Comme chaque parenthèse représente l'énergie totale du système, l'une initiale et l'autre finale, l'équation exprime que l'énergie totale reste constante quelle que soit la transformation : le seul phénomène qui puisse se produire, c'est la réversibilité de l'énergie potentielle en énergie cinétique

2° L'énergie peut prendre d'autres formes que la forme mécanique immédiate, par exemple la forme calorifique, la forme électrique, etc On sait en particulier que la chaleur est transformée en travail mécanique,d'après le *principe de l'équivalence*[1]. ~~Or~~ *et inversement* l'expérience montre que

1 Le *Principe de l'équivalence de la chaleur et du travail* consiste dans la généralisation de ce fait que la production d'une *quantité déterminée* de travail, dans un moteur thermique, exige la destruction d'une *quantité déterminée* de chaleur Le rapport constant qui existe entre le travail produit et la chaleur dépensée s'appelle *Équivalent mécanique de la calorie* Il est égal à 4,18 10⁷ *ergs* (ou 4,18 *joules*) pour 1 *calorie-gramme-degré*

Dans un système isolé, l'énergie totale reste constante, à la condition qu'on tienne compte de chaque forme de l'énergie.

C'est sous cette forme générale qu'on énonce et qu'on applique, en Physique, le *principe de la conservation de l'énergie*. Ce principe est le fondement de la Physique moderne, comme le *principe de la conservation de la matière* est le fondement de la Chimie moderne.

527. Unités d'énergie. — Le travail et la force vive étant deux formes différentes d'une même grandeur, l'énergie, il est naturel de les évaluer au moyen de la même unité.

1º *Kilogrammètre.* C'est le produit Ph, c'est-à-dire l'expression du travail de la pesanteur, qui a d'abord servi à définir l'unité d'énergie. On a pris le travail correspondant à un poids de 1 kilogramme qui déplacerait son point d'application de 1 mètre dans sa propre direction, et on l'a appelé *kilogrammètre.* Telle est l'unité *vulgaire* d'énergie, c'est-à-dire l'unité qui correspond aux unités du *système métrique.*

2º *Erg.* Dans le *Système des unités absolues*, dit *Système C G.S.*, on adopte une autre unité d'énergie, qu'on appelle l'*erg* : elle vaut environ un cent millionième de kilogrammètre. C'est le travail d'une dyne déplaçant son point d'application d'un centimètre dans sa propre direction.

3º *Joule.* — On emploie souvent une unité *pratique* qui vaut 10^7 ergs, et que l'on nomme le *joule*.

528. Unités de puissance. — La définition de l'unité d'énergie est complètement indépendante du temps, parce que le travail ne dépend absolument que de l'intensité de la force et du déplacement de son point d'application. Mais dans l'industrie, où l'on doit tenir compte du temps, on définit un autre coefficient relatif à l'énergie, qui dépend du temps : c'est la *puissance*.

On appelle *puissance* d'un moteur la quantité de travail ou d'énergie qu'il fournit dans 1 seconde.

1º *Cheval-vapeur.* L'unité vulgaire de puissance se nomme, en France, *cheval-vapeur* : c'est *le travail de 75 kilogrammètres effectués en 1 seconde.* Cette unité, choisie par Watt, équivaut sensiblement à la puissance de 3 chevaux de trait, ou à celle de 7 hommes de peine.

2º *Horse-power.* — En Angleterre, l'unité vulgaire de puissance s'appelle *horse-power*; elle n'a pas tout à fait la même valeur que le cheval-vapeur : elle est de 75,9 kilogrammètres par seconde [1].

---

[1] *Poncelet* — Le Congrès international de *Mécanique appliquée* a adopté, en 1889, une nouvelle unité de puissance, le *poncelet*, qui vaut 100 kilogrammètres par seconde. Cette unité a une valeur sensiblement égale au *kilowatt* (0,981 kilowatt, exactement). D'autre part, le poncelet, étant formé dans le système décimal, présente tous les avantages de ce système de numération.

3° *Unité pratique C. G. S. : Watt.* — Si un moteur débite un joule par seconde, il possède une puissance de 1 watt. Une puissance de cent, de mille watts se nomme hecto-watt et kilo-watt.

329. Applications de la force vive.   Volants. — Les avantages de la régularité, dans la marche d'une machine quelconque, sont évidents : pas de chocs, pas de fatigue pour les organes, régularité absolue dans le travail. Malheureusement il est impossible de le réaliser, car dans toutes les machines la force motrice n'agit que par à-coups (coups de pistons, efforts musculaires, etc.). Il faut donc non seulement transformer en mouvement circulaire le mouvement rectiligne alternatif qui provient de ces à-coups, mais encore *régulariser* ce mouvement circulaire. C'est pour cela qu'on cale sur l'axe de rotation de la machine une grande roue très lourde appelée *volant* (fig. 299 et 300). Le volant a pour effet de resserrer les limites entre lesquelles peut varier la vitesse de la machine suivant que la puissance l'emportera sur la résistance ou inversement.

Admettons en effet que toute la masse M d'un volant de rayon R soit concentrée sur sa circonférence, et désignons par T la plus grande variation *admise* entre le travail moteur et travail résistant. Soit

$$[1] \qquad\qquad T = \mathcal{C}_m - \mathcal{C}_r.$$

On peut déduire de l'écart T la différence entre les deux vitesses angulaires extrêmes, maxima et minima, ω' et ω''. Soit ω la vitesse de régime normal, on a

$$[2] \qquad\qquad \omega = \frac{\omega' + \omega''}{2};$$

on aura donc, en appliquant le théorème du travail et des forces vives,

$$T = \tfrac{1}{2} MR^2 \omega'^2 - \tfrac{1}{2} MR^2 \omega''^2 = \tfrac{1}{2} MR^2 (\omega'^2 - \omega''^2)$$
$$= \tfrac{1}{2} MR^2 (\omega' - \omega'')(\omega' + \omega''),$$

d'où

$$\omega' - \omega'' = \frac{2T}{MR^2 (\omega' + \omega'')} = \frac{T}{MR^2 \omega}.$$

Par conséquent, un volant sera d'autant plus efficace pour atténuer les variations de vitesse dues aux variations du travail résistant, *qu'il aura une plus grande vitesse angulaire et un plus grand moment d'inertie* MR^2. Pour ce dernier point, on voit qu'il y a avantage à augmenter R plutôt que M, car R entre au carré dans la formule.

330. Marteau-pilon. — Le *marteau-pilon* (fig. 527) est un marteau de tres grandes dimensions, employé dans l'industrie métallurgique pour forger de grosses pieces. Il se compose d'une lourde masse pM qui peut atteindre de 3 a 5 tonnes, guidée dans son mouvement par deux glissières BB. Cette masse ne serait pas aisément maniable, si l'on utilisait pour la soulever soit la force élastique de la vapeur, soit les actions électro magnétiques. Dans le premier cas, la tige qui la souleve est terminée par un piston P, mobile dans un corps de pompe. La vapeur d'une chaudière arrive à haute pression sous ce piston, par un tuyau D, et soulève le piston et par suite la masse du pilon. Quand le piston est au haut de sa course, un ouvrier placé sur la plateforme F fait échapper la vapeur

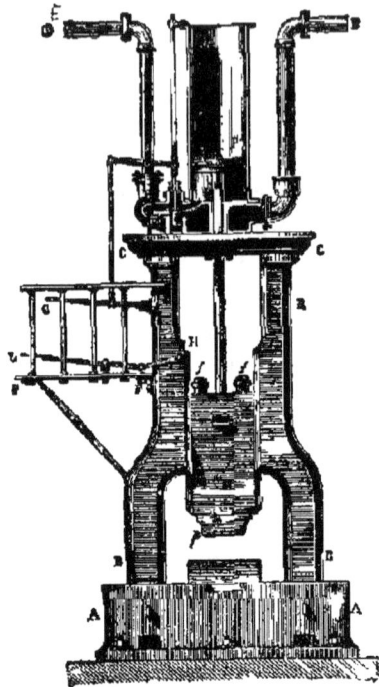

Fig. 527

par le tuyau E, en manœuvrant un levier G ; la masse retombe alors sur la pièce à forger, et effectue le travail en dépensant sa force vive.

351. Sonnette. — On appelle *sonnettes* des machines à l'aide desquelles on peut faire tomber de haut, et par suite avec une grande vitesse, des masses très lourdes, analogues à celles des marteaux-pilons. La force vive ainsi produite est utilisée pour enfoncer d'enormes pieux dans le sol, soit a terre, soit dans l'eau pour bâtir sur pilotis.

1° *Sonnette à tiraudes.* La plus simple de ces machines est la *sonnette à tiraudes* (fig. 328), qui fonctionne a mains d'ouvriers. Une corde, terminée par plusieurs cordons, va passer sur la gorge d'une poulie, installée en haut d'un solide bâti de bois, et porte une masse de fonte A, appelée *mouton*. Quand les ouvriers tirent ensemble sur les cordons, ils font monter le mouton jusqu'en haut de sa course, d'où ils le laissent retomber sur la tête du pieu B. La masse est guidée dans sa course par deux glissières ou rainures pratiquées le long des montants CC.

Fig 328

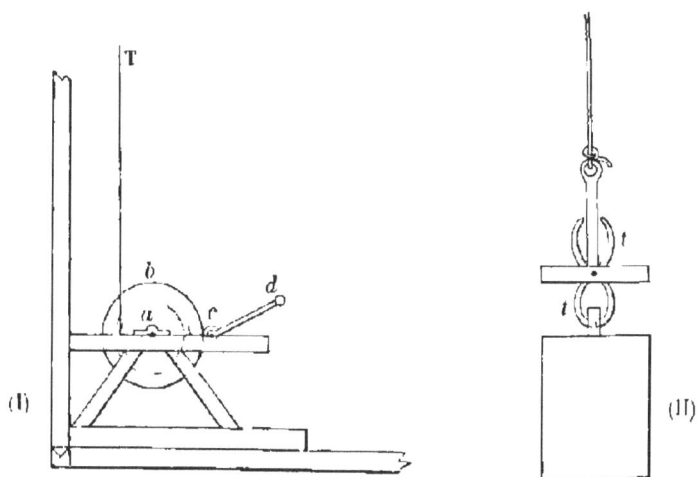

Fig 529

2° *Sonnette à déclic.* — On emploie de préférence une sonnette
dite *à déclic* où l'effort musculaire ne s'exerce que par l'intermédiaire d'un treuil a engrenages : la corde T (fig. 329. I) au
lieu de se diviser en tiraudes, s'enroule sur un treuil *a*, solidement fixé (fig. 329). Elle présente de nombreux avantages sur la
sonnette primitive, en particulier celui d'éviter l'accident qui pour
rait se produire lorsque tous les ouvriers ne lâchent en même
temps les tiraudes, de telle manière que les derniers qui tiennent
soient enlevés par le mouton. Pour cela le mouton est constitué
par deux parties distinctes : l'une *tt'* (fig. 329, II), sorte de chape a
crochet qui est directement attachée à la corde, et l'autre, qui est
la masse même du mouton, accrochée a la pince *tt'* par un mécanisme d'enclenchement. On fait monter le mouton, a l'aide du
treuil, aussi haut que le permet le bâti ; puis le déclenchement
s'opère automatiquement et la masse retombe brusquement.

352. Inflammation des capsules dans les armes a feu.
L'inflammation des capsules fulminantes par le choc dans une
arme à feu résulte encore d'une certaine quantité de force vive
détruite. Le *chien* du fusil est un marteau, mû par un ressort qui
se détend, à un instant donné, sous l'action d'une *gâchette* ou
détente actionnée par le doigt du tireur. Sa vitesse est assez
considérable pour que la force vive acquise a l'instant du choc,
étant brusquement transformée en chaleur, produise l'inflammation de la matière fulminante placée au fond de la capsule.

355. Transmission du travail dans les machines. — Le
théorème des forces vives, appliqué au fonctionnement d'une
machine, permet d'établir rigoureusement les conditions de la
transmission du travail. En effet, soient ΔW la variation de puissance vive des organes d'une machine pendant un certain temps,
$\mathcal{C}_m$ le travail des forces motrices et $\mathcal{C}_r$ le travail des forces résistantes, pris en valeur absolue, pendant le même temps ; on a

$$\Delta W \qquad \mathcal{C}_m \qquad \mathcal{C}_r$$

Cette équation exprime que *la variation de puissance vive d'une
machine pendant un temps quelconque est égale a la différence entre
le travail moteur et le travail résistant développés pendant le même
temps.*

1° *Cas d'une machine en état de mouvement uniforme.* — Si
pendant le temps *t* la machine conserve un mouvement uniforme,
la variation de puissance vive est nécessairement *nulle*.

On a donc

$$\Delta W = 0, \qquad \text{d'ou} \qquad \mathcal{C}_m \qquad \mathcal{C}_r :$$

donc, *dans une machine en marche uniforme, le travail résistant est constamment égal au travail moteur.*

2° *Cas d'une marche périodique.* — Le plus souvent la machine ne peut pas avoir une marche uniforme ; elle a simplement *une marche régulière*, c'est-à-dire qu'elle prend un mouvement *périodiquement uniforme*, dans lequel les accélérations et les ralentissements se succèdent *périodiquement*, de telle manière que les pièces de la machine, en repassant par les *mêmes positions*, y reprennent les *mêmes vitesses*. Dans ce cas, *l'égalité du travail moteur et du travail résistant* a encore lieu, pourvu que l'on considère un nombre entier de périodes.

3° *Cas d'un mouvement quelconque.* — La même conclusion s'applique également à une machine quelconque pour la durée totale de son fonctionnement, c'est-à-dire depuis l'instant de la mise en marche jusqu'à l'instant de l'arrêt.

En effet, on peut dire en général que le principe s'applique à toute période du mouvement d'une machine pendant laquelle ses pièces reprennent la même vitesse, quelles que soient les variations qu'ait subies cette vitesse dans l'intervalle : car il y a eu compensation exacte entre les excès alternatifs du travail moteur et du travail résistant qui correspondent à ces variations alternatives de vitesse. Cela aura lieu de même pour l'intervalle compris entre l'état initial de repos et l'état final de repos.

554. Impossibilité du mouvement perpétuel. — Il y a lieu de remarquer qu'il faut tenir compte, dans l'évaluation du travail résistant, de toutes les forces intérieures et extérieures qui s'opposent au mouvement de la machine. Soit $\mathfrak{C}_u$ le *travail utile*, c'est-à-dire le travail des résistances qui correspondent à l'ouvrage qu'elle doit produire. et $\mathfrak{C}_i$ le *travail inutile*, c'est-à-dire le travail des résistances passives (frottement, chocs, vibrations), qui est inutile au point de vue de l'ouvrage à produire. On a

$$\mathfrak{C}_r = \mathfrak{C}_u + \mathfrak{C}_i \quad \text{et par suite} \quad \Delta W = \mathfrak{C}_m - \mathfrak{C}_u \cdot \mathfrak{C}_i,$$

pour un intervalle de temps tel que l'on ait $\Delta W = 0$; on déduit de la

$$\mathfrak{C}_u = \mathfrak{C}_m - \mathfrak{C}_i :$$

c'est-à-dire que *le travail utile est toujours plus petit que le travail moteur.*

Il est dès lors évident qu'il est impossible d'établir une machine qui fournisse du travail sans en recevoir au moins autant : c'est en ce fait que consiste l'impossibilité et l'absurdité du *mouvement perpétuel*[1].

555. Rendement d'une machine. — On appelle *rendement* d'une machine le rapport du travail utile $\mathfrak{C}_u$ produit par la machine au travail moteur $\mathfrak{C}_m$ correspondant qui lui a été fourni. On a donc

$$\mathfrak{R} = \frac{\mathfrak{C}_u}{\mathfrak{C}_m}.$$

Comme on a

$$\mathfrak{C}_u - \mathfrak{C}_m - \mathfrak{C}_r \quad \text{il en résulte} \quad \frac{\mathfrak{C}_u}{\mathfrak{C}_m} = 1 - \frac{\mathfrak{C}_r}{\mathfrak{C}_m} = \mathfrak{R}.$$

Le rendement est donc toujours inférieur à l'unité : il varie, dans les bonnes machines, de 0,60 à 0,80

556. Transmission du travail dans les machines simples. — Dans les *machines simples*, la transmission du travail satisfait à la condition de l'égalité du travail moteur et du travail résistant, pourvu qu'elles fonctionnent d'une manière *réversible*, c'est-à-dire dans des conditions telles qu'*il y ait équilibre à chaque instant entre la puissance et la résistance.* Nous allons le démontrer individuellement pour les machines les plus usuelles.

557. Transmission du travail dans le plan incliné. — Considérons la

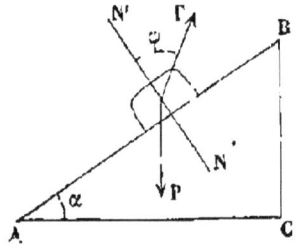

Fig 350

section droite ABC d'un plan incliné (fig. 350). Soient AB = *l*, BC *h* et F la force motrice, qui n'est pas forcément parallèle à ce plan ; le corps de poids P est supposé parcourir tout le plan, de bas en haut.

Le travail moteur de la force F, c'est le produit du déplacement *l* par la projection F sin φ de la force sur le déplacement. Le travail résistant est celui du poids P, c'est-à-dire le produit du déplacement par la projection P sin α du poids sur le déplacement. Or, en supposant que le plan incliné fonctionne d'une manière réversible, on a, à chaque instant,

$$\text{F sin } \varphi = \text{P sin } \alpha ;$$

[1] Rappelons ici que la recherche du mouvement perpétuel ne consiste pas dans la recherche d'une machine ou d'un corps qui sont *perpétuellement en mouvement*, mais dans la recherche d'une machine qui puisse fonctionner et produire du travail sans l'intervention d'aucun agent extérieur (moteur animé ou autre), c'est-à-dire d'une machine qui serait à elle-même son propre moteur On voit que l'énoncé même du problème est absurde.

d'où

$$Fl \sin \varphi - Pl \sin \alpha \qquad \text{ou bien} \qquad \mathcal{C}_m - \mathcal{C}_r.$$

REMARQUE. — On a, en outre, $l \sin \alpha - h$. On pourra donc écrire l'équation

$$Fl \sin \varphi = Ph.$$

Cela prouve que *le travail dépensé est le même que si l'on avait élevé le corps verticalement de la hauteur* h

358. Transmission du travail dans le levier. — Considérons, par exemple, un *levier du 1er genre* AB (fig. 551). Ici les points d'application des forces décrivent des arcs de cercle

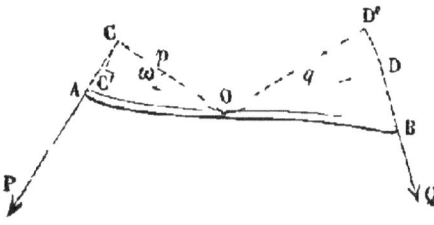

Fig 551

ayant le point d'appui pour centre. Pour des angles ω très petits, les déplacements sont sensiblement rectilignes, et l'on peut considérer les forces comme constantes en grandeur et en direction. On a

Pour le travail moteur élémentaire, $t_m - P \times CC'$,
Pour le travail résistant élémentaire, $t_r = Q \times DD'$,

la condition d'équilibre est

$$\frac{P}{Q} = \frac{q}{p};$$

mais comme les arcs CC′ et DD′ sont proportionnels aux rayons p et q (bras du levier), on peut écrire

$$\frac{P}{Q} = \frac{DD'}{CC'} \quad \text{ou} \quad P \times CC' = Q \times DD' \text{ ou } t_m - t_r.$$

Pour un déplacement fini, on a de même

$$\Sigma t_m = \Sigma t_r \quad \text{ou} \quad T_m - T_r.$$

359. Transmission du travail dans les poulies 1° *Poulie fixe.* Soient C le point d'application de la puissance P (fig. 552) et D le point d'application de la résistance Q.

Quand le point C parcourt le chemin CC′, D parcourt un chemin égal DD′.

On a évidemment

$$T_m \quad P \times CC' \quad \text{avec} \quad T_r = Q \times DD'$$

D'autre part, la condition d'équilibre est $P - Q$.

Multiplions les deux membres de cette égalité par CC' ou par son égal DD', il vient

$$P \times CC' - Q \times DD' \quad \text{ou} \quad T_m = T_r.$$

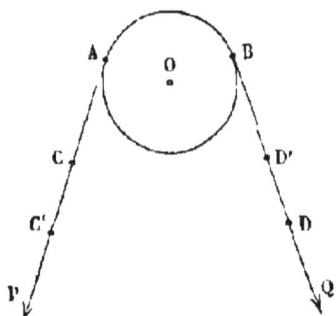

2° *Poulie mobile.* — Nous nous restreindrons au cas où les cordons sont verticaux. Soit C le point d'attache du cordon (fig. 33$). Le point d'application D de la puissance P parcourt DD', lorsque le centre de la poulie s'élève de OO'. La distance DA a augmenté de AA', le cordon CB a diminué de BB'; or le cordon a une longueur constante : on a donc

Fig 332

$$DD' \quad AA' + BB' = 2\,OO'.$$

On a, d'autre part,

$$T_m - P \times 2\overline{OO'} \quad \text{avec} \quad T_r - Q \times \overline{OO'}.$$

Or on a vu que la condition d'équilibre est $Q = 2P$.

En multipliant les deux membres par OO', il vient

$$P \times 2\overline{OO'} \quad Q \times \overline{OO'} \quad \text{ou} \quad T_m = T_r.$$

540. Transmission du travail dans le treuil.

Les forces P et Q (fig. 554) agissent aux extrémités des *bras du levier* AO et OB. Si le treuil tourne d'un angle ω, le point A vient en A' et B vient en B'.

On a donc

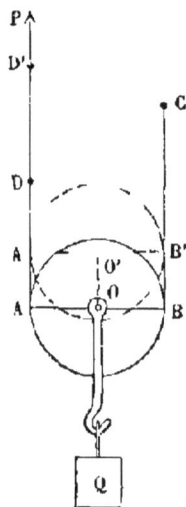

Fig 533.

$$\mathcal{C}_m - P \times \overline{CC'} \quad \text{avec} \quad \mathcal{C}_r - Q \times \overline{DD'};$$

et l'on a

[1]
$$\begin{cases} \overline{CC'} = \text{arc } AA' = R\omega, \\ \overline{DD'} = \text{arc } BB' = r\omega; \end{cases}$$

or la condition d'équilibre du treuil est

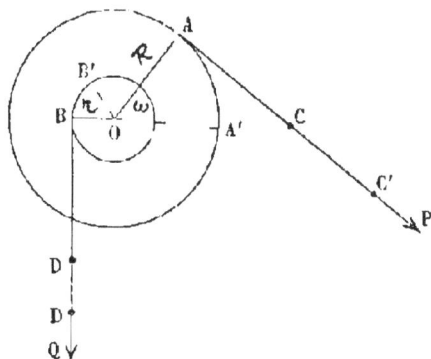

Fig 354

$$\frac{P}{Q} = \frac{r}{R};$$

en y remplaçant r et R par les grandeurs proportionnelles DD' et CC', elle devient

$$\frac{P}{Q} = \frac{DD'}{CC'};$$

d'où

$$P \times \overline{CC'} = Q \times \overline{DD'}.$$

ou $Tm = Tr$.

CHAPITRE III

PRINCIPE DES TRAVAUX VIRTUELS ET APPLICATIONS.

341. Définitions. — 1° *Déplacement virtuel d'un point.* Lorsqu'un point M, libre ou gêné, suit, sous l'action des forces F qui le sollicitent, une certaine trajectoire MM″ (fig. 355), son déplacement sur MM″ est son *déplacement reel*; mais on peut *imaginer* pour ce même point un autre déplacement, tel que MM′, qui soit compatible avec les liaisons du point : on le nomme, pour le distinguer du premier, *déplacement virtuel.*

2° *Travail virtuel.* — Le travail qu'effectuerait l'une quelconque des forces F, si l'on réalisait le déplacement virtuel MM′, se nomme *travail virtuel* de la force. Il a pour expression

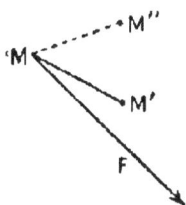

Fig 355.

$$\Delta \mathcal{C} = F \times MM' \times \cos (F,MM').$$

3° *Forces données et forces de liaison.* Considérons un système de points assujettis à des liaisons quelconques mais *exemptes de frottement*. On peut diviser les forces agissantes en deux catégories : 1° les *forces données* qui sont réellement appli quées au système; 2° les forces dites *de liaison*, qui résultent de la manière dont les divers points du système sont *solidaires*.

342. Énoncés du principe et de sa réciproque. — Le principe des travaux virtuels est relatif à l'équilibre d'un système de points matériels soumis à ces deux catégories de forces, forces données et forces de liaison. On peut l'énoncer comme il suit :

La condition nécessaire et suffisante de l'équilibre d'un système est que, pour tout déplacement virtuel de ce système, compatible avec les liaisons, la somme des travaux virtuels des forces données soit nulle.

Ce principe, déjà utilisé par Galilée, présente le précieux avantage de pouvoir se traduire en *une formule générale qui renferme tous les problèmes que l'on peut se proposer sur l'équilibre des systèmes.*

Le principe réciproque est également vrai ; on l'énonce comme il suit :

Réciproque. — *Si le travail des forces données est nul pour tout déplacement compatible avec les liaisons, le système est en équilibre.*

343 Démonstration du principe. — 1° *Lemme préliminaire* — On peut, après avoir étudié successivement les divers modes de liaisons simples qui sont combinées dans les diverses machines, énoncer la proposition suivante

Pour tout déplacement virtuel, compatible avec les liaisons, d'un système de points matériels, la somme de travaux virtuels dus aux forces de liaison est nulle, à la condition qu'il n'y ait pas de frottement dans le système

Examinons, en effet, les forces qui équivalent à des liaisons simples. On remarquera que, s'il s'agit d'un point entièrement libre, la force de liaison est nulle il en est par suite de même du travail virtuel qui lui est relatif

Si le point est assujetti à se déplacer sans frottement sur une surface ou sur une ligne, la force de liaison est normale au déplacement et, par suite, le travail virtuel compatible avec la liaison est nul

S'il s'agit d'un corps solide entièrement libre, les forces de liaison donnent encore lieu à un travail virtuel nul, puisque les différents points du système restent à des distances invariables.

Si le corps solide est assujetti à tourner autour d'un point fixe ou d'un axe fixe, les nouvelles forces de liaison donnent encore lieu à des travaux virtuels compatibles nuls, puisque leurs points d'application restent fixes

On arriverait à la même conclusion en examinant le cas d'une surface liée à un corps solide et assujettie à glisser sans frottement sur une surface fixe, à rouler sans glissement sur cette surface fixe, etc.

En conséquence, pour tout déplacement compatible avec les liaisons, le travail total se réduit au travail des forces données

2° *Principe.* — Considérons un système de points matériels *rendus libres* par l'introduction des forces de liaison Représentons par F la résultante des forces données et par F' celle des forces de liaison appliquées à l'un quelconque des points du système Si le système est en équilibre, chacun des points est en équilibre sous l'action des forces F et F' et, par suite, à un déplacement virtuel arbitraire de chacun des points correspond un travail nul, car la résultante de F et F' est nulle. Si ce déplacement arbitraire *est compatible avec les liaisons*, le travail de la force F' est nul et, comme le travail total est nul, il en est de même du travail des forces données.

3° *Réciproque.* — En effet, si le système n'était pas en équilibre, il se mettrait en mouvement en satisfaisant aux liaisons. La force vive du système augmenterait alors, ce qui exigerait que la somme des travaux des forces appliquées au système et des forces de liaison fût positive. Or le travail des forces de liaison est nul; on serait donc conduit, en supposant qu'il n'y a pas équilibre, à attribuer une valeur positive au travail des forces données, ce qui est contraire à l'hypothèse.

344. Expression des conditions d'équilibre d'un système. — Il résulte du théorème précédent qu'on obtiendra les conditions nécessaires et suffisantes de l'équilibre d'un système *en cherchant les conditions indépendantes qui expriment que pour tout déplacement virtuel du système, compatible avec ses liaisons, le travail des forces données est nul.* Nous allons en faire l'application à quelques cas.

1° *Cas d'un solide libre* — S'il s'agit, par exemple, d'un corps solide entièrement libre, on pourra lui donner virtuellement des mouvements de translation et de rotation.

En exprimant que ces déplacements, suivant les axes (translation) ou autour des axes de coordonnées (rotation), correspondent, pour les forces données, à des travaux nuls, on retrouve les six conditions d'équilibre établies en statique:

[1] $$\Sigma X = 0 \qquad \Sigma Y = 0 \qquad \Sigma Z = 0$$

[2] $$\Sigma(zY - yX) = 0 \qquad \Sigma(yZ - zY) = 0 \qquad \Sigma(zX - xZ) = 0$$

Ces conditions étant satisfaites, tout autre mouvement d'ensemble des points du solide donne lieu à un travail nul; donc les six conditions qui sont nécessaires sont aussi suffisantes.

2° *Cas d'un solide pouvant glisser le long d'un axe* — Si le corps, au lieu d'être entièrement libre, était assujetti à glisser le long d'un axe, l'axe Ox par exemple, les translations suivant Oy et Oz et les rotations ne se trouveraient plus compatibles avec les liaisons, et les six conditions d'équilibre se réduiraient à une seule, à savoir

$$\Sigma X = 0$$

3° *Cas d'un solide pouvant tourner autour d'un axe* — Si le corps solide était assujetti à tourner autour de l'axe Ox, les six conditions d'équilibre se réduiraient à la suivante

$$\Sigma(yZ - zY) = 0$$

REMARQUE. — Dans ces deux derniers cas le système est dit à *liaison complète*, parce que tous les points se trouvent fixes en même temps par la valeur d'un paramètre unique: grandeur de la translation (1er cas), ou angle de rotation (2e cas).

345. Conditions d'équilibre d'une machine simple quelconque. — Le principe des travaux virtuels, appliqué aux machines, qui sont des systèmes à liaisons complètes, permet d'obtenir aisément leurs conditions d'équilibre.

1° *Équation d'équilibre.* — On doit avoir $\mathfrak{C} = 0$ pour tout déplacement virtuel compatible avec les liaisons; ou, si l'on veut spécifier le travail moteur et le travail résistant,

$$\mathcal{C}_m - \mathcal{C}_r = 0 \quad \text{ou} \quad \mathcal{C}_m \quad \mathcal{C}_r.$$

2° *Conséquences* — Soient P la puissance et R la résistance, π et ρ leurs déplacements, on a

$$\mathcal{C}_m = P \times \pi, \qquad \mathcal{C}_r = R \times \rho;$$

donc

$$\frac{P}{R} = \frac{\rho}{\pi}.$$

Il suit de là que

Les chemins parcourus par les points d'application de la puissance et de la résistance sont en raison inverse des intensités de ces forces, en supposant qu'elles se fassent équilibre sur la machine considérée.

Si donc la force P est *n* fois plus petite que la force R, le déplacement π de P sera *n* fois plus grand que celui de R. On exprime quelquefois ce résultat en disant

Ce que l'on gagne en puissance dans une machine, on le perd en déplacement.

Si l'on remarque que les déplacements π et ρ ont la même durée, on peut écrire, en désignant par v et v' les vitesses des deux déplacements,

$$\frac{P}{R} = \frac{\rho}{\pi} = \frac{v'}{v}.$$

égalité qu'exprime le fait suivant :

Ce que l'on gagne en force, on le perd en vitesse.

REMARQUE. — Si l'on peut déterminer le rapport des déplacements, on en déduira le rapport des deux forces qui se font équilibre.

5° *Application au levier* — Le travail relatif à la puissance P pour un déplacement angulaire Δ_α du levier est

$$P l \Delta_\alpha,$$

celui de la résistance Q est

$$- Q l' \Delta_\alpha;$$

d'où la condition d'équilibre

$$P l \Delta_\alpha - Q \times l' \Delta_\alpha = 0,$$

d'où

$$P l = Q l',$$

4° *Application à la poulie fixe.* — Pour une rotation Δ_α de la roue le travail de la puissance est

$$Pl\Delta\alpha,$$

celui de la résistance est

$$-Ql\Delta\alpha ;$$

d'où la condition d'équilibre

$$P = Q.$$

5° *Application à la poulie mobile à brins parallèles.* — Le travail de la puissance pour une ascension Δl est

$$P\Delta l ;$$

mais l'ascension de la poulie n'est que de $\dfrac{\Delta l}{2}$, donc le travail de la résistance est

$$-Q \, \frac{\Delta l}{2} ;$$

d'où la condition d'équilibre

$$P - \frac{Q}{2}.$$

6° *Application au treuil.* — Pour une rotation $\Delta\alpha$ de la manivelle le travail de la puissance est

$$PR\Delta\alpha,$$

celui de la résistance est

$$Qr\Delta\alpha ;$$

d'où la condition d'équilibre

$$PR = Qr$$

7° *Application à la vis* — Une rotation $\Delta\alpha$ de la vis donne lieu à un travail moteur

$$PR\Delta\alpha,$$

R étant la longueur du levier d'action ; comme la vis se déplace alors longitudinalement de

$$\frac{\Delta\alpha}{2\pi} h,$$

le travail de la résistance est

$$-Q \, \frac{\Delta\alpha}{2\pi} \, h ;$$

d'où la condition d'équilibre

$$PR = Q \cdot \frac{h}{2\pi}.$$

8° *Application à la vis sans fin* — Pour une rotation $\Delta\alpha$ de la vis le travail moteur est

$$Pl\Delta\alpha,$$

l étant la longueur du levier d'action. Si h est le pas de l'hélice, le déplacement longitudinal du profil est

$$\frac{h}{2\pi} \, \Delta\alpha$$

et il correspond a un angle de rotation α' de la roue déterminé par la condition

$$r\Delta\alpha' = h \; \frac{\Delta\alpha}{2\pi} \; ;$$

si r' est le rayon de l'arbre sur lequel agit la résistance Q, la résistance Q se déplace de

$$r'\Delta\alpha' \quad \text{ou} \quad r'\frac{h}{r} \cdot \frac{\Delta\alpha}{2\pi} :$$

d'où le travail résistant

$$-Q\frac{r'}{r} h \; \frac{\Delta\alpha}{2\pi}.$$

La condition d'équilibre de la vis sans fin est donc

$$Pl - Q\frac{r'}{r}\frac{h}{2\pi}$$

ou

$$\frac{P}{Q} = \frac{h}{2\pi l} \cdot \frac{r'}{r}.$$

Le rapport des vitesses angulaires de la vis et de la roue est égal à

$$\frac{\Delta\alpha}{\Delta\alpha'} = \frac{2\pi r}{h}.$$

346. Coin. — 1° *Définition.* — On appelle *coin* un prisme triangulaire ABI (fig. 336), ordinairement en fer, qui sert à se-parer deux objets l'un de l'autre ou deux portions d'un même objet. L'une des faces AB, qu'on appelle la *tête*, est petite par rapport aux deux autres AI, BI, qui sont généralement égales. On introduit le coin dans une fente pratiquée préalablement, et on l'en-fonce en frappant sur la tête avec un marteau. L'arête de l'angle aigu I, appelé *angle du coin*, est souvent tronquée, ce qui ne change rien a l'effet du coin.

2° *Condition d'équilibre.* — Suppo-sons que le coin s'introduise entre deux pièces dont l'une N est fixe et l'autre M mobile. S'il a marché, par exemple, d'une longueur AA'. paral-lèlement à la face AI, il a repoussé la

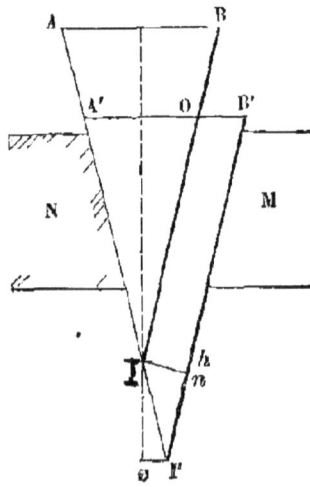

Fig 336

résistance d'une longueur OB', parallèlement a la tête AB. En même temps la puissance P, s'est avancée, normalement, a la tête

AB, de la longueur Iv, tandis que la résistance Q a reculé normalement à la face BI de la longueur In.

Le principe des travaux virtuels, appliqué à ces déplacements, donne

$$P.\mathrm{I}v = Q.\mathrm{I}n, \qquad \text{d'où} \qquad \frac{P}{Q} = \frac{\mathrm{I}n}{\mathrm{I}v}$$

mais on a, par les triangles semblables Ihn et II'v

$$\frac{\mathrm{I}n}{\mathrm{I}v} \quad \frac{\mathrm{I}h}{\mathrm{II'}}$$

D'autre part les triangles semblables Ihh' et I'A'B' donnent :

$$\frac{\mathrm{I}h}{\mathrm{II'}} \quad \frac{\mathrm{A'B'}}{\mathrm{I'A'}} - \frac{\mathrm{AB}}{\mathrm{IA}};$$

par suite

$$\frac{P}{Q} \quad \frac{\mathrm{AB}}{\mathrm{IA}}.$$

Donc, *pour que le coin soit en équilibre, la puissance doit être à la résistance comme la* TÊTE *du coin est à son* CÔTÉ.

Remarque. Tous les instruments tranchants (ciseaux, couteaux, rasoirs) sont des *coins* à angles plus ou moins aigus. La *hache* réunit en un même instrument le *coin* et le *marteau*.

CHAPITRE IV

NOTIONS SUR LES RÉSISTANCES PASSIVES — FROTTEMENT. SES LOIS. — TRAVAIL DES RÉSISTANCES PASSIVES

547. **Définitions.** — En Mécanique rationnelle, on considère des solides parfaits, c'est-à-dire *absolument rigides* et *indéformables* ; de plus, on les suppose doués de surfaces *parfaitement polies*, qui leur permettent de glisser l'un sur l'autre, sans aucune résistance ; lorsqu'ils sont reliés les uns aux autres de manière à constituer une machine par leur ensemble, les liaisons, courroies ou cordons sont supposés *infiniment souples et inextensibles* ; enfin on suppose qu'ils se meuvent dans un milieu, analogue au vide, incapable

d'opposer aucune résistance au mouvement. Or les solides naturels qui constituent les organes des machines, les liaisons qu'on établit entre eux et les milieux où ils se meuvent, s'écartent plus ou moins de ces types abstraits, et il est nécessaire de tenir compte dans la Mécanique appliquée des effets dus a leurs déformations, aux aspérités de leurs surfaces, a leur raideur, a leur extensibilité et à la résistance des milieux.

Ces effets constituent ce que l'on nomme les *résistances passives*, car ils ajoutent toujours un travail *inutile* au travail *utile* de la machine, en s'opposant *sans utilité* à son mouvement, et en neutralisant ainsi une portion de la force motrice.

Les *résistances passives* sont de plusieurs sortes. Il y a d'abord la résistance au glissement d'un corps sur un autre : c'est la *résistance au glissement* ou *frottement de glissement*, ou simplement *frottement*. Il y a ensuite la résistance au roulement d'un corps cylindrique sur une surface plane, par exemple d'une roue sur le sol : c'est la *résistance au roulement* ou *frottement de roulement*. Il y a encore les résistances dues a la *raideur des cordes*. Il y a enfin la *résistance des fluides*, liquides ou gaz qui baignent les organes des machines. Nous allons étudier succinctement ces diverses résistances passives.

348. Frottement de glissement : Définitions. — 1° *Frottement actuel.* — Sur une surface plane et horizontale S (fig. 356), posons un corps pesant A de poids P. Il y a équilibre, par conséquent la résultante des réactions qui s'exercent aux divers points de contact des deux corps est égale et direc-
tement opposée à P. Appliquons maintenant au corps A une nou-
velle force F parallèle a la surface S. On constate que, si cette force est très petite, le corps A reste au repos : cela exige que les réactions élémentaires se modifient de façon à se composer en une résultante nouvelle R égale et directement op-

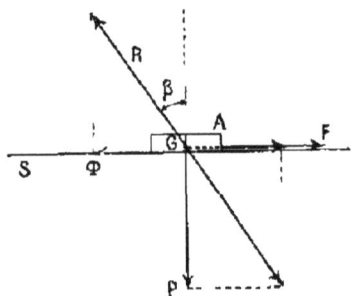

Fig 356

posée a la résultante des forces P et F. Cette résultante s'obtien-
dra par la règle du parallélogramme en transportant F en G (la force F étant supposée appliquée en un point du plan vertical passant par G). La réaction R fait actuellement avec la verticale un angle égal a β, et sa composante horizontale est egale et directement opposée à la force F. Cette force se nomme le *frottement actuel* des deux surfaces.

2° *Angle de frottement.* — L'angle β est appelé *l'angle de frotte-ment actuel* : il est défini par la relation

$$\tan \beta = \frac{F}{P}.$$

3° *Coefficient de frottement.* — On désigne souvent cette valeur de tang β par la lettre *f* et on lui donne le nom de *coefficient de frottement actuel* des deux corps.

4° *Frottement au départ.* — Supposons que l'on augmente pro-gressivement l'intensité de la force F jusqu'a ce que le corps A se mette en mouvement et soit Φ son intensité a cet instant. La valeur de Φ mesure ce que l'on nomme le *frottement au départ* relatif au système (S, A).

5° *Angle et coefficient de frottement au départ.* — L'angle de frottement au départ, que nous désignerons par α, est défini par l'équation

$$\tan \alpha = \frac{\Phi}{P} \qquad f_d ;$$

f_d représente le *coefficient de frottement au départ.*

On voit que, pour déplacer le corps A sur la surface S, il faudra disposer d'une force

$$\Phi = P \times f_d.$$

Exemples. — Si A est un bloc de pierre de 500 kilogrammes et si la surface horizontale S est en bois, f_d ayant dans ce cas une valeur égale à 0,4 (donnée expérimentale), la force nécessaire pour produire le glissement du bloc aurait pour valeur

$$\Phi \quad 500 \times 0,4 \quad 200 \text{ kil.}$$

Si le corps A était métallique, la surface S étant en bois rigide et recouverte d'un enduit gras, le coefficient f_d se réduirait à 0,08 et la force Φ à

$$500 \times 0,08 = 40 \text{ kil.}$$

549. Détermination directe de l'angle de frottement. — Supposons que la surface S soit celle d'un plan incliné faisant un angle *i* avec l'horizon. Posons sur ce plan le corps A. S'il reste immobile, c'est que la composante P' du poids, suivant la ligne de la plus grande pente du plan, est inférieure à la valeur Φ du frotte-ment au départ. Cette composante P' est égale a ~~P tang i~~. Si l'on fait

P sin i

croître progressivement l'angle i, il en sera de même de P'. Si Φ représente sa valeur à l'instant où A se met en mouvement, α étant ~~celle de~~ l'angle ~~τ~~ on aura :

de frottement

$$\Phi = P \tan\alpha, \quad \Phi = P\cos i \, \tan\alpha = P \sin i$$
$$d'ou \quad \cos i \, \tan\alpha = \sin i \quad ou \quad \tan\alpha = \frac{\sin i}{\cos i} = \tan i.$$

~~et~~ par suite α représentera l'angle de frottement du système AS.

Dès 1669 Amontons utilisa ce mode de détermination. Il suffit de mesurer l'angle que forme le plan incliné avec l'horizon au moment où commence la chute.

350. Experiences de Coulomb. — C'est par l'expérience que le physicien Coulomb a étudié le frottement et en a découvert les lois en 1781.

I. *Appareil.* — *Marche d'une expérience* — Deux poutres en

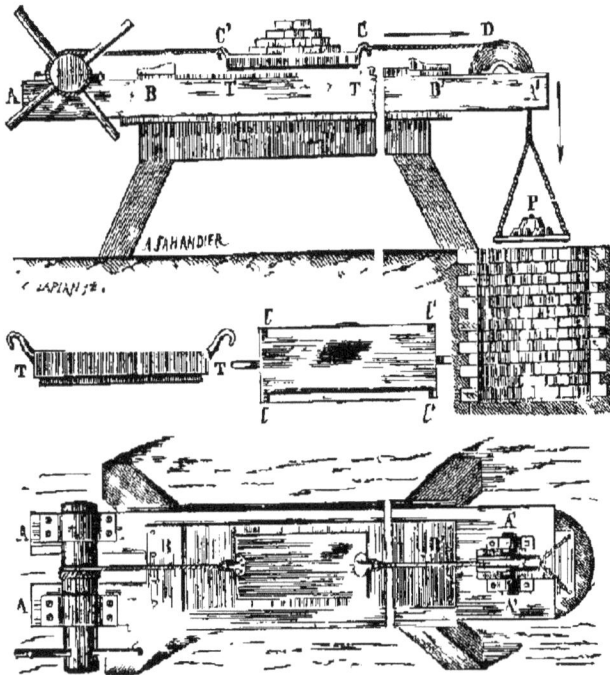

Fig 337.

chêne AA′ (fig. 357) supportent un madrier de même substance BB′ sur lequel peut se mouvoir un traîneau CC′ dont la partie inférieure, en contact avec le madrier, peut être chargée à volonté. On peut aussi clouer sur le madrier deux règles d'une substance quelconque. Le traîneau, étant chargé de poids connus, est mis en mouvement, grâce à une poulie de renvoi D, par la chute d'un poids P qui descend dans un puits. On peut le ramener au point de départ en se servant d'un treuil A.

Soit à étudier le frottement du fer sur le cuivre, par exemple : on clouait sur le madrier deux règles longitudinales de fer, et sous le traîneau, deux règles de cuivre destinées à glisser sur les premières.

À l'aide du treuil on ramenait le traîneau à l'origine de sa course, et on le chargeait du poids Q. On mettait alors petit à petit des poids sur le plateau moteur, jusqu'à ce que le mouvement prît naissance, soit de lui-même, soit à la suite d'une légère secousse donnée à l'appareil. Le poids moteur étant noté, on observait au chronomètre le temps que mettait le corps à parcourir les deux premiers pieds, puis les deux suivants.

II. *Lois du frottement au départ.* — De ses nombreuses expériences Coulomb a déduit les lois suivantes :

1° *Le frottement au départ est indépendant de l'étendue des surfaces en contact.*

2° *Il dépend de leur nature.*

3° *Il est proportionnel à la composante normale de la réaction,* c'est à-dire *à la pression qu'exerce le corps sur la surface.*

4° *Les espaces parcourus par le traîneau sont sensiblement proportionnels aux carrés des temps employés à les parcourir.*

III. *Frottement de glissement pendant la marche.* — Il résulte de là qu'une force constante agit sur le corps mobile de masse connue, mais l'accélération du mouvement, au lieu de correspondre à la force motrice P, correspond à une force motrice plus faible P — Φ'. Cette force Φ' représente le *frottement de glissement pendant la marche.*

La comparaison des accélérations, calculée pour une force motrice P, et observée directement, fournit la valeur de Φ'.

L'examen des valeurs obtenues a conduit Coulomb à formuler les lois suivantes :

1° *Le frottement pendant la marche est plus petit que le frottement au départ.*

2° *Il est indépendant de l'étendue des surfaces en contact.*

3° *Il dépend de leur nature.*

4° *Il est indépendant de la vitesse relative des deux corps qui glissent l'un sur l'autre.*

REMARQUE. — Il est clair, toutefois, que l'étendue des surfaces en contact et la valeur de la vitesse doivent avoir une influence dans certains cas; par exemple, lorsque la surface de contact se réduit de plus en plus ou lorsque la vitesse prend de très grandes valeurs.

IV. *Résultats numériques*. — Le tableau suivant contient plu-sieurs nombres relatifs à l'influence de la nature des surfaces frot-tantes, des enduits interposés, ainsi qu'à la différence entre le frottement au départ et le frottement pendant le mouvement.

NATURE DES SURFACES FROTTANTES	COEFFICIENT DE FROTTEMENT		ANGLE DE FROTTEMENT	
	Pendant le mouvement	Au départ	Pendant le mouvement	Au départ
Bois sur bois, à sec, fibres parallèles .	0,48	0,62	25° 30'	32° 0'
Bois sur bois, à sec, fibres perpendiculaires	0,34	0,54	19° 0'	28° 30'
Bois sur bois, surfaces mouillées d'eau	»	»	»	»
Bois sur bois, fibres perpendiculaires. .	0,25	0,71	14° 0'	25° 30'
Bois sur bois, surfaces avec enduit gras	0,07	0,20	4° 0'	11° 30
Bois sur métaux à sec	0,42	0,60	23° 0'	31° 0'
Bois sur métaux mouillés d'eau	0,25	0,60	14° 0'	31° 0'
Bois sur métaux avec enduit gras	0,08	0,12	4° 30'	7° 0'
Métaux sur métaux à sec . .	0,19	0,19	11° 0'	11° 0'
Métaux sur métaux avec enduit gras	0,09	0,10	5° 0'	5° 30'
Pierre sur pierre. . .	0,76	0,76	13° 0'	37° 0'

551. Travail relatif au frottement. — Si le corps se déplace de Δl, le travail $\Delta \mathcal{C}$ de la force Φ' qui équivaut au frottement de glissement sera égal à $\Phi' \Delta l$.

Si on désigne par f le coefficient de frottement, on a $\Phi' = fP$, d'où $\Delta \mathcal{C} = fP\Delta l$: ce travail est *résistant* et par suite doit être affecté du signe —.

Le travail $fP\Delta l$ représente une énergie *mécaniquement perdue*, car on ne la retrouve ni dans le déplacement corrélatif d'une résistance ni sous forme de force vive sensible.

L'expérience montre qu'elle se répartit en *énergie vibratoire* d'abord et finalement en *énergie thermique* et *énergie électrique*.

552. Introduction du frottement dans les questions d'équi-libre. — 1° *Les deux corps frottants S et S' se touchent par un seul point M*. — Tant qu'il y a immobilité, quelles que soient les forces qui sollicitent le système, la réaction R du corps S' sur le corps S se décompose en une force normale N et une composante tangen-tielle Φ dont la valeur maximum est égale, d'après les lois de Cou-lomb, a $f_d \times N$. La valeur maximum de l'angle β est égale à l'angle de frottement au départ α.

Il y aura équilibre si le système des forces qui sollicitent le

corps S admet une résultante passant par le point A et directement opposée à la réaction R, c'est-à-dire faisant avec la normale
un angle au plus égal à α.

2° *Les deux corps se touchent par plusieurs points ou par une
surface.* Le corps S restera en équilibre si le système des forces
qui le sollicitent est équivalent à un système de forces appliquées
en des points de la surface de con-
tact et faisant avec la normale en ce
point un angle inférieur à l'angle de
frottement.

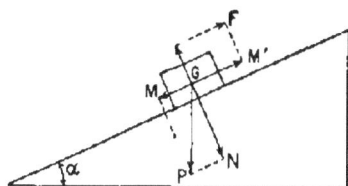

APPLICATION. — *Conditions d'équilibre d'un corps pesant G posé sur un
plan incliné d'angle* α.

Soit P le poids du corps; on sait
que la pression N qu'il exerce sur le
plan est égale à P cos α; par conséquent, le frottement relatif aux
deux surfaces en contact est égal à $f_d \times$ P cos α; la force motrice
effective F_m est donc égale à

$$\text{P sin } \alpha - f_d \text{ P cos } \alpha.$$

Si l'on pose $f_d =$ tang φ, il vient

$$F_m = \frac{\text{P sin } (\alpha - \varphi)}{\cos \varphi}.$$

Pour qu'il y ait équilibre, il ne faut pas que l'on ait

$$F_m > 0,$$

ce qui exige

$$\alpha \leqslant \varphi.$$

REMARQUES.   1° Si F_m a une valeur *positive*, le corps glisse sur
le plan et prend un mouvement uniformément accéléré dont
l'accélération γ est donnée par l'équation

[1] $$\frac{\gamma}{g} = \frac{F_m}{P} = \frac{\sin (\alpha - \varphi')}{P \cos \varphi'},$$

φ' étant ici défini par le frottement de glissement en marche

$$\Phi = \text{N tang } \varphi'.$$

2° Si l'on applique au corps une force F autre que le poids P.

il sera facile d'en tenir compte en la décomposant suivant la normale et le plan incliné. On peut aussi utiliser le théorème des travaux virtuels.

353. Applications du frottement de glissement. — En général, on cherche à atténuer autant que possible l'influence retardatrice du frottement dans la marche des machines. Dans quelques circonstances exceptionnelles, on cherche au contraire à en augmenter les effets : c'est lorsqu'on veut modérer l'allure d'une machine ou même l'arrêter tout à fait.

1° *Freins.* — Les *freins* des voitures en sont une des applications les plus communes : ce sont des mécanismes qui servent pour arrêter une voiture sur une pente ou pour l'empêcher de descendre trop rapidement. On sait qu'ils consistent essentiellement en une pièce solide, de forme convenable, qui peut être amenée à frotter plus ou moins contre la jante de l'une des roues à l'aide d'une vis manœuvrée par le cocher.

2° *Frein des wagons.* — On emploie également, dans les trains de chemins de fer, des freins qui sont disposés autrement que sur les voitures ordinaires, mais qui agissent de même en exerçant un frottement sur le contour des roues. Deux pièces frottantes (fig. 339).

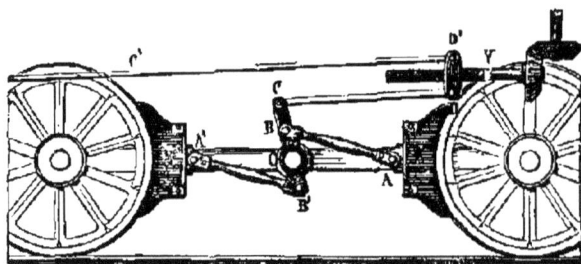

Fig 339

ou sabots, sont articulées aux deux bras égaux AB et A'B' articulés eux-mêmes avec une double manivelle B'BC, mobile autour d'un axe O fixé au châssis de la voiture. L'extrémité C est tirée par une tige CD, articulée sur la pièce mobile DD' qui sert d'écrou à une vis motrice V, et celle-ci peut, à l'aide d'un engrenage conique, être commandée par un homme placé sur la voiture : suivant que la vis est tournée *dextrorsùm* ou *sinistrorsùm*, le frein sera serré ou lâché.

3° *Arrêt d'un véhicule.* — Enfin, on réalise simplement un frein analogue aux précédents en utilisant le frottement d'une corde qui glisse contre un cylindre solide. C'est ainsi qu'on arrête facilement un bateau en enroulant deux ou trois fois autour d'un pilier de bois, fixé au rivage (fig. 340), une corde attachée au bateau. Si cette corde n'est pas appliquée contre la surface du pilier fixe, il n'y a pas de frottement et le bateau continue sa

Fig. 340.

route ; mais la moindre traction, exercée par un homme à l'autre extrémité de la corde, venant assurer l'adhérence de la corde au cylindre de bois, le frottement devient assez considérable pour arrêter net le bateau.

354. Frein dynamométrique ou Frein de Prony. — Le frottement peut servir, dans certain cas, à mesurer le travail d'une machine.

Un ingénieur français, de Prony, a eu le premier l'idée d'employer le frein à cet objet et il a imaginé le *frein dynamométrique*.

1° Description. — Soit l'arbre de couche A (fig. 341) d'un moteur quelconque dont on veut évaluer la puissance. Sur cet arbre on fixe une poulie H, parfaitement centrée, autour de laquelle on place une sorte de collier c, qui est muni intérieurement de cales en bois b et porte un bras de levier terminé par un arc de cercle concentrique à l'axe de la poulie. Il résulte de là que la longueur efficace du levier est L. Les écrous e, e₁ permettent de serrer plus ou moins le collier autour de la poulie H et, par suite, d'en augmen-

ter plus ou moins le frottement. Un contrepoids D, opposé au levier,
l'équilibre parfaitement, ainsi que le plateau G suspendu au crochet,
de telle façon que, lorsque l'arbre A est au repos, le levier puisse
se placer en regard des deux taquets T et T_1, qui limitent ses mouvements.

2° *Opération.* — La machine étant mise en marche, l'arbre A
tourne par exemple dans le sens de la flèche : on comprend que
le levier va être entraîné dans le même sens, si le collier *c* est
serré autour de la poulie, et qu'il tournera jusqu'à ce qu'il vienne
buter contre le taquet T. En réglant convenablement le serrage
des écrous *e*, e_1, — ce qui diminue ou augmente le travail absorbé
par le frein, — on arrive à conserver au moteur sa *vitesse de régime*,

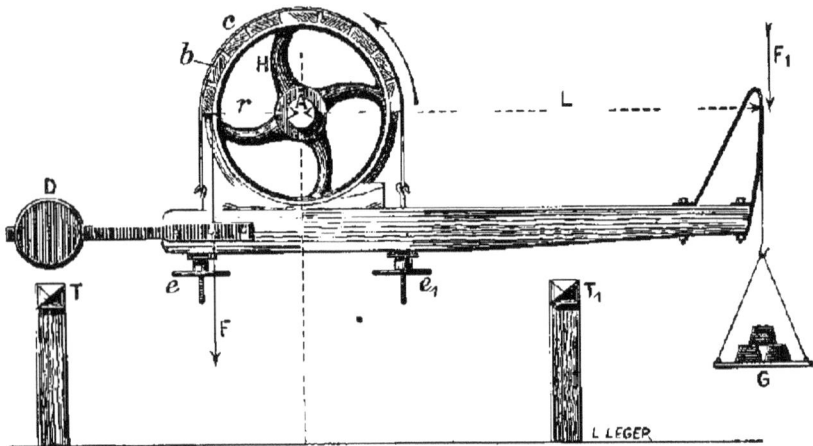

Fig 541

autrement dit la vitesse a laquelle il doit fonctionner en service
normal. Au moyen de poids marqués que l'on place sur le plateau G,
on ramène alors le levier dans sa position primitive, intermédiaire
entre les deux taquets. A ce moment le travail du moteur sera
donc exactement contre-balancé par le travail du poids qui pèse à
l'extrémité du levier.

5° *Calcul du travail absorbé.*   Nous pouvons en effet admettre
que le frottement de la poulie sur le frein agit comme une force F
verticale, tangente à la poulie à l'extrémité du rayon *r*, tandis que
les poids agissant en G représentent une force F_1, également verticale, mais dirigée en sens contraire.

Le frein étant bien réglé et le levier L en équilibre entre les

deux taquets T et T_1, il est évident que le moment de la force F
est égal au moment de la force F_1 : on a donc

$$Fr = PL,$$

égalité d'où l'on tire la valeur du frottement F en fonction des
poids marqués.

On a, d'autre part, pour le travail effectué par le frottement
en 1 seconde

$$W - F \times 2\pi rn,$$

n étant le nombre de tours par seconde.

Il nous suffit de remplacer Fr par sa valeur, et nous avons
enfin pour expression de la puissance du moteur

$$W = PL2\pi n.$$

Remarque. — Ainsi que nous l'avons fait remarquer précédemment, le travail dû au frottement correspond à une énergie *mécaniquement* perdue, mais qui se transforme en chaleur. Aussi est-on
obligé de refroidir le collier *c*, à l'aide d'un écoulement continu d'eau
froide, afin d'éviter la détérioration due à un échauffement excessif.

555. Résistance au roulement.   I. *Définitions.* — Lorsque les
corps cylindriques roulent sur une surface plane, ou les uns
contre les autres, il se produit une *résistance passive* qu'on appelle
résistance au roulement ou, quelquefois, *frottement de roulement.*
Elle paraît due à la compressibilité des corps en contact, d'où
résulte une dépression de la surface d'appui sous le poids du cylindre roulant (fig. 342) : celui-ci, au lieu de rouler sur un plan,

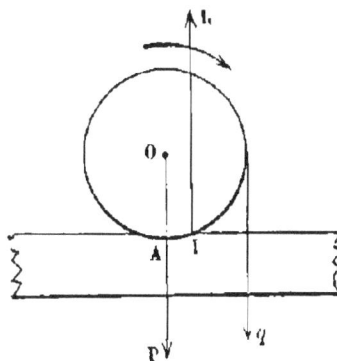

Fig 342.

est donc obligé de remonter successivement les pentes d'une suite de
petits plans inclinés

II. *Expériences.* — Coulomb a le
premier cherché à déterminer la
grandeur de cette résistance passive.
Il faisait rouler un cylindre en bois O
(fig. 342) sur deux pièces de chêne
bien dressées, parallèles entre elles
et placées horizontalement dans le
sens perpendiculaire au cylindre. On
chargeait celui-ci de cordelettes flexibles portant à leurs extrémités des
poids égaux, qui s'ajoutaient au poids

du cylindre pour constituer la charge totale P. Enfin une autre

cordelette fixée au cylindre, et s'y enroulant, portait à son extrémité libre un poids moteur *q* que l'on augmentait graduellement
jusqu'à provoquer le roulement : ce poids moteur mesurait alors
la résistance cherchée.

III. *Résultats.* — La force capable de vaincre la résistance au
roulement est :

1° *Proportionnelle à la pression* P ;

2° *Indépendante du rayon* r *du cylindre roulant* (en la supposant
toujours appliquée au même bras de levier);

3° *Inversement proportionnelle au rayon* r (en supposant qu'elle
agit tangentiellement).

En appelant φ un coefficient de résistance au roulement qui
correspond au coefficient de frottement *f*, on a trouvé pour φ :

Chêne sur bois blanc. 0,002
Roues de fer sur rails de fer. 0,002
Roues cerclées en fer sur routes. . . . 0,02

On voit, en comparant ces valeurs aux valeurs correspondantes
de *f*, que celles-ci sont toujours bien supérieures. Ainsi, dans le
cas de bois frottant sur bois, on a

$$f = 0,3 \quad \text{et} \quad \varphi = 0,002.$$

Il y a donc un avantage immense à substituer le roulement au
glissement. C'est ce qu'on fait dans un très grand nombre d'applications (voitures, galets, suspension de la poulie dans la machine d'Atwood (fig. 285), frottements à billes des bicyclettes,
etc., etc.).

356. Traction des véhicules; coefficient de traction. — On
appelle *coefficient de traction d'une voiture* le rapport entre la *force
tirante* et la pression. C'est proportionnellement à celle-ci que varie
le frottement de roulement et le frottement de glissement des
essieux dans le moyeu. Sur les routes nationales, avec roues cerclées en fer, le coefficient de traction est voisin de 0,05.

Sur les chemins de fer, il est de 0,005. Cela veut dire par
exemple, qu'une force de 10 kilogrammes déplacera horizontalement une charge de 2000 kilogrammes. Donc il y a avantage à
se servir des voies ferrées, même pour les chevaux (tramways).

357. Raideur des cordes. — La résistance passive due à la
raideur des cordes peut s'expliquer de deux manières. D'abord il
faut employer une certaine force pour enrouler une corde ou une
courroie sur une poulie ou sur un tambour ; cette force est néces-

sairement empruntée au moteur et le travail utile de celui-ci s'en trouve diminué d'autant. De plus, quand une corde, enroulée sur cylindre, est sollicitée d'un côté par une puissance P, de l'autre par une résistance Q, l'expérience montre que la corde prend, *du côté de la résistance,* une courbure *moins grande* que celle du cylindre (fig. 345). Il en résulte que la direction de la résistance passe à une distance R + d, plus grande que le rayon R : le moment de la résistance, pris par rapport à l'axe du cylindre, en est donc augmenté.

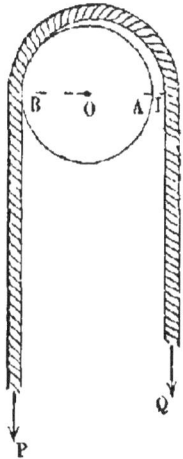

Écrivons les équations d'équilibre en prenant les moments par rapport a l'axe du cylindre, ce qui permet de ne pas tenir compte du poids de ce dernier : soit r le rayon de la corde et d la distance AI : on a

$$P(R + r) \quad Q(R + r + d),$$

d'où

Fig 345

$$P - Q\,\frac{R + r + d}{R + r} - Q\left(1 + \frac{d}{R + r}\right).$$

La différence entre P et Q est donc

$$\frac{dQ}{R + r} :$$

on peut prendre cette grandeur comme mesure de la *raideur* de la corde.

On voit par là que :

La raideur augmente quand la résistance Q augmente, quand le rayon de la corde r diminue, quand le rayon R du cylindre diminue et quand le coefficient de raideur (d) *augmente.*

Dans les applications industrielles la raideur ne peut jamais être négligée. Les courroies sans fin qui passent sur les tambours de machines, donnent lieu à des résistances passives du même genre.

358. Résistance des fluides. — Comme toute machine se meut dans un milieu fluide, liquide ou gaz, ses diverses pièces mobiles communiquent une partie de leur force vive aux molécules du milieu qu'elles rencontrent : il en résulte une résistance passive qui tend à diminuer plus ou moins leur vitesse. Cette résistance ne se fait sentir qu'à partir de l'instant où la machine entre en mouvement, et elle change beaucoup à mesure que le mouvement s'accélère.

I. *Résistance de l'air.* — Pour l'air, la résistance est soumise aux lois suivantes :

1° *Elle est proportionnelle à l'étendue de la surface qui vient directement choquer le fluide.*

2° *Pour une vitesse faible, elle est proportionnelle à la vitesse.*

· 3° *Pour une grande vitesse, elle est proportionnelle à la seconde puissance de la vitesse.*

4° *Pour une vitesse très grande* (cas des projectiles lancés par nos fusils modernes), *elle atteint des puissances plus élevées de la vitesse.*

II. *Résistance des liquides.* La résistance des liquides est beaucoup plus forte que celle des gaz. On peut la représenter par la formule empirique

$$R = KADv^2,$$

A étant la section d'aire maxima faite dans le mobile perpendiculairement au déplacement, D la densité du milieu, v la vitesse, et K un coefficient déterminé par l'expérience.

On peut déduire de cette formule les lois analogues aux précédentes.

III. *Applications.* — Les applications de la résistance des fluides sont nombreuses dans la science pure et dans l'industrie. Nous avons vu par exemple, dans l'appareil Morin, un moulin à ailettes, utilisé pour rendre uniforme la rotation du cylindre enregistreur. On peut citer l'emploi des parachutes comme une application immédiate de la résistance opposée par l'air atmosphérique à la chute du corps [1]. La propulsion des navires à l'aide des rames, des roues et des hélices, et leur direction à l'aide du gouvernail, sont de même des applications particulièrement intéressantes de la résistance des liquides.

---

1 Voir *Physique Ganot Maneuvrier*, 21ᵉ édition.

FIN

PROBLÈMES

1. Démontrer que la grandeur R du vecteur résultant de plusieurs vecteurs concourant $P_1 \, P_2 \, Pn$ est donnée par la formule : (Appell).

$$R^2 = \Sigma \, P^2{}_k + 2\,\Sigma \, P_i \, P_k \cos P_i P_k.$$

2. Pour qu'un système de vecteurs soit équivalent à zéro, il faut et il suffit que le moment resultant soit nul par rapport à trois points non situés en ligne droite.

3. Un système de vecteurs, tous situés dans un même plan est équivalent ou bien à une resultante unique, ou à un couple ou à zéro.

4. Un systeme de vecteurs, tous situés dans un même plan, est équivalent a trois vecteurs dirigés suivant les côtes d un triangle arbitrairement choisi dans ce plan.

5. Pour qu'un système de vecteurs soient équivalent à zéro, il faut et il suffit que la somme des moments par rapport a chacune des six arétes d'un tetraédre soit nulle.

6. Pour qu'un systeme de vecteurs soit équivalent a 0, il faut et il suffit que le moment resultant soit nul par rapport a 3 points non situés en ligne droite (Appell). *enoncé identique au n° 2*

7. Un système de vecteurs tous situés dans un même plan, est équivalent a 3 vecteurs diriges suivant les côtés d'un triangle arbitrairement choisi dans ce plan (Appell). *enonce identique au n° 4*

8. Un systeme de vecteurs quelconques est toujours équivalent à 6 vecteurs diriges suivant les 6 arètes d'un tétraèdre (Appell)

9. AB et CD sont deux cordes égales et parallèles dans un cercle, et P le milieu de l'arc AB. Démontrer que si des forces représentées par PA, PB, PC, PD agissent sur le point P, leur résultante est constante.

10. On joint un point M aux 3 sommets d'un triangle ABC. Montrer que la résultante des forces représentées par MA, MB, MC passe par le centre de gravité G du triangle et a pour valeur 3MG. Quel lieu décrit l'extrémité de cette resultante si le point M parcourt : 1° le cercle circonscrit au triangle; 2° le cercle des 9 points (cercle passant par les milieux des trois côtés du triangle ABC)? Pour quelles positions du point M. dans ces deux cas, la résultante est-elle maximum ou minimum (Carvallo)?

‹ 11. Démontrer que étant donné un polygone plan convexe ABCDE sur lequel on détermine un sens de circulation, si on applique à chaque sommet de ce polygone une force dirigée dans le sens du côté qui y aboutit et proportionnellement a sa longueur, le système des forces se réduit a un couple.

12. Démontrer que si l'on applique au milieu des côtés d'un polygone et perpendiculairement à ses côtés des forces proportionnelles a ces côtés et dirigées vers l'extérieur, le système des forces est en équilibre.

13. Démontrer que les forces appliqués au centre de gravité des faces d'un tétraèdre proportionnellement aux aires des faces et dirigées normalement a ces faces toutes vers l'intérieur se font équilibre.

Étendre la propriété au cas d'un polyèdre.

14. Démontrer que des couples dont les axes sont proportionnels aux aires des faces d'un polyèdre et dirigés normalement a ces faces toutes vers l'intérieur se font équilibre (Appell).

15. Démontrer que si la somme des moments d'un système de forces appliquées à un corps par rapport aux six arêtes d'un tétraèdre est nulle, les forces se font équilibre.

16. Si un système de forces concourantes est en équilibre et si, sans changer leurs directions, on les réduit toutes dans le même rapport, le nouveau système est en équilibre. L'équilibre subsiste encore si, après cette réduction, on fait tourner toutes ces forces d'un même mouvement d'ensemble autour d'un axe passant par leur point d'application.

17. Dans un plan, faisant partie d'un solide invariable, on donne deux points A et B et deux forces AP, BQ appliquées en ces points. On fait tourner ces forces autour de leurs points d'application d'un même angle variable. Démontrer sur cette figure les propriétés suivantes :

1° L'angle des forces P et Q demeure constant;

2° Leur point de concours M parcourt le segment capable de l'angle (P, Q) décrit sur A B comme corde;

3° La résultante tourne du même angle que les forces P et Q;

4° Cette rotation s'effectue autour d'un point fixe C du cercle décrit par le point M.

5° Ce point C est tel que les cordes CA et CB sont inversement proportionnelles aux forces AP et BQ (d'Ocagne).

18. Quand un corps solide est sollicité par deux forces appliquées en des points fixes dans le corps, constantes en grandeur, direction et sens, il existe toujours un axe parallèle à une direction donnée tel que, en fixant cet axe, le corps soit en équilibre indifférent dans toutes les positions qu'il peut prendre (Mobius).

19. Quand un corps est en équilibre astatique, si l'on considère les composantes des forces parallèles à une direction donnée, on obtient un système de forces parallèles en équilibre, Le centre de celles de ces forces parallèles qui ont un sens déterminé coïncide avec les autres de celles de ces forces parallèles qui ont le sens opposé.

20. Soient plusieurs couples et le couple résultant : prouver que la projection sur un plan quelconque du parallélogramme construit sur les deux vecteurs du couple résultant, a une aire équivalente à la somme des projections des parallélogrammes construits sur les vecteurs des couples composants.

21. Étant donné un polygone gauche fermé P, on dirige, suivant les côtés de ce polygone, dans un même sens de circulation, des forces égales aux côtes. Démontrer :

1° Que ces forces se réduisent à un couple ;

2° Que, si l'on construit dans le plan de ce couple, un polygone π dont l'aire soit la moitié du moment du couple, la projection de P sur un plan quelconque a même aire que la projection de π sur le même plan (Guichard).

22. Dans un plan vertical une barre homogène pesante OA est mobile autour d'une extrémité O qui est fixe: un fil est attaché en A, passe sur une poulie infiniment petite B située sur la verticale de O et porte à son extrémité un contre poids Q glissant sans frottement sur une courbe c dans le même plan vertical. Que doit-être cette courbe, pour que le système soit en équilibre indifférent ? (Pont levis de Belidor.)

Rép. — *Il faut que le centre de gravité du système se déplace horizontalement. prenant O, pour origine, on trouve une équation en coordonnées polaires de la forme* $r^2 - r(a + \delta \cos \theta) + c = 0$ *ovale de Descarte, dans un cas particulier, c = 0, limaçon de Pascal.*

23. Si dans un plan incliné la puissance agit horizontalement, démontrer qu'elle est au poids du corps qu'elle tient en équilibre comme la hauteur du plan incliné est à la base.

24. Déterminer quelle est l'inclinaison à donner à un plan incliné pour qu'un corps de poids P y soit en équilibre sous l'action de trois forces égales chacune au 1/3 de son poids et agissant l'une verticalement, l'autre horizontalement et la troisième parallèlement au plan incliné.

$$tg\,\alpha = \frac{4}{5}.$$

25. Six tiges égales homogènes pesantes, de poids p, sont articulées à leurs extrémités, de façon à former un hexagone situé dans un plan vertical ayant son côté supérieur AB horizontal et fixe, et les autres côtes symétriquement placés par rapport à la verticale du milieu AB. Quelle force verticale F, faut il appliquer au milieu du côté horizontal, opposé à AB, pour maintenir le système en équilibre?

$$F = 3p.$$

26. Quelle est la position d'équilibre d'une barre homogène pesante de longueur 2a située dans un plan vertical, s'appuyant d'une part sur un point fixe O le long duquel elle peut glisser, et d'autre part, par une extrémité A, contre un mur vertical?

Rép. — *Le point O étant à une distance* b *du mur, on trouve pour l'équilibre* $OA - \sqrt[3]{ab^2}$, *quantité qui doit être inférieure à* a.

27 Une tige homogène pesante AB de longueur 2a repose d'une part, sur le bord d'une demi-circonférence de diamètre 2R horizontal et, d'autre part, sur le fond de la demi circonférence par une extrémité : quelle est la condition d'équilibre?

Rép. — *L'inclinaison* i *de la barre est donnée par*
$$4R \cos^2 i - a \cos i - 2R = 0;$$
pour la possibilité, il faut
$$\frac{a\sqrt{6}}{2} > R > \frac{a}{2}.$$

28. Un triangle équilatéral homogène pesant ABC se trouve dans un plan vertical : un de ses sommets A est assujetti à glisser sans frottement sur une droite Ox, et le milieu M du côté AB est attaché à un point fixé O de cette droite par un fil inextensible et sans masse. Trouver la position d'équilibre et de stabilité.

Rép. — *En appelant* α *l'angle de OM avec Ox, on est ramené à chercher le maximum ou le minimum de*
$$\sin\left(\alpha + \frac{\pi}{3}\right).$$

29. Dans un cercle dont le diamètre AOA' est horizontal, on fait mouvoir une couple de cordes verticales et équidistantes du centre, BC et B'C'. Trouver la résultante des quatre forces représentées par AB, AC, AB', AC' et montrer qu'elle est constante. R. 2 AOA'

30. *Applications numériques.* — 1° Trois forces, perpendiculaires deux à deux, appliquées en un même point ont pour intensités respectives 2000 g. 3000 g. et 6000 g.: calculer l'intensité de leur résultante.
$$x - 7000^{gr}.$$

2° Trois hommes doivent porter un triangle de forme quelconque, pesant 45 kilos, en le prenant chacun par un des sommets: quelle sera la charge la plus forte, et quelle sera la moins forte?
$$x \quad y - z - 15^{kr}.$$

31. Trouver le centre de gravité d'un segment de cercle.

Rép. — *Il est situé sur le rayon moyen et à une distance du centre telle que,*
$$x = \frac{c^3}{12s}.$$
c *mesure la corde et* s *la surface du segment.*

52. Trouver le centre de gravité d'une zone.

RÉP. — *Il est au milieu de la hauteur de la zone.*

33. Expression du volume du tronc de prisme et du tronc de cylindre.

Le volume du tronc de prisme ou de cylindre est égal au produit de l'une des bases par la distance à celle-ci du centre de gravité de l'autre base.

54. Trouver le centre de gravité d'un tronc de cône circulaire.

$$\frac{x}{\gamma} = \frac{R^2 + 3r^2 + 2Rr}{r^2 + 3R^2 + 2Rr}.$$

55. Trouver la surface et le volume engendré par la rotation d'un hexagone régulier de côté e tournant autour d'un de ses côtés.

$$s = 6\pi r^2 \sqrt{3}$$
$$V = \frac{9\pi r^5}{2}.$$

36 Trouver une limite de l'erreur commise lorsqu'on prend la moyenne arithmétique des masses obtenues (m et m') par la méthode de transposition au lieu de la moyenne géométrique.

$$\frac{m + m'}{2} - \sqrt{mm'} < \frac{(m - m')^2}{8m'}.$$

CINÉMATIQUE

57. Un convoi marche à une vitesse, supposée constante, de 14 m. par seconde : quelle distance parcourt-il à l'heure?

$$x = 50 \text{ kil.}, 4.$$

38. Une diligence marche à une vitesse, supposée constante, de 2,5 m. par seconde : quel temps mettra-t-elle à franchir une distance de 40 kil.?

$$x = 4 \text{ h. } 26 \text{ m. } 40 \text{ s}$$

39. Un cheval a parcouru une distance de 4 kil en 5 mm. 15 s. · quelle était sa vitesse, supposée constante?

$$x = 12,7 \text{ m.}$$

40. Un mobile parcourt une ligne droite, d'un mouvement uniforme, avec une vitesse de 1,50 mètre par seconde : quel espace parcourra-t-il en 8,4 secondes?

$$x - 12,60 \text{ mètres.}$$

41. Un bateau se meut uniformement avec une vitesse de 5 mètres par seconde : quel temps emploiera-t-il pour parcourir une distance de 4444 m. ?

$$x = 14\ minutes\ 48\ secondes.\ 8.$$

42. Un mobile a parcouru uniformément un espace de 0,15 mètre dans 0,25 seconde : quelle est sa vitesse?

$$x = 0,6\ (mètre\ par\ seconde).$$

43. Un corps tourne uniformément avec une vitesse angulaire egale à 5 : quelle est la vitesse d'un point distant de l'axe de 0,40 m ?

$$x\quad 1,20\ (m.\ par\ seconde).$$

44. Calculer la vitesse angulaire du mouvement propre de la terre, sans tenir compte de son mouvement autour du soleil.

$$x\quad 0,000072722.$$

45. Un point situé a l'équateur parcourt uniformement en 24 heures une circonférence qui a 6376821 m, de rayon · quelle est sa vitesse?

$$x = 465,7\ (metres\ par\ seconde).$$

46. Un corps tourne uniformement en faisant 45 tours par *minute* : calculer sa vitesse angulaire.

$$x = 4,7124.$$

47. Un corps tourne uniformement avec une vitesse angulaire égale à 5 : calculer le nombre de tours qu'il fait *par minute*.

$$x = 47,7,\ environ\ 48\ tours.$$

48. Quelle est la longueur du pendule simple qui bat la seconde sexagesimale a la latitude de Paris ($g = 9,81$).

$$x = 0,994\ m.$$

49 Un point matériel se meut d'un mouvement uniforme sur une circonférence de rayon R. Étudier le mouvement de la projection de ce point sur un diametre de la circonference : on explicitera la loi de son mouvement, l'expression de sa vitesse et celle de son acceleration Representation graphique.

Rip. — *Le mouvement est périodique. il a pour loi $x = R \cos \omega t$;*

$$v = - R\omega \sin \omega t$$
$$\gamma = - R\omega^2 \cos \omega t$$
$$T = \frac{2\pi}{\omega} \quad ou \quad \gamma = \omega^2 r.$$

La loi du mouvement est représentée par une sinusoide.

50. Démontrer que si l'on abandonne à l'extremité supérieure A du diametre vertical un point matériel le long d'une corde quelconque issue

de A, il arrive toujours au bout du même temps sur la circonférence. Exprimer la durée de la chute. (Théorème de Galilée)

$$t = \sqrt{\frac{2\,D}{g}}.$$

(D *est le diamètre de la circonférence et* g *l'accélération de la pesanteur au lieu de chute*).

51. Deux mobiles sont lancés de bas en haut au même instant, l'un avec une vitesse initiale v_0, l'autre avec une vitesse initiale v'_0 On demande après combien de temps la somme des carrés de leurs vitesses aura sa valeur minimum. Montrer que l'instant du minimum est également éloigne des instants où les vitesses des deux mobiles changent de sens

1° $$t = \frac{v_0 + v'_0}{2g};$$

2° *Si* t' *et* t'' *sont les instants où les vitesses changent de signe, on a*

$$t' - t = t - t'' = \frac{v_0 - v'_0}{2g}.$$

Dynamique

52. Un point matériel pèse 2 g.; on lui applique une force constante de 3 g. : quelle sera l'accélération produite ?

$$x = 14,715 \ (m \ par \ sec.).$$

53. Une force constante de 40 g imprime à un point matériel une accélération de 20 (m par sec) : quel est le poids de ce point?

$$x = 19,62 \ g.$$

54. Quelle force constante faut il appliquer à un point matériel dont le poids est de 5 g., pour que l'accélération produite soit de 2 m. par sec. ?

$$x = 1,019 \ g.$$

55. Un point matériel de poids p, parcourt uniformément une circonférence de 1 m. de rayon en faisant 10 tours par seconde : calculer l'intensité de la force centripète en fonction du poids p ?

$$x = 0,11178 \ p.$$

56. Un point matériel pesant 5 g. parcourt un cercle de 0,80 m. de rayon avec une vitesse constante de 4 (m. par sec.) : quelle est l'intensité de la force centripète qui le sollicite?

$$x = 10,195 \ g.$$

57. Une force constante agissant sur un point matériel de poids egal à 5 g., lui a communiqué une vitesse de 120 m par sec. : quel est le travail fourni par la force?

$$x = 3,66 \ kgm.$$

58. Une machine peut élever 1 800 kg. à une hauteur de 25 m. en 30 secondes : 1° quel travail accomplit elle; 2° quelle est sa puissance?

$$x - 45000 \text{ kgm.} : \quad y - 20 \text{ chev.-vap.}$$

59 Un bloc de pierre pesant 500 kil repose sur un plancher horizontal : quel effort horizontal faudrait-il exercer sur le bloc, après lui avoir fait prendre une certaine vitesse, pour que son mouvement demeure uniforme? (coefficient de frottement de la pierre sur le bois, $f = 0,40$)

$$x - 200 \text{ kil.}$$

60. Un manœuvre, étant employé à élever verticalement des fardeaux sans le secours d'aucune machine, peut enlever un poids de 65 kil., à une vitesse de 4 (cm par sec.) et à raison de 6 heures par jour : calculer le travail total qu'il peut fournir en un jour.

$$x \quad 56\,160 \text{ kgm.}$$

61. Un manœuvre, étant employé à tirer de l'eau d'un puits, a l'aide d'une poulie (et le seau redescendant à vide) peut developper un effort moyen de 18 kil , à une vitesse de 0,20 m , pendant une journée de 6 heures calculer le travail total qu'il peut fournir en une journée.

$$x \quad 77\,760 \text{ kgm}$$

62. Un manœuvre, employé à tirer sur une manivelle, peut exercer un effort moyen de 8 kil , a une vitesse de 0,75 m., pendant 8 heures par jour : calculer le travail total qu'il peut fournir en une seconde?

$$x \quad 172\,800 \text{ kgm.}$$

63. Un manœuvre appliqué au cabestan peut exercer un effort moyen de 12 kil , a une vitesse de 0,60 (m par sec.), pendant 8 heures par jour · calculer le travail total qu'il peut fournir en une journée?

$$x - 207\,360 \text{ kgm.}$$

64 Un manœuvre appliqué à une roue à cheville peut exercer un effort moyen de 60 kil. (égal au poids moyen humain), a une vitesse de 0,15 (m. par sec.), pendant 8 heures par jour : calculer le travail total qu'il peut fournir en une journée?

$$x \quad 259\,200 \text{ kgm.}$$

65. Un cheval attelé à un manège, peut développer un effort moyen de 45 kil., a la vitesse de 0,90 (m. par sec.), pendant 8 heures par jour, calculer le travail total qu'il peut fournir en une journée?

$$x - 1\,166\,400 \text{ kgm}$$

66. Un cheval attelé à un manège, à l'allure du trot, peut développer un effort moyen 30 kg., à la vitesse de 2 (m. par sec.), pendant 4 heures 1/2 par jour : calculer le travail total qu'il peut fournir en une journée.

$$x = 972\,000 \text{ kgm.}$$

67 Un mulet, attelé à un manège, à l'allure du pas, peut développer un effort moyen de 30 kg., a la vitesse de 0,90 (m. par sec), pendant 8 heures par jour : calculer le travail total qu'il peut fournir en une journée :

$$x = 777\,600\ kgm.$$

68 Le travail journalier d'un cheval attelé à un manège, au pas, étant égal à 1 166 400 kgm , calculer le nombre de chevaux effectifs qu'il faudrait employer pour remplacer une machine a vapeur d'une puissance de 10 chevaux vapeur ?

$$x = 55.$$

DYNAMIQUE *(commence au prob. 52)*

69. Deux points matériels de masse m et m' sont fixes aux extrémités d'un fil ; la masse m repose sur un plan incliné d'angle α, l'autre m' se déplace suivant la hauteur du plan. On demande 1° de calculer la force motrice F du système ; 2° l'accélération γ de son mouvement ; 3° la longueur du fil étant supposée égale à la longueur du plan et le point m étant au bas du plan à l'instant zéro et abandonné sans vitesse initiale, on demande le mouvement ultérieur des masses m et m' rendues libre (en brûlant le fil) a l'instant où le point m est arrivé au milieu du plan incliné.

Rép. —
$$F = (m' - m \sin \alpha)\,g$$

$$\gamma = \frac{(m' - m \sin \alpha)\,g}{m + m'}$$

Soit L *la longueur du plan incliné, le système se déplace avec l'accélération* γ *pendant le temps* T *déterminé par* $(F > 0)$

$$\frac{L}{2} = \frac{1}{2}\,\gamma\,T^2$$

$$T = \sqrt{\frac{L}{\gamma}}$$

la vitesse acquise par m' *est alors*

$$V_0 = \gamma \cdot T$$

la loi de son mouvement ultérieur sera

$$x = \gamma\,T \cdot t - \frac{1}{2}\,g \sin \alpha\,t^2$$

Si le point m *dépasse le sommet du plan, il retombera suivant une parabole, sinon il s'arrêtera, retombera et, en quittant le plan incliné, se rendra au sol suivant une parabole.*

Le point m′ acquiert aussi la vitesse γT, *puis il tombe après suppression du fil selon la loi*

$$y = \gamma \, t . T + \frac{1}{2} g t^2$$

70. L'action mutuelle de 2 points de masse m et m' situés à une distance r étant $F = f \dfrac{mm'}{r^2}$, où f designe une constante (attraction universelle de Newton) comment varie le facteur f quant on fait un changement d'unités.

71. Calculer la durée de rotation du régulateur a force centrifuge de Watt.

$$T = 2\pi \sqrt{\frac{h}{g}}.$$

⟩ 2h *représente la longueur de la diagonale du parallélogramme suivant l'axe de rotation.*

72 Un fil élastique, dont la longueur naturelle est l, est attaché par une de ses extrémités en un point fixe O, puis est tiré de facon à acquérir une longueur $\lambda > l$; calculer le travail produit par la tension du fil. quand ce dernier revient de la longueur λ a la longueur naturelle l. On admet que, lorsque le fil a une longueur λ, la tension T est proportionnelle à son allongement :

$$T = k (\lambda - l)$$
$$r, \quad \frac{k(\lambda - l)^2}{2}.$$

73. Une force F est appliquée en un point d'un système de forme invariable que l'on fait tourner d'un angle infiniment petit $d\theta$ autour d'un axe fixe Oz : démontrer que le travail élémentaire de cette force est $N \, d\theta$, N designant le moment de la force F par rapport a Oz.

TABLE DES MATIÈRES

STATIQUE

CINÉMATIQUE

CHAPITRE IV

Mouvement d'une figure plane dans son plan

CHAPITRE V

Transformation d'un mouvement circulaire continu en un autre mouvement circulaire continu (cas des axes parallèles)

CHAPITRE VI

Transformation d'un mouvement circulaire continu en un autre mouvement circulaire continu (cas des axes non parallèles) — Divers autres modes de transformation

CHAPITRE VII

Transformation d'un mouvement circulaire continu soit en mouvement rectiligne continu, soit en mouvement rectiligne alternatif

CHAPITRE VIII

Transformation d'un mouvement circulaire alternatif soit en mouvement circulaire continu, soit en mouvement

DYNAMIQUE